(Conserve la Couverture)

10827

PROBLÈMES DE PHYSIQUE ET DE CHIMIE

CHOISIS PARMI LES SUJETS DE COMPOSITIONS PROPOSÉS DANS LES CONCOURS ET PAR LES DIVERSES FACULTÉS DANS CES DERNIÈRES ANNÉES

PAR

L. JAYS

PROFESSEUR DE PHYSIQUE

Ancien Météorologiste adjoint de l'Observatoire (Faculté des Sciences) de Lyon

Et ancien Chef des travaux de Physique à la Faculté de Médecine

AF459906

LYON

LIBRAIRIE ET IMPRIMERIE VITTE ET PERRUSSEL

3, place Bellecour, et rue Sala, 58.

1886

TOUS DROITS RÉSERVÉS

PROBLÈMES

DE

PHYSIQUE

ET DE CHIMIE

A LA MÊME LIBRAIRIE

Du même Auteur :

Relation entre l'apparition des cimes neigeuses des Alpes et l'arrivée des grandes perturbations atmosphériques sur les côtes occidentales de l'Europe. *(Recherches faites à l'Observatoire de Lyon.)*

Formulaire de Physique et plans de Compositions sur les principaux sujets théoriques proposés par les Facultés. — Petite brochure in-32 *(sous presse).*

Lyon. — Impr. et Stéréot. Vitte et Perrussel, rue Sala, 58.

PROBLÈMES

DE

PHYSIQUE

ET DE CHIMIE

CHOISIS PARMI LES SUJETS DE COMPOSITIONS
PROPOSÉS DANS LES CONCOURS ET PAR LES DIVERSES FACULTÉS
DANS CES DERNIÈRES ANNÉES

DÉPÔT LÉGAL
Rhône
403

PAR

L. JAYS

PROFESSEUR DE PHYSIQUE
Ancien Météorologiste adjoint de l'Observatoire (Faculté des Sciences) de Lyon
Et ancien Chef des travaux de Physique à la Faculté de Médecine

---

LYON
LIBRAIRIE ET IMPRIMERIE VITTE ET PERRUSSEL
3, place Bellecour, et rue Sala, 58.

1886

TOUS DROITS RÉSERVÉS

PRÉFACE

Le Recueil de Problèmes de Physique que nous publions s'adresse aux candidats aux Ecoles et aux divers baccalauréats.

Les énoncés qu'il contient ont été choisis à peu près exclusivement parmi les sujets de composition proposés aux concours d'admission aux différentes Ecoles (Ecole Normale, Ecole Centrale, Ecole spéciale militaire, Ecole des mineurs de Saint-Etienne, etc.), et aux examens du baccalauréat, dans les diverses Facultés de France.

Nous avons classé en chapitres et ordonné méthodiquement les Problèmes sur lesquels notre choix s'est fixé. En tête de chaque chapitre, nous avons cru devoir résumer les formules et les lois physiques qui s'y trouvent appliquées.

Afin de permettre aux Elèves d'exercer leur initiative, nous avons placé à la suite des Problèmes fondamentaux, dont les solutions sont complètement développées, d'autres Problèmes dont les résultats seuls sont indiqués.

Quelques questions (théorie générale des Aréomètres, théorie de la Pipette et du Siphon, formules des Lentilles, la Vision et ses anomalies, etc.) insuffisamment développées dans les traités élémentaires de Physique, même les plus justement estimés, ont trouvé place dans notre travail, sous forme de Problèmes ou sous forme de Notes.

Contrairement à ce qui s'est fait dans les divers Recueils de Problèmes de Physique, qui ont été publiés jusqu'ici, nous avons développé nos calculs à peu près exclusivement avec les données mises sous la forme littérale. Cette forme seule se prête aux discussions; seule, elle permet de traiter les questions avec ampleur et généralité.

D'ailleurs, on ne gagne rien, à aucun point de vue, à réduire les problèmes de Physique à des problèmes d'Arithmétique.

Certes, nous sommes disposé à admettre, avec l'un de nos devanciers, que l'emploi du calcul algébrique ne doit jamais faire perdre de vue la nature essentiellement physique des phénomènes et des lois qui lui servent de base; mais sous la réserve que cette crainte du calcul ne soit point exagérée, et qu'on ne se prive pas volontairement de la vive lumière que toute discussion algébrique, judicieusement conduite, jette toujours sur le fond même des questions.

On a dit que les formules avaient l'inconvénient de conduire machinalement l'Élève aux résultats demandés, en le dispensant en quelque sorte de raisonner.

Cette objection n'est pas fondée.

Nous reconnaissons que les calculs algébriques se

développent quelquefois lentement, en laissant subsister une certaine obscurité sur l'enchaînement des différentes parties du Problème. Mais, quand on arrive à la formule finale, la lumière se fait; l'esprit prend de la question une vue claire, synthétique, à laquelle il ne s'élèverait que très difficilement sans le secours de l'Algèbre.

Les Elèves doivent donc cultiver avec soin les méthodes algébriques et en faire usage sans appréhension; l'esprit y gagne en souplesse et en profondeur; et, les difficultés premières surmontées, on ne tarde pas à reconnaître, suivant l'heureuse expression d'un illustre grand-maître de l'Université, que « les Mathématiques sont la clef d'or qui ouvre toutes les Sciences ».

PROBLÈMES

DE PHYSIQUE

LIVRE PREMIER

PESANTEUR

PREMIÈRE SECTION

MOUVEMENT DES CORPS PESANTS

I. — MOUVEMENT SUIVANT LA VERTICALE

Ce mouvement peut être ascendant ou descendant. Les formules

$$(1) \qquad \begin{cases} e = v_0 t \pm \frac{1}{2} g t^2, \\ v = v_0 \pm g t, \end{cases}$$

dans lesquelles e et v représentent respectivement l'espace parcouru et la vitesse acquise à la fin du temps t, v_0, la vitesse initiale et g, l'accélération due à la pesanteur, s'appliquent à un tel mouvement.

Il importe de remarquer que le signe — convient au mouvement ascendant et le signe + au mouvement descendant.

Dans le cas où la vitesse initiale est nulle, les équations (1) prennent la forme

$$(1\ bis)\qquad \begin{cases} e=\frac{1}{2}gt^2, \\ v=gt. \end{cases}$$

Dans le mouvement ascendant, $v=o$ pour

$$(2)\qquad t=\frac{v_0}{g}.$$

Le mobile cesse alors de monter et atteint la hauteur

$$(3)\qquad \mathrm{H}=\frac{v_0^2}{2g}.$$

H se nomme la *hauteur due* à la vitesse initiale v_0.

Le mobile redescend ensuite en chute libre, et arrive au point de départ avec une vitesse

$$(4)\qquad v=\sqrt{2g\mathrm{H}}=v_0,$$

qu'on obtient en faisant $e=\mathrm{H}=\frac{v_0}{2g}$ dans les formules (1 *bis*), et en éliminant le temps entre ces deux équations.

Ce calcul montre, en outre, que le temps employé par le mobile pour descendre est égal à $\frac{v_0}{g}$; *c'est précisément le temps qu'il a employé pour monter.*

La durée totale du mouvement est, par conséquent,

$$(5)\qquad \mathrm{T}=\frac{2v_0}{g}.$$

La formule (4) exprime qu'en revenant au point de départ, le mobile, parti avec la vitesse v_0, reprend cette même vitesse. Comme rien ne distingue le niveau du point de départ d'un niveau quelconque, le fait est vrai pour tout point de la trajectoire. On peut d'ailleurs le démontrer directement.

Remarque. — Les formules (1) et (1 *bis*) s'appliquent évidemment quelle que soit la nature de la force accélélératrice, pourvu toutefois qu'elle soit constante en grandeur et en direction.

Il suffit d'y remplacer g par l'accélération γ due à la force considérée.

PROBLÈMES RÉSOLUS

Problème 1. — *Un corps tombe dans le vide, sans vitesse initiale, d'une hauteur de 80 mètres. On demande la durée de sa chute et la vitesse qu'il prendra en arrivant au sol.* $g = 9.81$.

Solution. — En appliquant les formules (1 *bis*), on a :

$$80 = \frac{9,81 \times t^2}{2}.$$

$$v = 9,81 \times t.$$

De la première équation, on tire

$$t = \sqrt{\frac{160}{9,81}} = 4^s,2.$$

Cette valeur portée dans la deuxième donne

$$v = 9,81 \times 4,2 = 41^m,20.$$

Problème 2. — *Un corps est lancé de haut en bas avec une vitesse initiale de 50 mètres par seconde. Au bout de combien de temps sa vitesse sera-t-elle devenue égale à 99 mètres, et quel espace aura-t-il parcouru?* $g = 9,8$.

Solution. — Les formules (1) appliquées au mouvement descendant donnent, en désignant par x l'espace parcouru et par t le temps correspondant :

$$x = 50t + \frac{9,8}{2} t^2.$$

$$99 = 50 + 9,8 \times t.$$

De cette dernière équation, on tire

$$t = \frac{99 - 50}{9,8} = 5^s.$$

En reportant cette valeur de t dans la première, on trouve

$$x = 50 \times 5 + \frac{9,8}{2} \times 25 = 372^m,5.$$

Problème 3. — *On laisse tomber deux corps, sans vitesse initiale, à un intervalle de temps θ. Au bout de combien de temps l'espace qui les sépare sera-t-il égal à e?*

Solution. — Soit x le temps écoulé entre l'instant considéré et le départ du premier mobile; celui-ci a parcouru un espace ε donné par la formule

$$\varepsilon = \frac{1}{2} g x^2.$$

D'ailleurs, le second mobile parcourt pendant le temps $x - \theta$

$$\varepsilon' = \frac{1}{2} g (x - \theta)^2.$$

On a donc :

$$e = \varepsilon - \varepsilon' = \frac{1}{2} g \left[x^2 - (x - \theta)^2\right] = g x \theta - \frac{1}{2} g \theta^2.$$

D'où l'on tire

$$x = \frac{e}{g\theta} + \frac{\theta}{2}.$$

Application numérique $\theta = 1'$. $g = 9,8$.

$$x = \frac{98}{9,8} + \frac{1}{2} = 10^s,5.$$

Problème 4. — *Un corps est lancé de bas en haut, dans le vide, avec une vitesse initiale de 100 mètres. A quelle hauteur s'élèvera-t-il, et combien mettra-t-il de temps pour revenir au point de départ?* g = 9,8.

Solution. — La formule (3) fournit immédiatement la hauteur à laquelle s'élève le mobile :

$$H = \frac{100^2}{2 \times 9{,}8} = 510^{m},2.$$

Comme le mobile met exactement le même temps pour monter et pour descendre, on obtient, pour la durée totale du mouvement, d'après la formule (5),

$$T = \frac{2 \times 100}{9{,}8} = 20^{s},4.$$

Problème 5. — *Deux mobiles sont lancés de bas en haut avec la même vitesse initiale* v_0, *et à* θ *secondes d'intervalle. A quelle distance du point de départ se rencontrent-ils?*

Application numérique : $v_0 = 100$ *mètres;* $\theta = 3^s$; $g = 9{,}81$.

Solution. — D'abord la rencontre aura lieu pendant la descente du mobile parti le premier. En second lieu, au point de rencontre, la vitesse du mobile qui redescend est précisément égale à celle de celui qui monte. L'équation du problème est, par conséquent,

$$(1) \qquad v_1 = v_2,$$

v_1 et v_2 désignant ces vitesses.

Soient t le temps pendant lequel le premier mobile a dû descendre avant de rencontrer celui qui monte, τ la durée de l'ascension de ce dernier ; on a

$$v_1 = gt,$$
$$v_2 = v_0 - g\tau.$$

L'équation (1) devient donc

$$(2) \qquad gt = v_0 - g\tau.$$

D'ailleurs, $\tau + \theta$ représente le temps écoulé entre le départ du premier mobile et l'instant de la rencontre ; on peut donc écrire la relation

$$(3) \qquad \tau + \theta = \frac{v_0}{g} + t.$$

En éliminant t entre (2) et (3), on trouve

$$\tau = \frac{v_0}{g} - \frac{\theta}{2}.$$

La hauteur h du point de rencontre est donc

$$h = v_0\left(\frac{v_0}{g} - \frac{\theta}{2}\right) - \frac{1}{2}g\left(\frac{v_0}{g} - \frac{\theta}{2}\right)^2,$$

ou, en simplifiant,

$$h = \frac{g}{2}\left(\frac{v_0^2}{g^2} - \frac{\theta^2}{4}\right).$$

Le problème est possible, si l'on a

$$\frac{\theta^2}{4} < \frac{v_0^2}{g^2},$$

ou

$$\theta < \frac{2v_0}{g}.$$

L'intervalle θ doit être plus petit que le temps nécessaire au premier mobile pour accomplir son mouvement ascendant et descendant.

Il est évident que si la condition inverse était satisfaite, la rencontre ne saurait avoir lieu.

Application numérique. — $h = 499^m,4$.

Problème 6. — *Une pierre tombe au fond d'un puits, et l'on entend le bruit de sa chute* $4^s,3$ *après son départ. Quelle est la profondeur du puits? On sait que le son parcourt uniformément* 338 *mètres par seconde.* g = 9,8088.

(Lyon, 1884.)

Solution. — Soient T, le temps écoulé entre le départ de la pierre et l'arrivée du son, t le temps employé par la pierre pour descendre, θ le temps mis par le son pour remonter; l'équation du problème est

$$T = t + \theta. \qquad (1)$$

D'ailleurs, en désignant par x la profondeur du puits et par v la vitesse du son,

$$(2) \qquad x = \tfrac{1}{2} g t^2,$$
$$(3) \qquad x = v\theta.$$

De ces équations, on tire

$$t = \sqrt{\frac{2x}{g}},$$
$$\theta = \frac{x}{v}.$$

Reportées dans (1), ces valeurs de t et de θ, donnent

$$(4) \qquad T = \frac{x}{v} + \sqrt{\frac{2x}{g}}.$$

Elevons au carré, après avoir isolé le radical; il vient, en ordonnant,

$$(5) \qquad \frac{x^2}{v^2} - 2\left(\frac{T}{v} + \frac{1}{g}\right)x + T^2 = 0.$$

En résolvant, on trouve

$$x = \frac{\frac{T}{v} + \frac{1}{g} \pm \sqrt{\left(\frac{T}{v} + \frac{1}{g}\right)^2 - \frac{T^2}{v^2}}}{\frac{1}{v^2}},$$

ce qui peut encore s'écrire

$$x = vT + \frac{v^2}{g} \pm \sqrt{\left(vT + \frac{v^2}{g}\right)^2 - v^2T^2}.$$

Discussion. — Les racines de cette équation sont réelles et positives; mais la question ne comporte qu'une seule solution; l'une des racines, introduite par les calculs et étrangère à la question, doit être rejetée. Il est facile de voir que la solution étrangère est celle que fournit le signe +; il suffit, en effet, de remarquer que $x = v\theta$ est nécessairement plus petit que v T, et que, dès lors, le signe + ne saurait convenir.

La solution étrangère a été introduite par l'élévation au

carré qui a conduit de la formule (4) à la formule (5); de sorte que le problème résolu est plus général que le problème proposé *(voir le problème 19)*.

Application numérique.—Le coefficient $\frac{1}{v^2} = \frac{1}{(338)^2}$ étant très petit, on peut employer, pour le calcul de la valeur numérique de x, la méthode des approximations successives. On trouve pour la profondeur du puits:

$$x = 80^m,82.$$

Problème 7. — *Un poids de 137 kg. 500 est lancé verticalement de bas en haut avec une vitesse de 10 mètres par seconde. A quelle hauteur s'élèvera-t-il?* g = 9,8.
(Lyon, 1885.)

Solution. — Remarquons d'abord que la hauteur demandée ne dépend que la vitesse initiale, et que, par suite, le poids du corps est une donnée superflue.

La formule (3) donne immédiatement

$$H = \frac{10^2}{2 \times 9,8} = 5^m,10.$$

Problème 8. — *On lance un corps de poids* P, *de bas en haut, dans le vide, avec une vitesse* v_0*; quand ce premier mobile a atteint le point le plus élevé de sa trajectoire, on lance du même point un deuxième corps avec la même vitesse initiale* v_0. *A quelle distance du point de départ se fera la rencontre?* (Paris, 1883.)

Solution. — La hauteur atteinte par le premier mobile est donnée par

$$H = \frac{v_0^2}{2g}.$$

Soit t le temps qui s'écoule entre l'instant où le premier corps atteint le plus élevé de sa trajectoire et celui de la rencontre.

L'espace parcouru par le mobile qui descend est

$$h = \frac{1}{2} gt^2.$$

Pendant le même temps, le second mobile s'élève à

$$h' = v_0 t - \frac{1}{2} gt^2.$$

D'ailleurs,

$$h + h' = H = \frac{v_0^2}{2g};$$

et, en vertu des équations précédentes,

$$h + h' = v_0 t.$$

On a donc

$$t = \frac{v_0}{2g}.$$

Cette valeur de t, reportée dans l'expression de h', donne pour distance du point de la rencontre au point de départ

$$h' = \frac{3}{8}\frac{v_0^2}{g} = \frac{3}{4} H.$$

Problème 9. — *Un projectile lancé de haut en bas avec une arme à feu, vient frapper le sol au bout de 10 secondes. Au même instant, un observateur placé près de l'endroit où touche le projectile entend la détonation. Quelle était la vitesse du projectile au sortir de l'arme ?*

(Paris, 1883.)

Solution. — L'espace e parcouru au bout de 10 secondes par un projectile lancé de haut en bas, avec une vitesse v_0, est donné par

$$e = v_0 \times 10 + \frac{9,8 \times 10^2}{2}.$$

D'ailleurs, on sait que le son parcourt, en moyenne, 340 mètres par seconde, c'est-à-dire, au bout de 10 secondes,

$$340 \times 10.$$

L'espace parcouru par le son étant précisément le même que celui que parcourt le projectile, on a :

$$v_0 \times 10 + \frac{9,8}{2} \times 10^2 = 340 \times 10.$$

On en tire

$$v_0 = 340 - 49 = 291 \text{ mètres.}$$

Problème 10. — *Deux pierres sont lancées verticalement de bas en haut, du même point, à deux secondes d'intervalle, la première avec une vitesse de 20 mètres par seconde, la deuxième avec une vitesse de 25 mètres. On demande si la rencontre se fera pendant l'ascension ou pendant la descente de la première pierre, et, en tout cas, à quelle distance du point de départ se fera la rencontre, et au bout de combien de temps après le départ de la première.* (Lyon, 1885.)

Solution. — Soient v_0 et v_0' les vitesses initiales imprimées respectivement au premier et au second mobile, θ l'intervalle qui s'écoule entre les deux départs.

Supposons, ce qui est le cas du problème proposé,

$$(1) \qquad v_0' > v_0.$$

Au bout du temps $\frac{v_0}{g}$, le mobile parti le premier se trouve sans vitesse à la hauteur

$$\frac{v_0^2}{2g};$$

et au bout du temps $\frac{v_0}{g} - \theta$, le second atteint le niveau

$$v_0'\left(\frac{v_0}{g} - \theta\right) - \frac{g}{2}\left(\frac{v_0}{g} - \theta\right)^2$$

Il est clair que si l'on a

$$\frac{v_0^2}{2g} > v_0'\left(\frac{v_0}{g} - \theta\right) - \frac{g}{2}\left(\frac{v_0}{g} - \theta\right)^2,$$

c'est pendant la descente du premier mobile que se fera la rencontre.

Au contraire, cette rencontre aura lieu pendant l'ascension du même mobile, si la condition

$$\frac{v_0^2}{2g} < v_0'\left(\frac{v_0}{g} - \theta\right) - \frac{g}{2}\left(\frac{v_0}{g} - \theta\right)^2$$

est satisfaite.

I. Considérons d'abord la relation

$$\frac{v_0^2}{2g} > v_0'\left(\frac{v_0}{g} - \theta\right) - \frac{g}{2}\left(\frac{v_0}{g} - \theta\right)^2.$$

Elle peut s'écrire, en développant et ordonnant par rapport à θ, puis en changeant les signes,

$$g^2\theta^2 + 2g\,(v_0' - v_0) + 2v_0\,(v_0 - v_0') \geqq 0.$$

Ce trinôme du second degré a ses racines réelles si l'on a

$$v_0' > v_0,$$

conformément, d'ailleurs, à l'inégalité (1) énoncée plus haut, et, par suite, positif, pour toute valeur de θ extérieure aux racines ; or, θ est essentiellement positif, d'après l'énoncé, et l'une des racines est négative puisque $v_0 - v_0'$ est négatif ; donc la seule condition à laquelle θ reste soumis, c'est d'être supérieur à la racine positive θ_1.

Il faut donc que l'on ait

$$\theta \geqq \theta_1, \text{ ou } \geqq \frac{-(v_0' - v_0) + \sqrt{v_0'^2 - v_0^2}}{g}.$$

Dans le problème proposé, $\theta = 2$ secondes, et la racine positive, calculée en remplaçant v_0 par 20 mètres et v_0' par 25 mètres, est égale à $\frac{10}{9,81}$; la condition précédente est satisfaite, car on a évidemment

$$2 > \frac{10}{9,81}.$$

Pour $\theta = \theta_1$, la rencontre aura lieu au point culminant de la trajectoire du premier mobile.

Pour $\theta < \theta_1$, la rencontre se fera pendant l'ascension du premier mobile.

II. La seconde hypothèse,

$$\frac{v_0^2}{2g} < v_0'\left(\frac{v_0}{g} - \theta\right) - \frac{g}{2}\left(\frac{v_0}{g} - \theta\right)^2,$$

inverse de la précédente, conduit, de la même manière, à la condition

$$g^2\theta^2 + 2g(v_0' - v_0) + 2v_0(v_0 - v_0') \leqq 0,$$

exprimée par un trinôme négatif.

Dans ce cas, θ doit être intermédiaire aux racines; comme l'une de celles-ci est négative, θ reste compris entre zéro et la racine positive. On doit donc avoir

$$\theta \leqq \theta_1,$$

conditions déjà trouvées pour que la rencontre ait lieu pendant l'ascension du premier mobile ou à la fin de cette ascension.

Si l'on a

$$v_0 = v_0',$$

on retombe dans le cas précédemment traité (probl. 5), et la rencontre ne peut avoir lieu que pendant la descente du premier mobile.

Enfin pour la condition

$$v_0 > v_0',$$

a fortiori la même circonstance se produit encore, si θ reste positif.

Si θ est négatif, on retombe dans le premier cas.

Calculons maintenant à quelle hauteur se fera la rencontre.

Soient x et y les espaces parcourus respectivement par

le mobile qui redescend et par celui qui s'élève, t et τ les temps correspondants; on a :

$$x=\tfrac{1}{2}gt^2,$$
$$y=v_0'\tau-\tfrac{1}{2}g\tau^2.$$

En ajoutant membre à membre, après avoir chassé le dénominateur, on trouve

$$2(x+y)=g(t^2-\tau^2)+2v_0'\tau.$$

Mais $2(x+y)$, c'est le double de la hauteur à laquelle s'est élevé le premier mobile; on peut donc écrire

$$\frac{v_0^2}{g}=g(t^2-\tau^2)+2v_0'\tau.$$

D'autre part, $\frac{v_0}{g}+t$, durée du mouvement du mobile parti en premier lieu, est égal à la durée du mouvement du second augmentée de θ, intervalle des départs; il en résulte

$$\frac{v_0}{g}+t=\tau+\theta.$$

Eliminant t entre cette équation et la précédente, il vient

$$\frac{v_0^2}{g}=2v_0'\tau+g\left\{\left(\tau+\theta-\frac{v_0}{g}\right)^2-\tau^2\right\}.$$

En résolvant cette équation par rapport à τ, on trouve

$$\tau=\frac{\theta(2v_0-g\theta)}{2(v_0'-v_0+g\theta)}.$$

Or, τ doit être positif; la quantité

$$v_0'-v_0+g\theta$$

étant positive, en vertu de l'hypothèse $v_0'>v_0$, il faut que l'on ait

$$2v_0\geqq g\theta.$$

c'est-à-dire

$$\theta\leqq\frac{2v_0}{g},$$

ou, en remplaçant g et v_0 par leurs valeurs numériques,

$$\theta < \frac{40}{9,81}.$$

θ étant égal à 2, d'après les données du problème, cette condition est satisfaite.

Pour

$$\theta = \frac{2v_0}{g},$$

on aurait

$$\tau = 0.$$

En effet, pour cette valeur de θ, le mobile parti le premier serait revenu au point de départ.

Application numérique :

$$\tau = \frac{2(2 \times 20 - 9,81 \times 2)}{2(25 - 20 + 9,81 \times 2)} = 0^s,82.$$

Le temps demandé

$$t + \tau = \frac{20}{9,81} + 0^s,82 = 2^s,86.$$

$$y = 25 \times 0,82 - \frac{1}{2} 9,81 \times (0,82)^2 = 17^m,22.$$

Problème 11. *Un corps tombe en chute libre suivant la verticale* AB. *Pour aller de* C *en* B *distant de* a *mètres, il a employé un temps* θ. *On demande la valeur de* AC.

(S. C.)

Solution.— Soient x la valeur demandée, t le temps employé par le mobile pour parcourir en chute libre la droite AC, et v la vitesse acquise au point C, on a :

$$(1) \qquad \begin{cases} x = \frac{1}{2}gt^2, \\ v = gt. \end{cases}$$

Ce même mobile doit maintenant parcourir a sous l'action de la vitesse acquise et de la pesanteur ; d'où il résulte

$$(2) \qquad a = gt\theta + \tfrac{1}{2}g\theta^2.$$

On en déduit

$$(3) \qquad t = \frac{2a - g\theta^2}{2g\theta}.$$

Le temps t étant positif, on doit avoir

$$a \geqq \frac{g\theta^2}{2}.$$

Pour

$$a = \frac{g\theta^2}{2},$$

on aurait $t = 0$ et, par suite, $x = 0$.

La valeur de t, donnée par l'équation (3), reportée dans la première des équations (1) donne

$$x = \frac{(2a - g\theta^2)^2}{8g\theta^2}.$$

Problème 12. — *On laisse tomber un corps d'une hauteur* l ; *au même instant, suivant la même verticale, on lance un deuxième corps de bas en haut. Quelle doit être la vitesse initiale pour que la rencontre se fasse à égale distance des points de départ ?* (S. C.)

Solution. — Soit l la distance des deux points de départ ; chacun des mobiles devant parcourir la moitié de cette distance, on a :

$$\frac{l}{2} = \frac{1}{2}gt^2,$$

$$\frac{l}{2} = v_0 t - \frac{1}{2}gt^2,$$

t ayant la même valeur dans ces équations.

De la première équation, on tire

$$t = \sqrt{\frac{l}{g}}.$$

En reportant cette valeur de t dans la seconde, on trouve

$$\frac{l}{2} = v_0\sqrt{\frac{l}{g}} - \frac{l}{2}.$$

On en déduit

$$v_0 = \sqrt{gl}.$$

PROBLÈMES PROPOSÉS

12. — Un mobile animé d'un mouvement uniformément accéléré a parcouru 1,000 mètres en 10 secondes. Quel sera l'espace parcouru à la fin de la 18e seconde ?

R. 350 mètres.

13. — Un mobile est lancé sur un plan horizontal avec une vitesse de 600 mètres par seconde ; sous l'influence d'une force retardatrice constante, il s'arrête au bout de 26 secondes. Calculer l'intensité de cette force.

R. $23^m,076$.

14. — On lance un mobile pesant, de bas en haut, avec une vitesse de 250 mètres par seconde. Au bout de combien de temps sa vitesse sera-t-elle devenue $53^m,824$, et quel sera alors l'espace parcouru par le mobile ? — $g = 9,8088$.

R. $\begin{cases} 1^\circ \ 20^s, \\ 2^\circ \ 3038^m,24. \end{cases}$

15. — Avec quelle vitesse initiale faut-il lancer un corps, de bas en haut, pour qu'il emploie $10^s,2$ à revenir au point de départ ? $g = 9,8$.

R. $49^m,98$.

16. — A quelle hauteur parvient un corps lancé verticalement de bas en haut avec une vitesse initiale v ? Quelle vitesse aura-t-il en revenant au point de départ ?

(Toulouse, 1885.)

R. $\begin{cases} 1^\circ \ H = \dfrac{v_0^2}{2g}, \\ 2^\circ \ v_1 = v. \end{cases}$

17. — Un corps est lancé de bas en haut, dans le vide, avec une vitesse de 35 mètres par seconde. A quelle hauteur s'élèvera-t-il, et quelle sera la durée de son mouvement? $g = 9{,}81$. *(Lyon, 1885.)*

R. { 1° $62^{m},44$, 2° $7^{s},1$.

18. — Deux mobiles sont successivement lancés de bas en haut, avec une vitesse de 100 mètres par seconde. Quel est l'intervalle x qui doit séparer les départs pour que le mobile lancé en second lieu se meuve $8^{s},7$ avant de rencontrer le premier.

R. 3 secondes.

19. — Un aéronaute placé dans un ballon laisse tomber un projectile verticalement vers le sol, et au même instant tire un coup de pistolet. Un observateur placé au niveau du sol, près de l'endroit où frappe le projectile, constate une différence de temps θ entre l'arrivée du son et celle du projectile. A quelle hauteur se trouve le ballon? — $g = 9^{m}, 81$.

(Pour la solution, voir le problème 6.)

20. — Un corps tombe du haut d'une tour sous l'action de la pesanteur, et arrive au sol après avoir parcouru l'espace e dans le temps t; on sait que l'espace parcouru dans la dernière seconde de chute est $\frac{e}{n}$. On demande de calculer la hauteur de la tour et la durée de la chute. Discuter. — Application au cas où $n = 2$. On prendra pour valeur de g, 9,8. *(Paris, Lille, 1885.)*

R. { $e = 57^{m},11$, $t = 3^{s},4$.

21. — Dans un lieu où l'accélération de la pesanteur est 9,81, un projectile est lancé verticalement de bas en haut, avec une vitesse de $117^{m},72$ à la seconde. On demande : 1° combien il mettra de temps pour atteindre le

point le plus élevé de sa trajectoire? 2° à quelle hauteur il s'élèvera ? 3° combien il mettra de temps pour redescendre?

(Grenoble, 1885.)

R. 1° 12^s, 2° $706^m,32$, 3° 12^s.

22. — D'un point, on laisse tomber un mobile suivant la verticale. Quand il atteint un deuxième point distant du premier de la quantité h, on laisse tomber un deuxième mobile. Au bout de combien de temps ces mobiles se trouveront-ils séparés par une distance d ?

(Nancy, 1884.)

R. $\frac{d+h}{\sqrt{2gh}}$.

23. — Un corps de poids P peut tomber sous son propre poids ; il est en outre soumis à une force constante p. Quelle sera sa vitesse à la fin du temps t ? (S. C.)

R. $v=g\left(1+\frac{p}{P}\right)t$

24. — Un corps tombe librement pendant le temps nt et parcourt un espace l. Comment faut-il partager l pour que chaque partie soit parcourue pendant le temps t ?

(S. C.)

R. $\frac{e_1}{1}=\frac{e_2}{3}=\frac{e_3}{5}=\cdots=\frac{e_n}{2n-1}$.

25. — Avec quelle vitesse faut-il lancer un corps du point A, pour qu'il arrive en B en même temps qu'un mobile parti de C, milieu de AB ? (S. C.)

R. $v_0=\frac{1}{2}\sqrt{g.\overline{AB}}$.

26. — Du même point du sol, et à un intervalle de temps θ, on lance successivement, dans la direction verticale et de bas en haut, deux mobiles pesants. Ces mobiles ont même vitesse initiale a. On demande : 1° au bout de combien de temps ils se rencontrent; 2° les vitesses

avec lesquelles ils se choquent ; 3° la hauteur du point de rencontre.

(Bordeaux, 1885.)

R. { 1° (V. probl. 5),
2° $v_1 = v_2 = g\frac{\theta}{2}$,
3° (V. probl. 5).

27.— Étant donnés deux points M et N sur une verticale et à une distance $h = 40$ mètres, on laisse tomber de M un corps sans vitesse initiale ; au même instant, on lance de N vers M un autre corps avec une vitesse initiale de 25 mètres par seconde. A quelle distance de M, et au bout de combien de temps aura lieu la rencontre ?

(Alger, 1885.)

R. { 1° $12^{m},557$,
2° $1^{s},6$.

II. — PLAN INCLINÉ

On démontre que si l représente la longueur d'un plan incliné, h la hauteur de ce plan, l'accélération γ du mouvement ralenti est une fraction de g (accélération due à la pesanteur) donnée par la formule

$$\gamma = g\frac{l}{h},$$

ou par

$$\gamma = g \sin \alpha,$$

α désignant l'inclinaison du plan sur l'horizon.

Les équations du mouvement d'un point pesant qui se meut suivant la ligne de pente d'un plan incliné sont, dès lors :

$$e = v_0 t \pm \tfrac{1}{2} g \sin\alpha\, t^2,$$
$$v = v_0 \pm g \sin\alpha\, t;$$

ou bien

$$e = \frac{1}{2} g \sin\alpha\, t^2,$$
$$v = g \sin\alpha\, t,$$

si le mouvement est descendant et a lieu sans vitesse initiale.

Ces formules qui sont, au facteur *sin α* près, identiques aux formules (1) et (1 *bis*) du § I, conduisent à des conséquences analogues, quand il s'agit du mouvement retardé.

Dans ce cas, en effet, on trouve :

$$t = \frac{v_0}{g \sin\alpha},$$

pour la durée de l'ascension ;

$$T = 2t = \frac{2v_0}{g \sin\alpha},$$

pour la durée totale du mouvement ;

$$l = \frac{v_0^2}{2g \sin\alpha},$$

pour l'espace parcouru correspondant à la vitesse initiale v_0 ;

$$v_1 = \sqrt{2gh} = v_0,$$

v_1 désignant la vitesse que prend le mobile au point le plus bas de la ligne de pente, lorsqu'il part du point le plus élevé sans vitesse initiale.

Enfin, en un même point de la trajectoire, la vitesse est la même à la montée et à la descente.

Problème 28. *Du point le plus élevé,* A, *d'un cercle verti-*

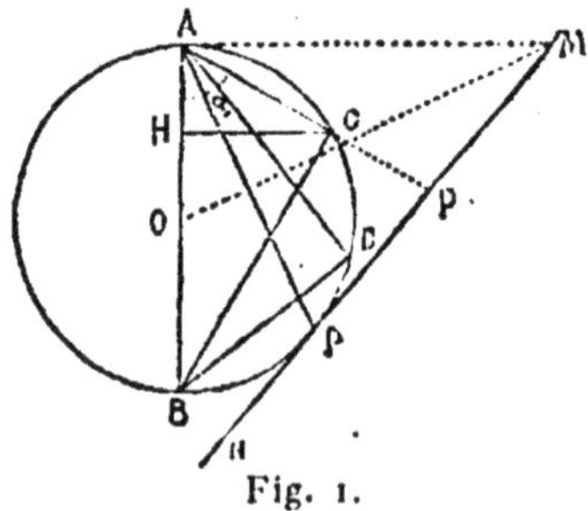

Fig. 1.

cal, on mène des cordes AC, AD,..AB. *Démontrer que différents mobiles partis du point* A, *sans vitesse initiale, sous l'action de la pesanteur, parcourent ces cordes dans le même temps.* (Fig. 1.) (S. C.)

Considérons la corde AC, qui fait l'angle α avec AB, diamètre vertical du cercle ; le temps employé pour parcourir cette corde est donné par la formule

$$AC = \tfrac{1}{2} g \cos\alpha \, t^2.$$

Or $AC = 2R \cos\alpha$; la relation précédente devient donc

$$2R = \tfrac{1}{2} g t^2.$$

Ce qui montre que le mobile met, pour parcourir AC, le même temps que pour parcourir le diamètre vertical du cercle ; et comme ce résultat est indépendant de l'inclinaison α, il s'applique à toute corde issue du point A.

Corollaires. — I. *Différents mobiles partant au même instant des points* A, C, D, *sans vitesse initiale, arrivent au point* B *en même temps.*

II. *Si par un point* A *de l'espace, on mène une série de cordes différemment inclinées sur l'horizon, et si des mobiles partent ensemble de* A, *sans vitesse initiale, en suivant ces cordes, ils se trouvent à la fin du temps* t *sur une même sphère dont le centre est sur la verticale de* A, *et dont le diamètre est égal à* $\frac{1}{2} g t^2$. (Bordeaux, 1885.)

PROBLÈMES RÉSOLUS

Problème 29. *Démontrer qu'un point pesant abandonné à lui-même sur un plan incliné se meut suivant la ligne de pente qui passe par sa position initiale.* (S. C.)

Solution. — Le corps est sollicité par deux forces : 1° par son poids, qui est vertical, 2° par la réaction normale du plan incliné. Le plan de ces deux forces est évidemment perpendiculaire sur l'intersection du plan incliné avec l'horizon ; il coupe dès lors ce plan suivant une ligne de pente. Le point, qui ne peut sortir du plan des deux forces qui agissent lui, se meut donc suivant cette ligne de pente. Cela est encore vrai si l'on tient compte du frottement. (V. prob. 38.)

Problème 30. *Deux mobiles partent ensemble du point* A *(fig. 1), et tombent l'un suivant* AC, *l'autre suivant* AB. *On demande en quel point de* AB *le mobile qui parcourt cette droite aura même vitesse que l'autre mobile arrivé en* C. (S. C.)

Solution. — La vitesse du mobile qui tombe suivant AB est au point H, pied de la perpendiculaire abaissée sur AB du point C,

$$v_1 = \sqrt{2g.\text{AH}}.$$

Pour avoir la vitesse en C du mobile qui descend suivant AC, il suffit d'éliminer le temps t entre les deux équations :

$$\text{AC} = \tfrac{1}{2} g \cos\alpha\, t^2,$$

$$v_2 = g \cos\alpha\, t;$$

on trouve

$$\text{AC} = \frac{v_2^2}{2g \cos\alpha}.$$

Or, le triangle rectangle AHC donne

$$\text{AC} = \frac{\text{AH}}{\cos\alpha};$$

en remplaçant, il vient

$$v_2 = \sqrt{2g.\text{AH}};$$

et, par conséquent,

$$v_1 = v_2;$$

le point H est donc le point demandé.

Problème 31. — *Etant donnés un point* A *et une droite* MN *dans un plan vertical, sous quelle direction doit tomber un mobile pour atteindre la droite* MN *dans le temps minimum?*

Solution. — Il résulte du problème 28, que la droite

demandée doit rencontrer MN (fig. 1) en P, point de contact avec MN de la circonférence ayant son centre sur la verticale du point A et passant par ce point.

En effet, un mobile qui suivrait une autre direction, AP', par exemple, ne serait qu'au point C quand le premier arriverait en P.

Le centre O de la circonférence à décrire est sur la verticale du point A et sur la bissectrice de l'angle AMN, formé par la droite donnée et par la tangente au cercle au point A.

Problème 32. — *La hauteur d'un plan incliné est* h. *Avec quelle vitesse initiale faut-il lancer un mobile, pour qu'il remonte de bas en haut la ligne de pente, et arrive au sommet avec une vitesse nulle?* (S. C.)

Solution. — Soit α l'angle du plan avec l'horizon ; la ligne de pente a pour longueur

$$l = \frac{h}{\sin\alpha}.$$

L'espace parcouru étant $\frac{h}{\sin\alpha}$, et le mobile devant arriver avec une vitesse nulle au sommet de la ligne de pente, les équations du mouvement sont :

$$\frac{h}{\sin\alpha} = v_0 t - \tfrac{1}{2} g \sin\alpha\, t^2;$$
$$o = v_0 - g \sin\alpha\, t.$$

On trouve, en éliminant le temps t,

$$v_0 = \sqrt{2gh}.$$

La vitesse initiale demandée est donc la même que celle qu'il faudrait imprimer à un mobile de bas en haut, suivant la verticale, pour qu'il arrive à l'extrémité de la hauteur du plan avec une vitesse nulle.

PROBLÈMES PROPOSÉS

33. — Quelle inclinaison α faut-il donner à un plan incliné pour qu'un corps de poids P, placé à sa surface, soit tenu en équilibre par une force égale à $\frac{P}{n}$, agissant suivant la ligne de pente.

R. $\sin\alpha = \frac{1}{n}$.

34. — Un corps glisse suivant la ligne de pente d'un plan incliné de 30° sur l'horizon, et parcourt une distance de 30 mètres. Quel est le temps employé ? $g = 9,81$.

R. $t = \sqrt{\frac{40}{3.27}}$.

35. — On lance un mobile de bas en haut, sur un plan incliné de 30° sur l'horizon, avec une vitesse de 160 mètres par seconde. Au bout de combien de temps la vitesse sera-t-elle réduite à la moitié de sa valeur primitive, et quel sera alors l'espace parcouru ? $g = 9,81$.

R. $\begin{cases} 1^\circ\ t = 15^s,3, \\ 2^\circ\ e = 1151^m,5. \end{cases}$

36. — On abandonne un point pesant sur un plan incliné et il parcourt en 10 secondes $245^m,25$. On demande quelle doit être l'inclinaison du plan? $g = 9,81$. On ne tiendra pas compte du frottement.

(Marseille, 1885.)

R. 30°.

37. — Quelle doit être l'inclinaison d'un plan incliné pour que l'accélération du mouvement d'un corps pesant qui descend suivant la ligne de pente de ce plan incliné soit la moitié de l'accélération en chute libre ?

(St-Denis, Réunion, 1885.)

R. 30°.

Du Frottement.

Loi de Coulomb. — *La résistance due au frottement des corps solides est proportionnelle à la pression des corps l'un contre l'autre, indépendante de la vitesse et de l'étendue des surfaces en contact.*

La force de frottement s'oppose au mouvement ; supposons-la représentée en grandeur et en direction par $AC = F$ (fig. 2) ; soit N la valeur de la réaction normale du plan et

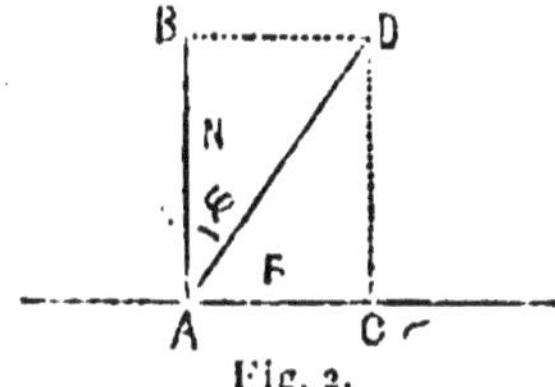

Fig. 2.

φ l'angle que fait la résultante AD de ces deux forces avec la normale AB ; on a évidemment,

$$\frac{F}{N} = \text{tg}\,\varphi;$$

$\text{tg}\,\varphi$ se nomme *le coefficient de frottement*, et φ, *l'angle de frottement*.

Problème 38. — *Etudier le mouvement d'un corps pesant sur un plan incliné, en tenant compte du frottement.*

Soient α l'angle du plan incliné avec l'horizon et P le poids du corps.

La composante $MQ = P \sin\alpha$ (fig. 3) tend à entrainer

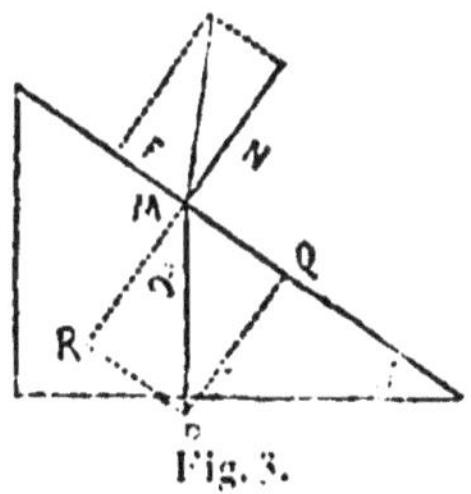

Fig. 3.

le corps vers le bas ; quant à la composante normale $MR = P \cos\alpha$, elle est détruite par la réaction normale du plan. Il ne reste donc plus, agissant concurremment avec MQ, que la force de frottement F, qui tend à s'opposer au mouvement.

Appelons comme précédemment $\operatorname{tg}\varphi$ le coefficient de frottement; la force F, d'après la loi de Coulomb, est égale à $N \operatorname{tg}\varphi$ ou à $P \cos\alpha \operatorname{tg}\varphi$. La condition d'équilibre est, par conséquent,

$$P \sin\alpha \leqq P \cos\alpha \operatorname{tg}\varphi,$$

ou

$$\operatorname{tg}\alpha \leqq \operatorname{tg}\varphi,$$

ou encore, à cause des limites entre lesquelles sont nécessairement compris les angles α et φ,

$$\alpha \leqq \varphi.$$

Si l'on suppose $\alpha > \varphi$, le corps descend le plan incliné sous l'influence d'une force égale à

$$P \sin\alpha - P \cos\alpha \operatorname{tg}\varphi = P \frac{\sin(\alpha-\varphi)}{\cos\varphi}.$$

Pour maintenir l'équilibre, il faudrait appliquer au corps une force parallèle à la ligne de pente et égale et de sens contraire à

$$P \frac{\sin(\alpha-\varphi)}{\cos\varphi}.$$

C'est la valeur minimum de cette force, qui, en effet, peut dépasser cette valeur sans que le mouvement se fasse en montant, à cause de l'intervention de la force de frottement qui tend maintenant à changer de sens. On voit aisément que la limite supérieure d'une telle force est

$$F = P \sin\alpha + P \cos\alpha \operatorname{tg}\varphi = P \frac{\sin(\alpha+\varphi)}{\cos\varphi}.$$

Si on avait $F > P \frac{\sin(\alpha+\varphi)}{\cos\varphi}$, le mouvement serait uniformément accéléré vers le haut.

Remarque. — Si le mouvement avait lieu suivant une verticale, la composante normale de la pesanteur devenant nulle, la force de frottement serait elle-même nulle.

Problème 39. — *On lance un mobile de poids* P *avec une vitesse* v_0 *sur un plan horizontal : au bout du temps* t, *le mobile s'arrête. On demande la valeur du coefficient de frottement sur ce plan.* (S. C.)

Solution. — L'accélération due à la force de frottement est égale à la diminution de la vitesse à la fin de chaque unité de temps; soit γ cette diminution; à la fin du temps t, elle prend la valeur

$$\gamma t.$$

D'ailleurs, à cette époque, la vitesse du mobile, qui ait v_0 au début du mouvement, est devenue égale à zéro. On a donc

$$v_0 - \gamma t = 0,$$

d'où l'on tire

$$\gamma = \frac{v_0}{t}.$$

En désignant par m la masse du corps, la force de frottement est

$$m\gamma = m\,\frac{v_0}{t}.$$

D'ailleurs, cette même force est, en désignant par φ l'angle de frottement,

$$\mathrm{P}\,\mathrm{tg}\,\varphi,$$

puisque le mouvement est horizontal.

Or,

$$\mathrm{P} = mg;$$

on obtient donc, en égalant ces deux expressions et en simplifiant,

$$\mathrm{tg}\,\varphi = \frac{v_0}{gt}.$$

Problème 40. — *Un corps qui repose sur un plan horizontal reçoit le choc d'un autre corps qui lui communique une vitesse* v. *Quel espace aura-t-il parcouru lorsqu'il s'arrêtera ? La force de frottement est égale à* γ *et la pesanteur égale à* g.

Application numérique : $v = 5$ mètres ; $\gamma = 1$; $g = 9{,}809$. *(Lille, 1885.)*

Solution. — Au bout de chaque unité de temps, la vitesse diminue de γ ; à la fin du temps t, elle a diminué de γt ; le corps s'arrête lorsqu'on a

$$v - \gamma t = 0,$$

et, par suite,

$$t = \frac{v}{\gamma}.$$

D'ailleurs, à la fin du temps t l'espace parcouru par le corps est

$$x = vt - \tfrac{1}{2}\gamma t^2,$$

ou, en remplaçant t par sa valeur $\frac{v}{\gamma}$,

$$x = \frac{v^2}{\gamma} - \frac{v^2}{2\gamma} = \frac{v^2}{2\gamma}.$$

Application numérique :

$$x = \frac{25}{2} = 12^{m},50.$$

III. — MOUVEMENT PARABOLIQUE

Trajectoire. — Dans le plan vertical qui contient la vitesse initiale, menons par l'origine du mouvement deux axes OY et OX, l'un vertical et l'autre horizontal ; soit α l'angle de la vitesse initiale avec l'axe horizontal.

En projetant à chaque instant le mobile sur ces deux axes, on obtient pour équations du mouvement ainsi projeté :

$$x = v_0 \cos\alpha\, t,$$

$$y = v_0 \sin\alpha\, t - \frac{gt^2}{2}.$$

L'équation de la trajectoire s'obtient en éliminant t entre ces deux équations ; on trouve

$$(1) \qquad y = x \operatorname{tg}\alpha - \frac{gx^2}{2v_0^2\cos^2\alpha}.$$

C'est une parabole dont l'axe est vertical.

Coordonnées du sommet. — Au sommet de la courbe,

la vitesse a une direction horizontale et ne donne, par conséquent, pas de composante verticale. Soit ω l'angle que fait avec l'horizon la vitesse du mobile à l'époque t. A ce moment, les composantes horizontale et verticale de la vitesse sont respectivement :

$$v \cos \omega = v_0 \cos \alpha,$$
$$v \sin \omega = v_0 \sin \alpha - gt.$$

C'est donc au temps t, fourni par l'équation de condidition

$$o = v_0 \sin \alpha - gt,$$

que le projectile atteindra le sommet de la courbe.

On en déduit

$$t = \frac{v_0 \sin \alpha}{g}.$$

Cette valeur de t portée dans les expressions de x et de y donne immédiatement les coordonnées du sommet :

$$X = \frac{v_0^2 \sin \alpha \cos \alpha}{g} = \frac{v_0^2 \sin 2\alpha}{2g},$$
$$Y = \frac{v_0^2 \sin^2 \alpha}{2g}.$$

Vitesse. — On montre aisément que la vitesse prend les mêmes valeurs absolues à l'ascension et à la descente du mobile, lorsque celui-ci se retrouve au même niveau. La vitesse est, en effet, donnée par la formule

$$v^2 = v_0^2 - 2gy;$$

pour des valeurs égales données à y, v^2 prend effectivement la même valeur.

Pour $y = o$, c'est-à-dire quand le mobile atteint le plan horizontal du point de départ, la vitesse reprend la valeur v_0.

Amplitude du jet. — L'amplitude A du jet est la distance du point de départ du projectile au point qu'il frappe dans le plan horizontal qui passe par l'origine du mouvement :

$$A = 2X = \frac{v_0^2 \sin 2\alpha}{g}.$$

L'amplitude est maximum pour $\sin 2\alpha = 1$, c'est-à-dire, pour $\alpha = 45°$.

Pour des valeurs de α équidistantes de 45°, A prend les mêmes valeurs ; on peut donc atteindre un point donné sous deux angles de tir différents ; la trajectoire la plus tendue est dite *battante* et l'autre, *écrasante*.

Parabole de sûreté. — Soit P un point donné (coordonnées ξ, η) qu'il s'agit d'atteindre en disposant d'une vitesse initiale donnée w_0. Appelons φ l'angle de tir ; ξ, η doivent satisfaire à l'équation (1) modifiée conformément aux données.

$$\eta = \xi \operatorname{tg} \varphi - \frac{g\xi^2}{2w_0^2 \cos^2 \varphi}.$$

En résolvant par rapport à $tg\ \varphi$, après avoir exprimé le cosinus en fonction de la tangente, on trouve

$$\operatorname{tg}^2 \varphi - \frac{2w_0^2}{g\xi} \operatorname{tg} \varphi + \frac{2w_0^2\eta}{g\xi^2} + 1 = 0.$$

La condition pour que les valeurs de $tg\ \varphi$ soient réelles est

$$\frac{w_0^4}{g^2\xi^2} - \frac{2w_0^2\eta}{g\xi^2} - 1 \geqq 0\,;$$

ou, à la limite,

$$\eta = \frac{w_0^2}{2g} - \frac{g\xi^2}{2w_0^2}.$$

C'est l'équation de la parabole de sûreté, dont le sommet est à la hauteur $\frac{w_0^2}{2g}$; c'est précisément celle qu'atteindrait le mobile lancé suivant la verticale avec la vitesse initiale w_0.

Problème 41. — *On donne une horizontale de longueur* l *et une verticale de hauteur* h, *formant l'angle droit* OBC. *Du point* O *on lance horizontalement un projectile avec une vitesse initiale* v_0. *On demande de déterminer* v_0 *par la condition que le projectile vienne tomber au point* C. *On déterminera, en outre, la grandeur et la direction de la vitesse du mobile au point* C. (Fig. 4.) (S. C.)

Solution. — Menons l'horizontale du point O, et prenons pour axes coordonnés cette horizontale et la verticale du même point.

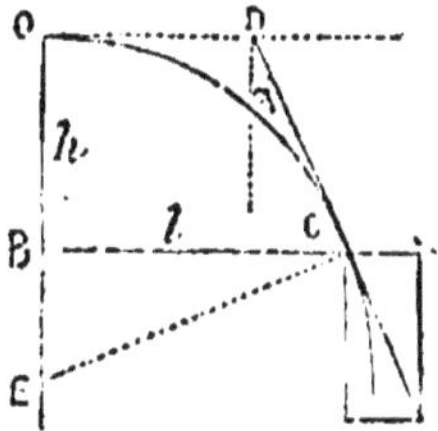

Fig. 4.

Projetons le mobile à chaque instant sur ces axes; les équations du mouvement ainsi projeté sont :

$$x = v_0 t,$$
$$y = \tfrac{1}{2} g t^2.$$

La trajectoire s'obtient en éliminant t entre ces deux équations; on trouve

$$x^2 = \frac{2v_0^2}{g} y.$$

C'est l'équation d'une parabole dont le paramètre est $\frac{v_0^2}{g}$ et l'axe, la verticale OY.

Les coordonnées du point C (l, h) doivent satisfaire à cette équation; on a donc pour déterminer v_0 l'équation de condition

$$l^2 = \frac{2v_0^2}{g} h,$$

de laquelle on tire

$$v_0 = l \sqrt{\frac{g}{2h}}.$$

La direction de la vitesse en C est celle de la tangente CD à la trajectoire en ce point. Soit α l'angle que fait cette tangente avec la verticale; menons la normale au point C; dans le triangle rectangle BCE, l'angle en C est égal à l'angle α; BE, sous-normale de la courbe, est égale au paramètre, c'est-à-dire à $\frac{v_0^2}{g}$; on peut donc écrire

$$\frac{v_0^2}{g} = l \operatorname{tg} \alpha;$$

d'où l'on tire

$$\operatorname{tg}\alpha = \frac{v_0^2}{gl} = \frac{l}{2h},$$

ce qui détermine la direction de la vitesse au point C.

Pour avoir la grandeur de cette vitesse, on peut la décomposer en deux autres v_1 et v_2, parallèles aux axes coordonnés ; on a évidemment

$$v = \sqrt{v_1^2 + v_2^2}.$$

D'ailleurs, v_1 et v_2, vitesses du mouvement projeté suivant les axes, sont données par les équations :

$$v_1 = v_0,$$
$$v_2 = gt,$$

déduites des équations du mouvement.

Or, la valeur de t au point C est $\frac{l}{v_0}$; on a, en remplaçant,

$$v = \sqrt{v_0^2 + \frac{g^2 l^2}{v_0^2}} = v_0 \sqrt{1 + \frac{g^2 l^2}{v_0^4}}.$$

En posant $\frac{g^2 l^2}{v_0^4} = \operatorname{tg}^2\varphi$, il vient

$$v = \frac{v_0}{\cos\varphi}.$$

On peut remarquer que l'angle auxiliaire φ n'est autre que le complément de l'angle α.

PROBLÈMES PROPOSÉS

42. — Un point matériel pesant est lancé horizontalement dans le vide avec une vitesse initiale v_0. Trouver à la fin du temps t : 1° la distance du mobile a la verticale et à l'horizontale du point de départ ; 2° les composantes horizontale et verticale de la vitesse du mobile ; 3° la valeur de cette vitesse et l'angle qu'elle fait avec la verticale.

(*Lille*, 1885.)

R. (V. Probl. 41).

43. — On lance un mobile avec une vitesse de 360 mètres par seconde, dans une direction faisant un angle de 30° avec l'horizon. A quelle hauteur s'élèvera-t-il et quelle sera l'amplitude du jet?

R. 1° 1626 mètres.
2° 11414 —

44. — A quelle hauteur au-dessus du sol se trouve le sommet de la parabole de sûreté quand on dispose d'une vitesse initiale de 80 mètres par seconde?

R. 326 mètres.

45. — On veut atteindre un point situé à 50 mètres au-dessus du sol et à 100 mètres du point de départ, en tirant sous un angle de 45°. Quelle doit être la vitesse initiale?

R. $\sqrt{\frac{327}{47}}$

SECTION II

LOIS DE LA CHUTE DES CORPS

I. — ÉQUATION DU MOUVEMENT. — VITESSE. — COURBE REPRÉSENTATIVE D'UN MOUVEMENT. — CONSTRUCTION DE LA VITESSE. — APPAREIL DE MORIN.

On appelle *équation du mouvement* la relation qui existe entre l'espace parcouru et le temps employé à le parcourir.

En désignant par e l'espace parcouru, par t le temps, cette relation est de la forme

$$e = f(t).$$

Si l'on donne successivement à t les valeurs t_1, t_2,... t_n, il en résulte pour e les valeurs correspondantes e_1, e_2,... e_n.

Traçons dans le plan deux axes rectangulaires Ot et Oe et, après avoir fait choix d'une unité de longueur et d'une unité de temps, portons à partir de l'origine O, sur l'axe Ot des longueurs OA_1, OA_2,... OA_n, respectivement égales à t_1, t_2,.. t_n. Portons également sur l'axe Oe, d'autres longueurs OB_1, OB_2,... OB_n, respectivement égales à e_1, e_2,...

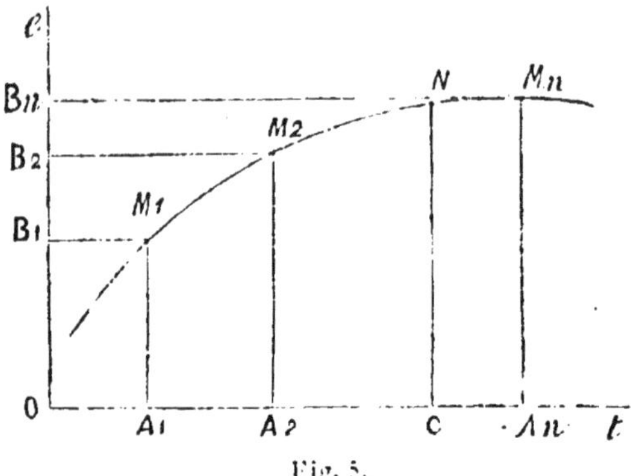

Fig. 5.

e_n. Menons ensuite par A_1, A_2,... A_n des parallèles à Oe, et par B_1, B_2,.. B_n, des parallèles à Ot; ces parallèles se coupent aux points M_1, M_2,.. M_n; faisons passer par ces points supposés suffisamment rapprochés une courbe continue : cette courbe s'appelle la *courbe représentative* du mouvement considéré.

Exactement construite, elle permet d'obtenir graphiquement l'espace parcouru à une époque quelconque θ, par exemple. Il suffit, pour cela, de compter sur Ot, de O en C, une longueur OC représentant la durée θ, et d'élever au point C, jusqu'à la courbe, une perpendiculaire CN ; cette perpendiculaire donne l'espace demandé.

Dans un mouvement rectiligne quelconque, on définit la vitesse : *la limite vers laquelle tend le rapport de l'accroissement de l'espace parcouru à l'accroissement correspondant du temps, lorsque celui-ci diminue jusqu'à zéro.*

La *vitesse moyenne* entre l'époque t et l'époque t' est donnée par l'expression

$$\frac{e' - e}{t' - t}.$$

dans laquelle e et e' représentent les valeurs de l'espace parcouru à la fin des temps t et t'. Cette vitesse moyenne est la vitesse constante qu'il faudrait donner au mobile pour qu'il parcourût d'un mouvement uniforme l'espace $e'-e$ dans le temps $t'-t$.

On définit de même l'*accélération : la limite du rapport de l'accroissement de la vitesse à l'accroissement correspondant du temps, lorsque celui-ci diminue jusqu'à zéro.*

Problème 46. — *Etant donnée l'équation d'un mouvement de la forme* $e = a + bt + ct_2 + dt_3$, *calculer la vitesse et l'accélération à une époque donnée* t.

Solution. — Donnons au temps t l'accroissement θ; il en résulte pour e l'accroissement ε, et l'on a

$$e + \varepsilon = a + b(t + \theta) + c(t + \theta)^2 + d(t + \theta)^3.$$

Retranchons membre à membre cette relation et l'équation du mouvement, il vient

$$\varepsilon = b\theta + 2ct\theta + c\theta^2 + 3dt^2\theta + 3d\theta^2 t + d\theta^3.$$

En divisant par θ, on trouve

$$\frac{\varepsilon}{\theta} = b + 2ct + c\theta + 3dt^2 + 3dt\theta + d\theta^2;$$

et, en faisant $\theta = o$, il vient

$$v = \lim.\left(\frac{\varepsilon}{\theta}\right)_{\theta = o} = b + 2ct + 3dt^2.$$

Calculons maintenant l'accélération d'un tel mouvement. Pour cela, dans l'équation de la vitesse,

$$v = b + 2ct + 3dt^2,$$

donnons à t l'accroissement τ; il en résulte pour v l'accroissement v', et l'on a

$$v + v' = b + 2c(t + \tau) + 3d(t + \tau)^2.$$

De cette équation, retranchons membre à membre celle de la vitesse, il en résulte,

$$v' = 2c\tau + 6dt\tau + 3d\tau^2;$$

puis en divisant les deux membres par τ,

$$\frac{v'}{\tau} = 2c + 6dt + 3d\tau.$$

Faisons $\tau = o$, la valeur γ de l'accélération est

$$\gamma = \lim.\left(\frac{v'}{\tau}\right)_{\tau = 0} = 2c + 6dt.$$

Problème 47. — *Lorsque l'équation d'un mouvement est de la forme*

$$e = a + bt + ct^2 + dt^3$$

que représentent les constantes a, b, c, d ?

Solution. — Considérons d'abord l'équation du mouvement et donnons à t la valeur zéro, il en résulte

$$e_0 = a.$$

Ainsi, a représente l'espace déjà parcouru par le mobile au commencement du temps t. Si cet espace est nul, $a = o$.

De même si dans l'équation de la vitesse,

$$v = b + 2ct + 3dt^2,$$

nous faisons $t = o$, il en résulte

$$v = b;$$

la constante b représente donc la vitesse que possédait le mobile lorsque la force accélératrice a commencé à agir.

Enfin, si dans l'équation de l'accélération,

$$\gamma = 2c + 6dt,$$

on fait $t = o$, on trouve $\gamma = 2c$; c'est la valeur de la force accélératrice au temps $t = o$; puis en y faisant $t = 1$, on voit que $6d$ représente la quantité dont augmente la force accélératrice dans chaque unité de temps.

Problème 48. — *Étant donnée la courbe représentative d'un mouvement, déterminer graphiquement la vitesse à une époque donnée* t_1.

Solution.—Sur l'axe Ot (fig. 6) prenons $OA = t_1$, et élevons la perpendiculaire AM ; elle représente l'espace parcouru à la fin du temps t_1. Donnons au temps t_1, un accroissement $\theta = AA'$, et élevons en A' la perpendiculaire A'M' ; elle

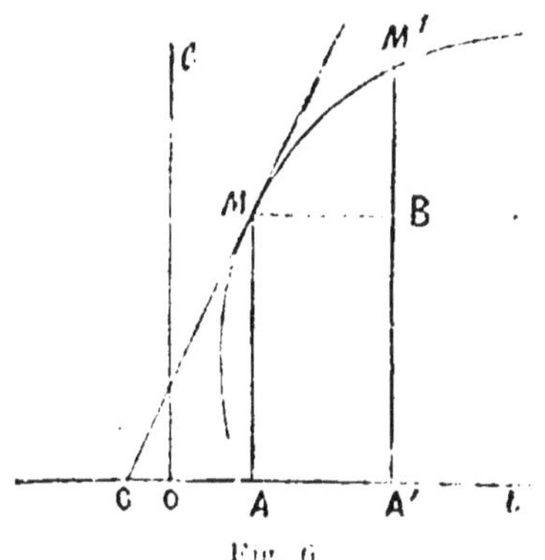

Fig. 6.

représente l'espace parcouru à la fin du temps $t_1 + \theta$. En menant MB parallèle à Ot, M'B représente l'accroissement de l'espace correspondant à θ, et

$$\frac{M'B}{MB} = \operatorname{tg} M'MB$$

est la *vitesse moyenne* pendant l'intervalle de temps θ.

Si maintenant θ diminue jusqu'à zéro, M' se rapproche indéfiniment de M et la corde MM' tend vers la position limite CM qui est celle de la tangente à la courbe représentative au point M. Alors

$$v = \lim. \left(\frac{M'B}{MB}\right)_{MB = 0} = \operatorname{tg} MCA.$$

Ainsi *la vitesse au temps* t_1, *est la tangente trigonométrique de l'angle que fait avec l'axe* Ot *la tangente géométrique à la courbe représentative en* M.

On peut construire graphiquement cette vitesse.

Dans l'appareil de Morin, il est facile de se rendre compte que le crayon décrit la courbe représentative du mouvement du corps tombant en chute libre sous l'action de la pesanteur.

Le problème précédent fournit, dès lors, un moyen à la fois commode et précis pour vérifier la loi des vitesses.

Il résulte, en effet, de la loi des espaces que la courbe tracée par le crayon, est une parabole, et l'on sait mener avec la règle et le compas une tangente à cette courbe; de la connaissance de l'angle, on déduit aisément la valeur de la tangente trigonométrique.

L'appareil de Morin peut servir à trouver l'accélération due à la pesanteur.

En effet, l'ordonnée t de la parabole représentative et l'abscisse correspondante e, sont liées par la relation

$$t^2 = 2pe,$$

dans laquelle p représente le paramètre de la courbe; pour $t = 1$, on a

$$e = \frac{1}{2p};$$

d'ailleurs, pour $t = 1$, $e = \frac{g}{2}$, donc

$$g = \frac{1}{p}.$$

Ainsi g est l'inverse de la distance du foyer de la parabole à la directrice.

Problème 49. — *L'équation du mouvement d'un point est*

$$e = 48t - 12t^2 + t^3;$$

on demande de trouver la vitesse moyenne du mobile entre la première et la deuxième seconde, puis entre la troisième et la cinquième, enfin entre la première et la septième. L'unité de temps est la seconde, et l'unité de longueur, le mètre. (Marseille, 1885.)

Solution. — 1° L'espace parcouru est, à la fin de la deuxième seconde

$$e_2 = 48 \times 2 - 12 \times 2^2 + 2^3 = 56 \text{ mètres.}$$

et à la fin de la première,

$$e_1 = 48 - 12 + 1 = 37 \text{ mètres.}$$

La vitesse moyenne dans cet intervalle d'une seconde, est, par conséquent,

$$v_1 = \frac{19}{1} = 19 \text{ mètres.}$$

2° On trouve de même

$$e_5 = 48 \times 5 - 12 \times 5^2 + 5^3 = 65 \text{ mètres,}$$
$$e_3 = 48 \times 3 - 12 \times 3^2 + 3^3 = 63 \text{ mètres;}$$

et

$$v_2 = \frac{65 - 63}{2} = 1 \text{ mètre.}$$

3° L'espace parcouru au bout de la septième seconde est

$$e_7 = 48 \times 7 - 12 \times 7^2 + 7^3 = 91 \text{ mètres}$$

et la troisième vitesse moyenne,

$$v_3 = \frac{91 - 37}{6} = 9 \text{ mètres.}$$

PROBLÈMES PROPOSÉS

50. — L'équation du mouvement rectiligne d'un corps pesant est de la forme $e = a + bt + ct^2$: déterminer la valeur des constantes a, b, c, et dire ce qu'elles représentent. (S. C.)

$$R. \left\{ \begin{array}{l} a = e_0, \\ b = v_0, \\ c = \frac{g}{2}. \end{array} \right.$$

51. — L'équation d'un mouvement est de la forme $e = a + bt^3$: calculer la vitesse et l'accélération à la fin du temps 0.

$$R. \left\{ \begin{array}{l} v = 3bt^2, \\ \gamma = 6bt. \end{array} \right.$$

52. — Démontrer que la courbe représentative d'un mouvement uniforme, dont l'équation est $e = a + bt$, se réduit à une droite. Calculer la distance à l'origine du point d'intersection de cette droite avec l'axe des temps.

R. : a.

53. — Déduire des expériences effectuées avec l'appareil de Morin que le mouvement d'un projectile lancé dans une direction quelconque avec une vitesse initiale donnée, dans le vide, est une parabole.

54. — Comment pourrait-on vérifier avec l'appareil de Morin la parfaite symétrie du mouvement ascendant et descendant d'un projectile, lancé de bas en haut suivant la verticale ?

II. — MACHINE D'ATWOOD

Cet appareil ralentit la chute des corps sans altérer les lois de cette chute. L'accélération γ du mouvement ralenti est donnée par la formule

$$\gamma = g \frac{p}{2P + p},$$

dans laquelle g représente l'accélération due à la pesanteur, p le poids additionnel et P la valeur commune des poids égaux.

PROBLÈMES RÉSOLUS

Problème 55. — *Les poids égaux d'une machine d'Atwood valent chacun* 50 *grammes, et la masse additionnelle pèse* 5 *grammes. Calculer l'espace parcouru après les* 5 *premières secondes de chute.* $g = 9,81$.

Solution. — Le mouvement ralenti est produit par la force accélératrice.

$$\gamma = 9,81 \times \frac{5}{105} = 0^{m},47.$$

Au bout de 5 secondes, l'espace parcouru est, par conséquent,

$$e = \frac{0,47}{2} \times 25 = 5^{m},87.$$

Problème 56. — *La somme des poids mobiles d'une machine d'Atwood est de 480 grammes, et l'espace parcouru à la fin des 2 premières secondes de chute est 1 mètre. On demande la valeur du poids additionnel.* g = 9,81.

Solution. — Soit x le poids additionnel ; l'accélération dans la chute ralentie est

$$9{,}81 \times \frac{x}{480}.$$

D'ailleurs, on a

$$1^{m} = \frac{9{,}81}{2} \times \frac{x}{480} \times 4 ;$$

d'où l'on tire

$$x = \frac{480}{9{,}81 \times 2} = \frac{240}{9{,}81} = 24^{gr.},5.$$

Problème 57. — *Aux deux extrémités du fil qui s'enroule sur la poulie, dans la machine d'Atwood, sont suspendus deux poids égaux, de 40 grammes chacun. On rompt l'équilibre en chargeant l'un de ces poids, préalablement ramené à la division zéro : 1° d'un poids cylindrique de 2 grammes, 2° d'un poids à ailettes de 3 grammes superposé au précédent. Après une seconde de chute, le poids à ailettes est arrêté par le curseur annulaire ; au bout de la deuxième seconde, le poids encore surchargé du poids additionnel cylindrique est arrêté par le curseur plein. Vis-à-vis quelles divisions faut-il fixer le curseur annulaire et le curseur plein ? On prendra pour valeur de l'accélération due à la pesanteur.* g = 9,81.

(Dijon, 1885.)

Solution. — Sous l'action des deux poids additionnels, qui pèsent ensemble 5 grammes, l'accélération γ est

$$\gamma = 9{,}81 \times \frac{5}{2 \times 40 + 5} = \frac{9{,}81}{17}.$$

Pendant la première seconde de chute, l'espace parcouru est égal à la moitié de l'accélération ; on a donc

$$e_1 = \frac{9{,}81}{17 \times 2} = 0^{m},289.$$

C'est donc entre le vingt-huitième et le vingt-neuvième centimètre qu'on devra placer le curseur annulaire.

Au bout de la première seconde de chute, la vitesse acquise est égale à l'accélération γ, c'est-à-dire à

$$\frac{9,81}{17}.$$

L'espace parcouru pendant la deuxième seconde, sous l'influence de cette vitesse et du poids additionnel de 2 grammes est donné, par

$$e_2 = \frac{9,81}{17} + \frac{9,81}{2} \times \frac{2}{82}.$$

Ce qui peut s'écrire

$$e_2 = 9,81 \times \left(\frac{1}{17} + \frac{1}{82}\right) = 0^m,696.$$

En ajoutant cette distance à la première, on obtient, pour déterminer la position du curseur plein,

$$e_1 + e_2 = 0,289 + 0,696 = 0,985.$$

On devra donc placer le curseur plein entre le 98ᵉ et le 99ᵉ centimètre.

PROBLÈMES PROPOSÉS

58. — Les deux poids égaux d'une machine d'Atwood valent chacun 40 grammes. On ajoute à l'un d'eux un poids de 1 gramme, et l'on demande le temps qu'il emploiera à parcourir 1 mètre. Intensité de la pesanteur, 9,81.

(*Marseille*, 1885.)

R. 4 secondes.

59. — Soient M et M' les masses égales qui se font équilibre aux extrémités du fil d'une machine d'Atwood. La masse M est en face de la règle, à une distance d au-dessous du curseur annulaire. On dépose une masse m' sur

la masse M' qui tombe alors et entraine de bas en haut la masse M. Celle-ci en traversant le curseur annulaire emporte avec elle une masse additionnelle qui y était déposée et qui est égale à $m > m'$.

1° On demande à quelle distance au-dessus du curseur annulaire s'élèvera la masse M chargée de m.

Application numérique : $M = M' = 100$ gr. ; $m = 20$ gr.; $m' = 10$ gr.; $d = 0^m,42$.

2° Étant données les valeurs de M et de m', calculer la valeur qu'on doit donner à m pour que l'espace parcouru par M chargé de m soit égal à d.

Application numérique : $M = 100$ gr. ; $m' = 10$ gr. ; $d = 0^m,42$. (*J. de Physique* (*).

R. 1° $0^m,43$, 2° 21 gr.

60. — L'un des poids égaux d'une machine d'Atwood pèse 20 gr. On place le curseur annulaire à $1^m,60$ du zéro de la règle et l'on met le système en mouvement au moyen d'un poids additionnel de 2 gr. En quel point de la règle faudra-t-il placer le curseur plein pour arrêter le mouvement une seconde après l'arrêt du poids additionnel? $g = 9,81$.

R. $2^m,82$.

61. — L'ensemble des poids mobiles, dans une machine d'Atwood, pèse K, et on sait que l'espace parcouru à la fin de la n^e seconde est E. On demande la valeur commune des poids égaux.

R. $x = \frac{K}{2}\left(1 - \frac{2E}{gn^2}\right)$.

cond. de possib. $gn^2 > 2E$).

(*) Directeur : M. Abel Buguet; chez Delagrave, Paris.

III. — PENDULE

En désignant par la l longueur d'un pendule simple, par g l'accélération due à la pesanteur et par π le rapport de la circonférence au diamètre, la formule qui donne la durée des faibles oscillations du pendule est la suivante

$$t = \pi \sqrt{\frac{l}{g}}.$$

On peut démontrer cette formule comme il suit :

Soit E la position de la masse du pendule à un instant

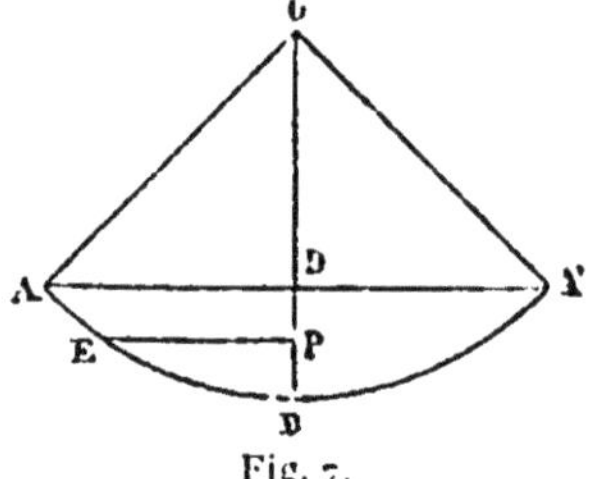

Fig. 7.

donné (fig. 7). La vitesse en ce point est la même que si cette masse était tombée de D en P, en chute libre; elle est donc

$$v = \sqrt{2g.\mathrm{DP}}.$$

En supposant les arcs AB et EB assez petits pour qu'ils se confondent sensiblement avec AD et EP, on peut écrire :

$$\overline{\mathrm{AB}}^2 = 2.\mathrm{OB} \times \mathrm{BD},$$
$$\overline{\mathrm{BE}}^2 = 2.\mathrm{OB} \times \mathrm{BP}.$$

Si on désigne AB par a, BE par x, et par l la longueur du pendule, les égalités précédentes fournissent

$$\mathrm{BD} = \frac{a^2}{2l}; \ \mathrm{BP} = \frac{x^2}{2l};$$

d'où l'on tire BD — BP, c'est-à-dire $\mathrm{DP} = \dfrac{a^2 - x^2}{2l}$, et l'expression de v devient

$$v = \sqrt{\frac{g}{l}\left(a^2 - x^2\right)}.$$

Cela posé, traçons une droite $A_1\,A'_1$ (fig. 8) égale à la longueur de l'arc AA' rectifié ; décrivons sur cette droite comme diamètre, la demi-circonférence $A_1MA'_1$, et

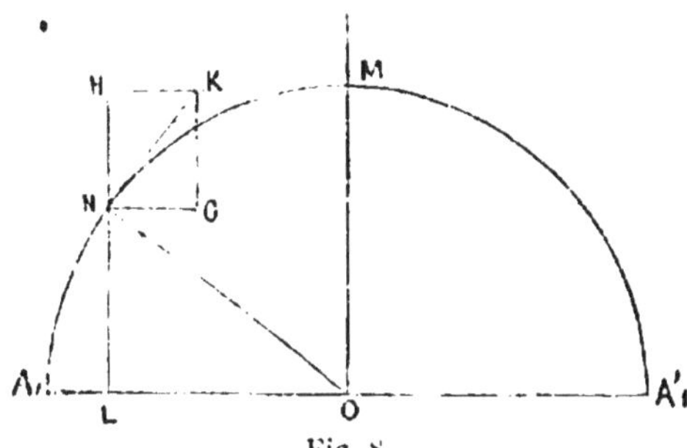

Fig. 8.

imaginons un mobile parcourant cette demi-circonférence avec la vitesse constante $a\sqrt{\frac{g}{l}}$.

Prenons $A_1\,L = AE$ et élevons la perpendiculaire LN ; au point N, décomposons cette vitesse en deux autres, l'une parallèle à $A_1\,A'_1$ et l'autre à O M ; la première, représentée par NG, a pour valeur

$$a\sqrt{\frac{l}{g}}\cos GNK,$$

ou

$$a\sqrt{\frac{l}{g}}\sin LON,$$

les deux angles GNK et LON étant complémentaires.

Or,

$$\sin LON = \frac{\sqrt{\overline{ON}^2 - \overline{OL}^2}}{ON} = \frac{\sqrt{a^2 - x^2}}{a},$$

en remarquant que $ON = a$ et $OL = x$.

La composante horizontale de la vitesse devient donc

$$a\sqrt{\frac{g}{l}}\;\frac{\sqrt{a^2 - x^2}}{a} = \sqrt{\frac{g}{l}\left(a^2 - x^2\right)}.$$

Cette expression montre que la vitesse du mouvement projeté sur A_1A_1 est la même en un point quelconque de cette droite que la vitesse du pendule au point correspondant de son oscillation.

Le mobile parcourt donc $A_1MA'_1$ dans le même temps que le pendule parcourt l'arc ABA'. Or le mobile parcourt un espace πa avec la vitesse constante $a\sqrt{\frac{g}{l}}$; le temps qu'il emploie pour effectuer son mouvement est égal à

$$\frac{\pi a}{a\sqrt{\frac{g}{l}}} = \pi\sqrt{\frac{l}{g}},$$

C'est donc aussi le temps qu'emploie le pendule pour effectuer l'oscillation ABA'. C. Q. F. D.

Remarque. — Cette formule

$$t = \pi\sqrt{\frac{l}{g}},$$

qui convient au pendule oscillant sous l'action de la terre, s'applique tout aussi bien à un mobile soumis à une force quelconque, pourvu qu'elle soit constante en grandeur et en direction, et que l'on ne considère que des oscillations très petites autour de la position d'équilibre.

PROBLÈMES RÉSOLUS

Problème 62. *On demande la durée de l'oscillation d'un pendule simple de* 0^m90 *de longueur à Paris où l'intensité de la pesanteur est* 9,809.

Solution. — La formule

$$t = \pi\sqrt{\frac{l}{g}},$$

immédiatement applicable, donne

$$t = 3{,}1416\sqrt{\frac{0{,}90}{9{,}809}} = 0^s{,}28.$$

Problème 63. — *On demande la longueur du pendule simple qui exécute son oscillation en 1 seconde dans un lieu où l'intensité de la pesanteur est égale à* 9,708.

Solution. — La même formule donne encore

$$1 = 3,1416\sqrt{\frac{l}{9,708}},$$

d'où l'on tire

$$l = \frac{9,708}{(3,1416)^2} = 0^m983.$$

Problème 64. — *On demande le rapport des longueurs de deux pendules simples, sachant que le premier effectue son oscillation en* 5 *secondes et le deuxième en* 2 *secondes, dans un même lieu.*

Solution. — On a immédiatement, en désignant par l et l' les longueurs des deux pendules,

$$5 = \pi\sqrt{\frac{l}{g}},$$

$$2 = \pi\sqrt{\frac{l'}{g}}.$$

En élevant au carré et en divisant membre à membre, il vient

$$\frac{25}{4} = \frac{l'}{l}.$$

Problème 65. — *On demande l'intensité de la pesanteur en un lieu où la longueur du pendule qui bat la seconde est* $0^m,985$. (Lyon, 1885.)

Solution. —La formule précédemment employée donne, dans ce cas,

$$1 = \pi\sqrt{\frac{0,985}{g}}.$$

On en tire, après avoir élevé au carré,

$$g = \pi^2 \times 0,985 = 9,721.$$

Problème 66. — *Un pendule qui bat la seconde en un lieu donné a $0^m,98$ de longueur; on demande la longueur du pendule qui, au même lieu, ferait 25 oscillations par minute. On demande encore l'espace parcouru en une seconde par un corps tombant librement en ce lieu.*

(Lyon, 1882.)

Solution. — La durée de l'oscillation du deuxième pendule est, la minute valant 60 secondes,

$$\frac{60}{25} = \frac{12}{5}.$$

En appelant g l'intensité de la pesanteur au lieu considéré, on a, dès lors,

$$(1) \qquad \frac{12}{5} = \pi \sqrt{\frac{l}{g}}.$$

D'ailleurs

$$(2) \qquad 1 = \pi \sqrt{\frac{0,98}{g}},$$

exprime la durée de l'oscillation du premier pendule; on en tire $g = \pi^2 \times 0,98$.

En élevant au carré, et en divisant membre à membre les équations (1) et (2), on trouve

$$\frac{144}{25} = \frac{l}{0,98};$$

d'où l'on déduit

$$l = \frac{144 \times 0,98}{25} = 5^m,64.$$

On obtiendra l'espace parcouru par un corps à la fin de la première seconde de chute, au lieu dont il s'agit, en divisant par 2 la valeur de g trouvée plus haut. On obtient ainsi

$$e = \frac{\pi^2 \times 0,98}{2} = 9,869 \times 0,49 = 4^m,836.$$

Problème 67. — *Un pendule exécute de faibles oscillations de A en B (Fig. 9). On demande le rapport de la durée de ces oscillations au temps que mettrait un mo-*

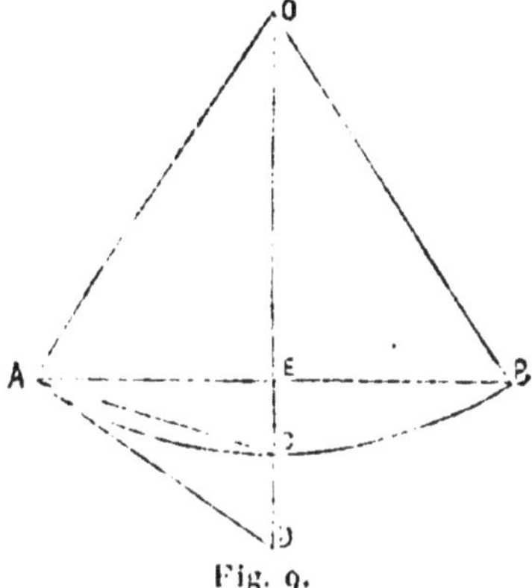

Fig. 9.

bile à parcourir, sans vitesse initiale : 1° la corde AC, 2° la tangente AD, sous l'action de la pesanteur. (S. C.)

Solution. — Soit l la longueur du pendule; la durée de son oscillation est donnée par

$$t_1 = \pi \sqrt{\frac{l}{g}}.$$

Le temps t_2 que met le mobile pour parcourir AC est le même que celui qu'il emploierait pour parcourir $2l$ en chute libre ; ce temps est donc

$$t_2 = 2 \sqrt{\frac{l}{g}}.$$

Le rapport demandé est, par conséquent,

$$\frac{t_1}{t_2} = \frac{\pi \sqrt{\frac{l}{g}}}{2 \sqrt{\frac{l}{g}}} = \frac{\pi}{2}.$$

Le temps t_3 employé par le même mobile pour parcourir AD, en remarquant que l'inclinaison de AD sur l'horizon est égale à α, est donné par la relation

$$AD = \tfrac{1}{2} g \sin \alpha \, t_3^2.$$

Or, $AD = l \operatorname{tg} \alpha$; on peut donc écrire

$$l \operatorname{tg} \alpha = \frac{1}{2} g \sin \alpha t_3^2,$$

d'où l'on tire

$$\frac{2l}{g \cos \alpha} = t_3^2,$$

et

$$t_3 = \sqrt{\frac{l}{g}} \sqrt{\frac{2}{\cos \alpha}}.$$

Le second rapport demandé est donc

$$\frac{t_1}{t_3} = \frac{\pi \sqrt{\frac{l}{g}}}{\sqrt{\frac{l}{g}} \sqrt{\frac{2}{\cos \alpha}}} = \frac{\pi}{2} \sqrt{2 \cos \alpha},$$

ou

$$\frac{\pi \sqrt{2}}{2},$$

si α est suffisamment petit.

Problème 68. — *A un fil de soie est suspendue une petite sphère électrisée positivement. Une autre sphère isolée, dont le centre est sur la verticale du point de suspension du pendule, est électrisée négativement, et attire la première avec une force de 1 gramme. On fait osciller le pendule et on trouve que la durée de son oscillation est d'une $\frac{1}{2}$ seconde. On demande le poids de la sphère mobile, sachant que le fil de soie a 28 centimètres de longueur.*

On suppose que la distance des deux sphères varie seulement d'une quantité négligeable lorsque la première accomplit son oscillation. $g = 9.81$. (Lyon, 1877.)

Solution. — Soient l la longueur du pendule, m la masse de la sphère mobile, et f la force attractive donnée.

La force f, regardée comme constante en grandeur et en direction, produit sur la masse m une accélération γ donnée par la formule

$$f = m\gamma,$$

d'où l'on déduit

$$\gamma = \frac{f}{m}.$$

La force accélératrice $\gamma = \frac{f}{m}$ joignant son action à celle de la pesanteur, la durée t de l'oscillation de la sphère électrisée est donnée par la relation

$$t = \pi \sqrt{\frac{l}{g + \frac{f}{m}}}.$$

d'où l'on tire, en faisant $f = 1$,

$$mg = \frac{gt^2}{\pi^2 l - gt^2};$$

et, par suite,

$$mg = \frac{1}{\frac{\pi^2 l}{gt^2} - 1}.$$

Posons

$$\pi \sqrt{\frac{l}{g}} = \theta,$$

θ étant la durée de l'oscillation du pendule non soumis à la force f, il vient

$$P = mg = \frac{1}{\frac{\theta^2}{t^2} - 1} = \frac{t^2}{(\theta + t)(\theta - t)}.$$

Pour que P soit positif, il faut qu'on ait

$$\theta \geqq t.$$

Application numérique. — Pour $l = 28$ centimètres, on trouve

$$\theta = \pi \sqrt{\frac{28}{9,81}} = 0^s,5308;$$

et comme

$$t = \frac{1}{2} = 0^s,5,$$

on voit que la condition de possibilité est satisfaite.

En effectuant le calcul, on trouve pour valeur de P

$$\frac{0,25}{(0,5308 + 0,5)(0,5308 - 0,5)} = 7 \text{ gr.},886.$$

Problème 69. — *Trois pendules, dont deux ont pour longueur* l *et* l', *sont écartés de leurs positions d'équilibre, amenés au même point et abandonnés à eux-mêmes, de telle façon que le troisième pendule oscille dans un plan perpendiculaire au plan dans lequel se meuvent les deux premiers. On demande de déterminer la longueur* λ *du troisième, par la condition que les trois pendules se retrouvent ensemble au point de départ. On calculera, en outre, après combien d'oscillations et au bout de combien de temps cette rencontre pourra avoir lieu.*

Application numérique : $l = 4^m,48$; $l' = 5^m,67$; $g = 9,81$.

(Ecole des Mines de Saint-Etienne, 1884.)

Solution. — Soient N, N', N" les nombres d'oscillations doubles exécutées par chacun des pendules au moment de la rencontre ; les durées respectives de ces oscillations s'expriment par les quantités :

$$2\pi\sqrt{\frac{l}{g}}\,N, \quad 2\pi\sqrt{\frac{l'}{g}}\,N', \quad 2\pi\sqrt{\frac{\lambda}{g}}\,N''.$$

On peut donc écrire :

$$N\sqrt{l} = N'\sqrt{l'} = N''\sqrt{\lambda};$$

et, par suite,

$$\lambda = \frac{N^2}{N''^2}\,l, \tag{1}$$

ou

$$\lambda = \frac{N'^2}{N''^2}\,l'. \tag{2}$$

Dans ces relations, N" étant arbitraire, le problème est indéterminé. Il en résulte qu'il suffit de trouver la condition pour laquelle les deux premiers pendules pourront se rencontrer ; il y aura une infinité de valeurs de λ pour lesquelles le troisième pendule se retrouvera au point de depart en même temps que les deux premiers.

Considérons la relation

$$N\sqrt{l} = N'\sqrt{l'};$$

on en déduit

$$\frac{N}{N'} = \frac{\sqrt{l'}}{\sqrt{l}}.$$

N et N' étant nécessairement des nombres entiers, la rencontre est possible si $\sqrt{l}$ et $\sqrt{l'}$ sont commensurables.

Application numérique :

$$\frac{N}{N'} = \frac{\sqrt{5,67}}{\sqrt{4,48}} = \frac{\sqrt{567}}{\sqrt{448}} = \frac{\sqrt{63}\times\sqrt{9}}{\sqrt{56}\times\sqrt{8}} = \frac{\sqrt{7\times 9}\times\sqrt{9}}{\sqrt{7\times 8}\times\sqrt{8}} = \frac{9}{8}.$$

La condition de possibilité est satisfaite.

Les nombres 9 et 8 étant premiers entre eux, la première rencontre se produira lorsque les deux premiers pendules auront accompli le premier 9, et le second 8 oscillations doubles; il y aura ensuite rencontre toutes les fois que les nombres d'oscillations accomplies seront équimultiples de 8 et de 9.

Remarques. — I. Si, dans les équations (1) et (2), on donne à N'' les valeurs N et N', il en résulte

$$\lambda = l \quad \text{et} \quad \lambda = l'.$$

On peut donc prendre le troisième pendule égal à l'un des deux premiers ; cela est évident, d'ailleurs, puisqu'on le rend ainsi synchrone de l'un des deux autres.

II. Pour que le troisième pendule se retrouve au point de départ après une seule oscillation et au moment de la première rencontre des deux autres, sa longueur doit être.

$$\lambda_1 = \frac{9^2 \times 4,48}{1} = 362^{m},88;$$

c'est évidemment son maximum.

La première rencontre des trois pendules aura lieu au bout de

$$9 \times 2\pi\sqrt{\frac{4,48}{9,81}} = 37^{s},9.$$

PROBLÈMES PROPOSÉS

70. — Dans le problème 68, on suppose les deux sphères chargées de la même électricité ; on donne la durée t de l'oscillation, le poids P de la masse oscillante, et on demande la valeur de la force répulsive.

R. $f = \frac{P(t^2 - \theta^2)}{t^2}$.

71. — Un pendule est constitué par une masse sphérique de poids P, suspendue à un fil. Ce pendule oscille sous l'action combinée de la Terre et d'un centre d'attraction situé à une grande distance sur la verticale du point de suspension, au-dessous de ce point, et exerçant sur la masse pendulaire une attraction constante, P'. En désignant par t la durée de l'oscillation du pendule dans ces conditions, et par θ cette durée quand la Terre agit seule, on demande de calculer le rapport $\frac{t}{\theta}$. Appliquer au cas où $P = P'$.

R. $\frac{\sqrt{2}}{2}$.

72. — Un pendule d'horloge retarde de 5 secondes par jour, on demande de combien il faut faire varier la longueur de ce pendule pour qu'il batte exactement la seconde.

R. $0^{m},011$.

II. — MOUVEMENT DE ROTATION UNIFORME. — FORCE CENTRIFUGE

Lorsqu'un corps tourne autour d'un axe fixe, chaque point du corps décrit un cercle dont le plan est perpendiculaire à l'axe.

Un tel mouvement est dit *uniforme* lorsqu'un point quelconque du corps décrit des arcs égaux dans des temps égaux.

Dans ce cas, *la vitesse angulaire* est l'arc décrit dans l'unité de temps par un point situé à l'unité de distance de l'axe.

Soit ω cette vitesse angulaire, $R\omega$ est la vitesse d'un point situé à la distance R, les arcs étant proportionnels aux rayons.

Quand un point parcourt un cercle d'un mouvement uniforme, on peut le considérer comme soumis à deux forces constantes ; l'une, tangente au cercle et produisant le mouvement d'entraînement du point le long du cercle ; la seconde, dirigée suivant le rayon, et maintenant le point sur le cercle ; cette dernière se nomme *force centripète.*

La résistance du cercle, précisément égale et de sens contraire à la force centripète, se nomme *force centrifuge.*

On démontre (*) que la valeur de la force centrifuge est

$$\frac{mv^2}{R},$$

m représentant la masse du point mobile et R le rayon du cercle.

(*) Cette démonstration peut se faire de la manière suivante :

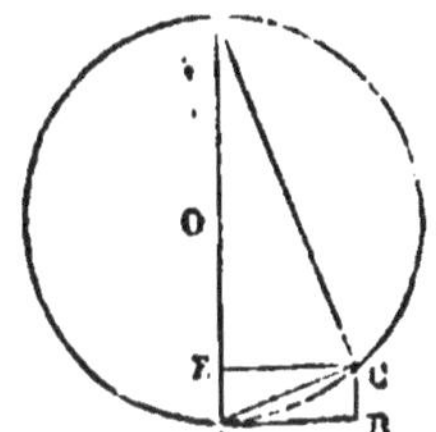

Fig. 10.

Soit AC (fig. 10), l'arc décrit par le mobile dans un temps t, très petit.

Si la force tangentielle eût agi seule, le point eût décrit la droite AB ; soit v la vitesse constante due à cette force, on a

$$(1) \qquad AB = vt.$$

Par l'action de la force centripète, le mobile a été ramené en C, décrivant BC sous l'action d'une force constante, du moins pendant le temps très court t ; on peut donc écrire

$$BC = AE = \tfrac{1}{2} ft^2,$$

f désignant l'accélération due à la force centripète.

Problème 73. — *Un tube faisant un angle α avec la verticale* XY *peut tourner autour de cette droite* (appareil pour montrer l'effet de la force centrifuge). *Quelle est la vitesse angulaire avec laquelle il doit tourner pour qu'une masse pesante placée en* M, *à la distance* l *du point* A, *reste en équilibre.* (Fig. 11.)

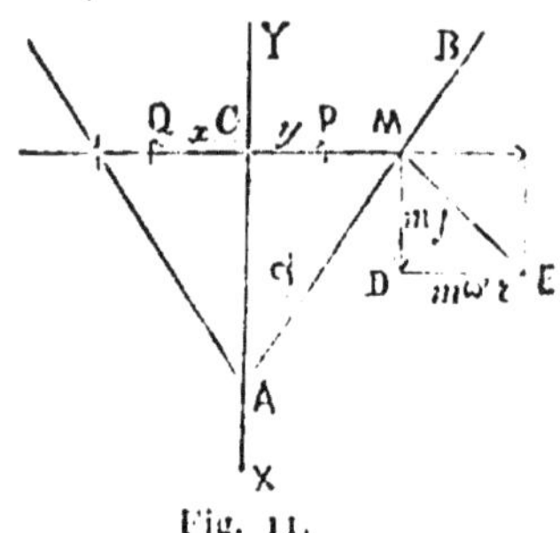

Fig. 11.

Solution. — Soit ω la vitesse demandée, et $MC = r$; la vitesse du point M est

$$v = \omega r.$$

Le point M peut être considéré comme soumis à deux forces, son poids et la force centrifuge $m\omega^2 r$.

On peut supposer AB égal à AC, et écrire

$$\overline{AB}^2 = 2R.\overline{AE},$$

d'où l'on tire

$$AE = \frac{\overline{AB}^2}{2R},$$

et, par suite,

$$\overline{AB}^2 = Rft^2.$$

D'ailleurs, d'après la relation (1)

$$\overline{AB}^2 = v^2 t^2 ;$$

en remplaçant, on en déduit

$$f = \frac{v^2}{R},$$

ou, en introduisant la masse,

$$mf = F = \frac{mv^2}{R}.$$

C. Q. F. D.

Pour qu'il y ait équilibre, il suffit que la résultante de ces deux forces soit normale au tube. Le triangle rectangle MDE donne

$$DE = MD \cot g \alpha,$$

c'est-à-dire,

$$\omega^2 r = g \cot g \alpha.$$

Mais

$$r = l \sin \alpha ;$$

en substituant, on en déduit

$$\omega = \frac{1}{\sin \alpha} \sqrt{\frac{g \cos \alpha}{l}}.$$

Problème 74. — *Deux poids* P *et* Q, *reliés par un fil de longueur* l, *peuvent glisser sur la barre horizontale d'un appareil à rotation. On fait tourner l'appareil avec une vitesse angulaire* ω. *On demande la position d'équilibre des poids* P *et* Q.

Solution. — Soient x et y les longueurs du fil situées de part et d'autre de l'axe quand l'équilibre a lieu; f_1 et f_2 les valeurs de la force centrifuge agissant respectivement sur P et sur Q; la condition d'équilibre est évidemment

$$f_1 = f_2.$$

Or,

$$f_1 = \frac{P}{g} \omega^2 x,$$

$$f_2 = \frac{Q}{g} \omega^2 y.$$

On a donc

$$\frac{P}{g} \omega^2 x = \frac{Q}{g} \omega^2 y ;$$

d'où l'on tire

$$\frac{x}{y} = \frac{Q}{P}.$$

Ce résultat est indépendant de ω.

Problème 75. — *Un régulateur à force centrifuge tourne avec une vitesse angulaire* ω. *On demande l'angle d'écart* θ, *quand l'équilibre est établi.*

Solution. — La boule M est sollicitée par son poids mg et par la centrifuge $m\omega^2 r$. Il y a équilibre si la résultante de ces deux forces agit dans le sens de OM. (Fig. 12.)

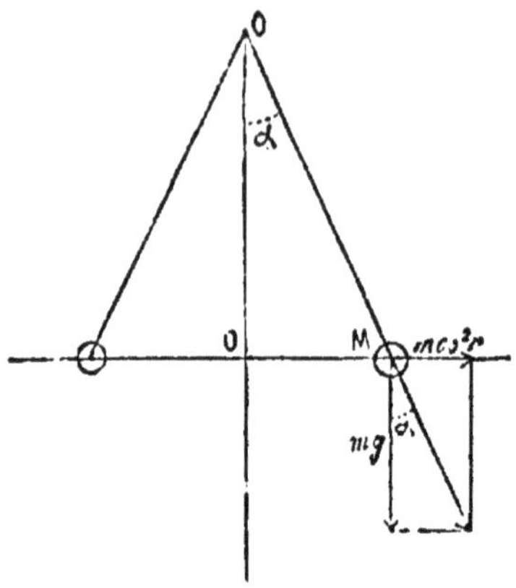

Fig. 12.

Soient α l'angle d'écart qui correspond à cette position d'équilibre et l la longueur O M ; on a

$$m\omega^2 r = mg \operatorname{tg} \alpha.$$

Mais

$$r = l \sin \alpha ;$$

on peut donc écrire

$$\omega^2 l \sin \alpha = g \operatorname{tg} \alpha,$$

ou

$$\omega^2 l = \frac{g}{\cos \alpha} ;$$

d'où l'on tire

$$\cos \alpha = \frac{g}{\omega^2 l}.$$

Cos α doit être plus petit que 1 ou au plus égal à 1 ; cette condition équivaut à

$$\frac{g}{\omega^2 l} \leqq 1.$$

Pour toute valeur de ω inférieure à

$$\omega_1 = \sqrt{\frac{g}{l}},$$

les boules ne quittent pas la verticale.

PROBLÈMES PROPOSÉS

76. — Dans un appareil à rotation, une balle de plomb pesant 26 grammes est placée à 25 centimètres de l'axe de rotation ; une autre balle du poids de 35 grammes placée de l'autre côté de l'axe est reliée à la première par un fil inextensible. A quelle distance de l'axe faut-il placer la seconde balle pour qu'il y ait équilibre quand l'appareil fait 5 tours par seconde ?

R. $0^m,18$.

77. — Sur l'une des branches d'une parabole dont l'axe est vertical, on place un point pesant. On fait tourner la parabole autour de l'axe, avec une vitesse angulaire ω. On demande de déterminer ω par la condition que le point pesant reste en équilibre.

R. $\omega = \sqrt{\frac{g}{p}}$.

78. — Une roue fait uniformément 850 tours par minute, quelle est sa vitesse angulaire ?

R. 44,5.

79.— Deux poulies de rayon R et R' sont entraînées par une courroie sans fin. Quel est le rapport des vitesses angulaires de ces deux poulies ?

R. $\frac{\omega_1}{\omega_2} = \frac{R_2}{R_1}$.

III. — ATTRACTION UNIVERSELLE. — LOIS DE KÉPLER

En discutant une série considérable d'observations faites avec une grande exactitude par l'astronome danois Tycho-Brahé sur la planète Mars, Képler parvint, après neuf années d'efforts, à formuler les trois lois qui portent son nom, et qui régissent le mouvement des planètes autour du soleil. Ces lois sont les suivantes :

1° *Les orbites des planètes sont planes, et le rayon vecteur mené du centre du soleil au centre de la planète décrit des aires proportionnelles aux temps.*

2° *Ces orbites sont des ellipses dont le soleil occupe l'un des foyers.*

3° *Les carrés des temps des révolutions sont entre eux comme les cubes des grands axes.*

Newton, se basant sur les lois de Képler, trouva que, dans le mouvement des planètes, *tout se passe comme si le soleil attirait chaque planète proportionnellement à sa masse et en raison inverse du carré de sa distance au soleil.*

Il généralisa ensuite ce fait en supposant, d'une manière générale, que *deux points matériels de masses* μ *et* μ' *s'attirent l'un l'autre proportionnellement à leurs masses et en raison inverse du carré de la distance.*

En désignant par F la valeur de cette attraction, on a

$$F = f\frac{\mu\mu'}{r^2},$$

f désignant un coefficient constant.

On peut rendre cette constante égale à 1, en prenant pour unité de force l'attraction qu'exerce à l'unité de distance une masse égale à l'unité agissant sur une autre masse égale à l'unité.

La formule précédente peut alors s'écrire

$$F = \frac{\mu\mu'}{r^2}.$$

La pesanteur, c'est-à-dire la force qui sollicite les corps vers le centre de la Terre, n'est qu'un cas particulier de l'attraction universelle ; on le démontre rigoureusement par des méthodes de calcul qui ne sauraient trouver place ici.

IV. — ACCÉLÉRATION DUE A LA PESANTEUR. — POIDS DES CORPS

On démontre par l'expérience que la pesanteur, en un même point du globe, est une force constante.

Soient : g l'accélération, constante en un même lieu, due à cette force ; m la masse d'un corps ; P la résultante des actions de la pesanteur sur chacune de ses molécules ; on a

$$P = mg,$$

d'après le principe de la proportionnalité des forces aux accélérations.

Le poids absolu d'un corps en un lieu donné est donc le produit de la masse de ce corps par la valeur de l'accélération due à la pesanteur en ce lieu.

V. — VARIATIONS DE g AUX DIVERS LIEUX DE LA TERRE

La loi de Newton permet de prévoir que g doit varier suivant les différents points d'une même verticale.

Soient, en effet, R le rayon de la Terre, supposée sphérique, h l'altitude considérée, g_1 l'accélération au niveau du sol, g_2 l'accélération à la hauteur h ; on doit avoir, d'après la loi de Newton,

$$\frac{g_1}{g_2} = \frac{(R+h)^2}{R^2};$$

d'où l'on tire

$$g_2 = g_1 \frac{R^2}{(R+h)^2}.$$

La fraction

$$\frac{R^2}{(R+h)^2},$$

étant plus petite que l'unité, on a évidemment

$$g_2 < g_1.$$

Remarques. — Un phénomène inverse, du moins pour de faibles profondeurs, mais ne suivant pas la même loi numérique, se produit lorsqu'on pénètre à l'intérieur du globe, dans un puits de mine, par exemple.

Le renflement équatorial de la Terre intervient de la même façon que l'augmentation d'altitude pour faire varier *g*.

Enfin, la Terre tournant uniformément autour de son axe, il en résulte une accélération centrifuge agissant suivant le rayon du parallèle du lieu considéré, et donnant une composante dirigée en sens inverse de la pesanteur. On sait que cette accélération centrifuge est proportionnelle au carré de la vitesse de rotation; elle augmente donc du pôle, où la vitesse de rotation est nulle, à l'équateur, où elle est maximum.

Le renflement équatorial et la rotation du globe autour de son axe concourent pour diminuer la valeur de *g*, au fur et à mesure que l'on se rapproche de l'équateur.

PROBLÈMES RÉSOLUS

Problème 80. — *Démontrer la loi de Newton en s'appuyant sur les lois de Képler.*

Solution. — On peut admettre que chaque planète décrit une orbite circulaire; soient F la force centrifuge, R le rayon de la trajectoire, T le temps d'une révolution, on a

$$F = \mu \frac{4\pi^2 R^2}{T^2 R} = \mu \frac{4\pi^2 R}{T},$$

μ désignant une constante.

Pour une autre planète, on a de même

$$F' = \mu' \frac{4\pi^2 R'}{T'^2};$$

en divisant membre à membre, il vient

$$\frac{F}{F'} = \frac{\mu \times R \times T'^2}{\mu' \times R' \times T^2};$$

or, la deuxième loi de Képler donne

$$\frac{T'^2}{T^2} = \frac{R'^3}{R^3};$$

en substituant, on a

$$\frac{F}{F'} = \frac{\mu R'^2}{\mu' R^2};$$

on en tire

$$\frac{F}{\frac{\mu}{R^2}} = \frac{F'}{\frac{\mu'}{R'^2}} = m,$$

m étant une constante.

Il en résulte

$$F = \frac{\mu m}{R^2}.$$

C. Q. F. D.

Problème 81. — *Calculer la valeur de l'accélération centrifuge en un point de l'équateur terrestre.*

Solution. — La formule

$$f = \frac{mv^2}{R}$$

devient ici

$$f = \frac{4\pi^2 R}{T^2}.$$

En faisant $R = 40{,}000{,}000$ de mètres, $T = 84{,}164$ secondes de temps moyen, on trouve

$$f = 0^m{,}0337.$$

Problème 82. — *Calculer l'accélération centrifuge en un point du globe dont la latitude est* φ.

Solution. — Le rayon r du parallèle de latitude φ est égal à

$$R \cos \varphi,$$

R désignant le rayon de la terre supposée sphérique.

L'expression de l'accélération centrifuge à la latitude φ est donc

$$f_\varphi = \frac{4\pi^2 R \cos\varphi}{T^2} = f \cos\varphi,$$

f, désignant la valeur de cette accélération à l'équateur.

Problème 83. — *Quelle devrait être la vitesse de la terre à l'équateur pour que l'accélération centrifuge annulât complètement l'accélération due à la pesanteur?*

Solution. — Soient g' l'accélération due à la pesanteur, et f' l'accélération centrifuge à l'équateur; on doit avoir

$$f' = g',$$

ou

$$\frac{f'}{g'} = 1.$$

Or, à l'équateur, $f' = 0{,}0337$ et $g' = 9{,}7807$; le rapport $\frac{f'}{g'}$ vaut donc approximativement

$$\frac{0{,}0367}{9{,}7807} = \frac{1}{289} = \frac{1}{17^2}.$$

Ainsi à l'équateur, la force centrifuge est le $\frac{1}{289}$ de la pesanteur.

Comme l'accélération centrifuge croît proportionnellement au carré de la vitesse, pour qu'elle devienne égale à 9,7807, on voit que la terre devrait tourner 17 fois plus vite.

Remarque. — Cette solution n'est pas complètement exacte, 9,7807 n'étant point la véritable attraction terrestre à l'équateur; mais l'erreur commise est négligeable.

Problème 84. — *On suppose un aérostat enlevant un corps de poids* P *attaché à un dynanomètre et soustrait à la poussée de l'air. On demande de calculer le nouveau poids* P', *lorsque l'aérostat atteindra la hauteur* H. *On appliquera au cas où* P = 1 *kilog. et* H, 8,000 *mètres. On prendra pour* R *la valeur* 6,370,260 *mètres.*

Solution. — Soit R le rayon de la Terre supposée sphérique, on a évidemment

$$\frac{P'}{P} = \frac{R^2}{(R + H)^2},$$

ou

$$\frac{P'}{P} = \frac{1}{\left(1 + \frac{H}{R}\right)^2}.$$

$\frac{H}{R}$ étant très petit, son carré est négligeable ; l'expression précédente peut donc s'écrire

$$\frac{P'}{P} = \frac{1}{1 + \frac{2H}{R}},$$

ou encore, en remarquant que la fraction qui constitue le deuxième membre ne varie pas sensiblement lorsqu'on retranche $\frac{2H}{R}$ de ses deux termes,

$$P' = P\left(1 - \frac{2H}{R}\right).$$

Application numérique :

$$\frac{1}{R} = \frac{1}{6370260} = 0{,}00000017,$$

$$\frac{2H}{R} = 0{,}00000017 \times 16{,}000 = 0{,}00272.$$

$$P' = (1 - 0{,}00272) = 0^k{,}99728.$$

Problème 85. — *Un corps possède un poids* P *à la surface de la Terre. On demande jusqu'à quel point il tendra le dynamomètre, si on le suppose transporté à la surface d'une planète dont la masse est à celle de la terre dans le rapport* $\frac{m}{n}$, *et dont le rayon vaut* R', *celui de la terre étant* R. — *On appliquera au cas où le corps pèse* 1 *kilog., la planète où on le suppose transporté étant Jupiter, pour laquelle* $\frac{m}{n} = 337$ *et* $\frac{R'}{R} = 11{,}2$.

Solution. — Supposons d'abord que le rayon de la planète soit le même que celui de la Terre, et désignons par P le poids du corps donné dans ces conditions par le dynamomètre ; l'attraction étant proportionnelle à la masse, on peut écrire

$$\frac{P_1}{P} = \frac{m}{n}.$$

Soit maintenant P_2 le nouveau poids, si, la planète conservant la même masse, son rayon devenait R ; l'attraction variant en raison inverse du carré de la distance, on a

$$\frac{P_1}{P_2} = \frac{R'^2}{R^2};$$

divisons ces deux équations membre à membre, il vient,

$$\frac{P_2}{P} = \frac{m R^2}{n R'^2};$$

d'où l'on tire

$$P_2 = P \frac{m R^2}{n R'^2}.$$

Application numérique. — Transporté dans Jupiter, le corps tendrait le dynamomètre jusqu'à la division

$$P_2 = \frac{337}{(11,2)^2} = 2,7.$$

PROBLÈMES PROPOSÉS

86. — Calculer la force centrifuge à la surface du sol et à la latitude 60°.

R. $0^m,01684$.

87. — On demande la valeur de l'attraction terrestre à la latitude 60° et à 8000 mètres au-dessus du niveau de la mer, sachant qu'à ce niveau, sur la même verticale, elle est $9^m 809$.

R. $9^m,780$.

88. — Démontrer que l'un des effets de la force centrifuge est de dévier le fil à plomb de la verticale géocentrique, et calculer la valeur α de cette déviation à la latitude φ.

R. $\alpha = \frac{f}{g} \sin 2\varphi$

VI — BALANCE

Nous avons vu précédemment que l'action de la pesanteur sur un corps de masse m est mesurée par

$$P = mg,$$

P désignant le poids absolu du corps et g l'intensité de la pesanteur au lieu considéré.

Le poids absolu varie comme g lui-même, avec l'altitude et la latitude.

Dans la pratique, on lui substitue le poids relatif, rapport du poids du corps au poids du litre d'eau pure, à 4° centigrades, dans le vide.

Le poids relatif ne dépend plus de g, car cette quantité affecte également les deux termes du rapport.

Les dynamomètres donnent les poids absolus, et la balance les poids relatifs.

Pour établir les propriétés de la balance, on fait souvent usage du *Théorème des moments*, dû à Varignon.

On appelle *moment* d'une force, par rapport à un point fixe, le produit de l'intensité de cette force par la distance du point fixe à sa direction. On affecte ce produit d'un signe afin d'indiquer le sens dans lequel agit la force considérée.

Si le point fixe se trouve sur la direction même de la force, il résulte de la définition précédente que le moment est nul.

Le théorème des moments s'énonce ainsi :

Le moment de la résultante d'un système de forces est égal à la somme algébrique des moments des composantes.

On en déduit immédiatement les conséquences suivantes :

1° *Le système étant en équilibre, la résultante est nulle et la somme des moments des composantes est égale à zéro.*

2° *Si la résultante du système passe par le point choisi, le moment de cette résultante est encore nul, et il en est de même de la somme des moments des composantes.*

Réciproquement :

1° Le point choisi pour centre des moments étant quelconque, si la somme des moments des composantes est nulle, la résultante est également nulle, et il y a équilibre.

2° Si, le centre des moments étant un point fixe du corps, la somme des moments est égale à zéro, cela indique simplement que la résultante passe par le point choisi ; mais la résistance de ce point, supposé invariable, détruit l'effet de la résultante, et il y a encore équilibre.

Ainsi, quand il s'agit de la balance, écrire que la somme des moments des forces agissantes par rapport au point de suspension est nulle, c'est exprimer que la résultante de ces forces passe ce point, et, par suite, qu'il y a équilibre.

Une balance juste est irréalisable ; cependant on peut, même avec une balance fausse, obtenir le poids relatif d'un corps avec une précision qui ne dépend que de la sensibilité de la balance employée. Pour cela, on opère par *double pesée*, ou par *transposition*. Ces deux méthodes sont décrites dans les traités de Physique.

Problème 89. — *On doit peser* n *corps dont la somme ne dépasse pas la limite de sensibilité de la balance employée; on veut opérer avec la précision de la double pesée et faire le nombre de pesées minimum. Quelle est la marche à suivre?*

Solution. — Les *n* corps étant placés dans l'un des plateaux de la balance, on fait la tare dans l'autre plateau. Alors on enlève l'un des corps et on le remplace par des poids marqués; leur somme indique le poids du premier corps. On enlève de même un second corps, que l'on remplace également par des poids marqués; on obtient le poids de ce deuxième corps. On continue ainsi jusqu'à ce qu'on soit parvenu au dernier corps. On fait ainsi $n + 1$ pesées, en comptant l'établissement de la tare; tandis que la double pesée, appliquée à chaque corps en particulier, aurait entraîné $2n$ pesées.

Problème 90. *Par la méthode de transposition, on a trouvé qu'il fallait des poids* P *et* P′ *pour équilibrer un corps placé successivement dans chacun des plateaux de la balance. Quelle erreur commettrait-on en prenant pour poids du corps la moyenne arithmétique des poids* P *et* P′? (Méthode de Lavoisier.)

Solution. — Soient x le poids du corps, l et l' les longueurs des bras du fléau; en écrivant que pour chacune des pesées effectuées, la somme des moments par rapport au point fixe est nulle, on obtient les équations :

$$xl - Pl' = 0,$$
$$xl' - P'l = 0,$$

qui peuvent s'écrire

$$(1)\qquad \begin{aligned} xl &= Pl', \\ xl' &= P'l. \end{aligned}$$

En multipliant membre à membre et en supprimant le facteur commun ll', on obtient

$$x^2 = PP',$$

d'où l'on tire, pour valeur exacte du poids cherché,

$$x = \sqrt{PP'}.$$

Or, on sait que la moyenne géométrique est plus petite

que la moyenne arithmétique (*), en prenant $\frac{P+P'}{2}$ pour valeur de x, on a donc fait une erreur en plus, qu'il est d'ailleurs facile de calculer.

En effet, la différence

$$\frac{P+P'}{2}-\sqrt{PP'}$$

peut s'écrire

$$\frac{P+P'-2\sqrt{PP'}}{2},$$

ou encore

$$\frac{(\sqrt{P}-\sqrt{P'})^2}{2}.$$

Or, les équations (1) donnent, en divisant membre à membre,

$$\frac{l}{l'}=\frac{P\,l'}{P'\,l},$$

ou encore

$$\frac{l^2}{l'^2}=\frac{P}{P'};$$

d'où l'on tire

$$\frac{l}{l'}=\frac{\sqrt{P}}{\sqrt{P'}},$$

et, par suite,

$$\frac{l-l'}{l}=\frac{\sqrt{P}-\sqrt{P'}}{\sqrt{P}};$$

(*) Posons, en effet,

$$\frac{P+P'}{2}>\sqrt{PP'};$$

il vient successivement :

$$P+P'>2\sqrt{PP'},$$
$$(P+P')^2>4PP',$$
$$(P+P')^2-4PP'>0,$$
$$(P-P')^2>0.$$

Cette dernière inégalité est évidente.

en élevant au carré, on en déduit

$$\frac{(l - l')^2}{l^2} = \frac{(\sqrt{P} - \sqrt{P'})}{P}.$$

L'erreur commise peut donc s'écrire

$$\frac{(\sqrt{P} - \sqrt{P'})^2}{2} = \frac{P}{2l^2}(l - l')^2.$$

Elle tend vers o quand la différence $l - l'$ tend elle-même vers o.

PROBLÈMES PROPOSÉS

91. — Un corps étant placé successivement dans chacun des plateaux d'une balance, on trouve que pour lui faire équilibre, il faut des poids de 1,000 et de 1,200 gr. On demande le poids du corps et le rapport des longueurs des bras du fléau de la balance.

R. 1° $1^{k},095$.
2° $\frac{l}{l'} = \sqrt{\frac{1}{1.2}} = 0,913$.

92. — Un corps étant placé dans l'un des plateaux d'une balance fausse, on lui fait équilibre avec un poids P placé dans l'autre plateau. On demande avec quel autre poids on lui fera équilibre si on le change de plateau; on sait que n fois la longueur du premier bras du fléau est égale à n' fois celle du scond. — On calculera, en outre, le poids du corps.

R. 1° $P' = P.\frac{n^2}{n'^2}$.
2° $x = P.\frac{n}{n'}$.

93. — L'aiguille d'une balance, dont le fléau a 60 centimètres de long et pèse 450 grammes, s'infléchit de 3 divisions pour une addition de 1 centigramme dans l'un des plateaux. On demande la distance du centre de gravité du fléau au point d'appui. On suppose que le rayon de la circonférence que décrit l'aiguille est de 60 centimètres, et que les divisions sont distantes de 3 millimètres.

R. $0^m,09$.

94. — Sur le tranchant d'un couteau, repose une barre pesante, de longueur l, aux extrémités de laquelle se trouvent suspendu les poids P et Q. Calculer : 1° la condition d'équilibre ; 2° les distances du point de suspension aux extrémités, en supposant $l = 0^m,60$; $P = 19^k$; $Q = 39^k$; ϖ, poids de la tige, 2^k.

R. 1° $\dfrac{x}{y} = \dfrac{\varpi + 2Q}{\varpi + 2P}$,

2° $x = \dfrac{l(\varpi + 2Q)}{2[\varpi + (P + Q)]} = 0^m,40$.

SECTION III

ÉQUILIBRE DES LIQUIDES PESANTS

I. — PRINCIPES FONDAMENTAUX

THÉORÈME DE PASCAL. — SURFACES DE NIVEAU
VASES COMMUNIQUANTS

Problème 95. — *Deux corps de pompe communiquent entre eux par un tube horizontal ; l'un a une section de 10 centimètres carrés, l'autre de 2 décimètres carrés ; de l'eau se trouve en équilibre dans l'appareil. On pose à la* *surface de l'eau dans le grand corps de pompe un piston du poids de 200 kilogr. Avec quelle force faudra-t-il presser sur la surface du liquide dans le petit corps de pompe pour empêcher le piston de descendre?*

Solution. — Sur chaque centimètre carré du grand piston, s'exerce une force de

$$\frac{200^{k}}{200} = 1 \text{ kil.}$$

La pression devra être la même sur chaque centimètre carré du petit piston pour qu'il y ait équilibre; sur les 10 centimètres carrés de cette surface, devra donc s'appliquer une force de

$$1 \times 10 = 10 \text{ kil.}$$

Problème 96. — *Un cube reposant sur un plan horizontal a pour arête* a. *A sa partie inférieure, est soudé un tube de hauteur* h. *On remplit d'eau le cube et le tube latéral, et on demande de calculer la force qui tend à soulever le couvercle supérieur. — On sait que l'unité de volume pèse* 1. (S. C.)

On appliquera au cas où $a = 1$ mètre et $h = 8$ mètres.

Solution. — Lorsque l'équilibre est établi, la pression sur l'unité de surface est la même sur tout plan horizontal mené dans l'intérieur du liquide, et, en particulier, sur toute l'étendue du plan horizontal qui contient le couvercle du cube.

Or, chaque unité de surface prise sur la section du tube latéral supporte une pression égale à

$$(h - a),$$

La surface a^2, qui est celle du couvercle du cube, reçoit, par conséquent, une poussée égale à

$$a^2 (h - a).$$

Si h est plus grand que a, l'expression précédente est positive, et le couvercle tend, en effet, à être soulevé de bas en haut;

Si $h=a$, cette expression est nulle, et le couvercle ne reçoit aucune pression;

Si h est plus petit que a, $a^2(h-a)$ est négatif; la pression change de sens; la couche d'eau qui, dans le tube latéral, est au niveau h, est poussée vers le haut, et un jet d'eau, qui tend à s'élever jusqu'à la hauteur a, se produit à l'extrémité du tube.

Application numérique : la pression demandée est

$$1 \times 70 \times 100 = 7000 \text{ kilogrammes.}$$

Problème 97. — *Un vase plein d'eau, équilibré par une tare, est placé dans l'un des plateaux d'une balance; on enfonce dans le liquide, à une profondeur* h, *un cylindre vertical de verre, de rayon* r, *qu'on tient à la main. On demande si l'équilibre persistera, et, s'il est détruit, quel sera le poids nécessaire pour le rétablir? — On appliquera au cas où* r = 12^{mm},5 *et* h = 7 *centimètres.*

(Concours général, 1852).

Solution. — Sur la section droite du cylindre de verre, immergé à la profondeur h, s'exerce, de bas en haut, une pression précisément égale à celle que supporte, dans le plan horizontal qui contient l'extrémité du cylindre, toute surface de même étendue.

Mais cette pression est équilibrée par la résistance de la main qui soutient le cylindre de verre; une réaction précisément égale et de sens contraire se transmet au fond du vase: l'équilibre sera donc rompu.

On pourra le rétablir en mettant sur l'autre plateau un poids représenté par

$$\pi r^2 h,$$

poids de l'eau déplacée par le cylindre.

Application numérique : Cette pression a pour valeur

$$\pi (12^{mm},5)^2 \times 70 = 34^{gr.},363.$$

Problème 98. — *On suppose une presse hydraulique ayant deux corps de pompe, dont l'un a pour rayon* D *et l'autre* d. — *La course du petit piston dans ce dernier corps de pompe est* h. *On demande de combien s'est élevé le piston dans le grand corps de pompe, après* n *coups de piston ; et quelle est, dans ces conditions, la pression que peut exercer le grand piston quand on met sur le petit un poids* P. — *On appliquera au cas de* D $=4$ *déc.*, d $=3$ *centimètres*, h $=2$ *centimètres*, P $=100$ *kilogr.*, n $=7$.

Solution. — Chaque coup de piston refoule dans le grand corps de pompe un volume d'eau égal à

$$\pi d^2 h,$$

volume qui occupe dans ce grand corps de pompe une hauteur x, donnée par l'équation

$$\pi d^2 h = \pi D^2 x.$$

On en tire

$$x = h \frac{d^2}{D^2};$$

n coups de piston feront donc passer dans le grand corps de pompe une hauteur d'eau

$$X = nx = nh \frac{d^2}{D^2}.$$

Lorsqu'on met un poids P sur le petit piston, il en résulte une pression

$$P \times \frac{D^2}{d^2},$$

transmise au plan horizontal qui passe par la base du petit piston. Mais là, une pression égale au poids de l'eau refoulée se fait sentir en sens inverse ; de sorte qu'au niveau du grand piston, la pression n'est plus que

$$P \frac{D^2}{d^2} - nh \frac{d^2}{D^2} \times \pi D^2,$$

ce qui peut s'écrire

$$P \frac{D^2}{d^2} - \pi nh d^2.$$

Application numérique :

$$X = 7 \times 2 \times \frac{3^2}{(40)^2} = 0^{mm},78.$$

La pression exercée par le grand piston est

$$100^k \times \frac{40^2}{3^2} - 3,1416 \times 7 \times 2 \times 3^2 = 1773^k,1.$$

Remarque. — On pourrait ne pas tenir compte de la différence de niveau des deux pistons, à cause de la faible grandeur du terme correctif qui en résulte.

Problème 99. — *On a un vase conique plein d'eau, dont la base a pour surface* B, *et dont le volume est* V. *On demande la pression sur le fond de ce vase. — On appliquera au cas où* B = 275 *cent. carrés,* V = 2,475 *centimètres cubes.*

Solution. — La pression sur le fond du vase, indépendante de la forme de la paroi latérale, est représentée ici par le poids d'un cylindre liquide ayant pour base B et pour hauteur, la hauteur du vase conique.

On connaît B; il faut donc calculer la hauteur H. Or, on a

$$V = B \times \frac{H}{3};$$

on en déduit

$$H = \frac{3V}{B}.$$

La pression demandée a donc pour expression

$$B \times \frac{3V}{B} = 3V;$$

elle a pour valeur le triple du poids du liquide contenu dans le vase.

Application numérique : 7 kil. 425.

Problème 100. — *Un tube en U contient d'abord un liquide de densité* d ; *on verse par l'une des branches un second liquide de densité plus faible* d' *et qui ne peut se mélanger au premier. On demande à quelle hauteur le premier liquide s'élèvera dans la branche où il existe seul, cette hauteur étant comptée à partir de la surface de séparation des deux liquides dans l'autre branche.*

Solution. — Soient H la hauteur du liquide versé en second lieu, x la hauteur du premier liquide, comptée comme il est dit dans l'énoncé ; la pression sur l'unité de surface doit être la même dans le plan horizontal qui passe par la surface de séparation des deux liquides. On doit donc avoir

$$Hd' = xd;$$

d'où l'on déduit

$$x = H\frac{d'}{d}.$$

Problème 101. — *Quelle est la forme d'équilibre d'un liquide contenu dans un vase et qui tourne d'un mouvement uniforme autour d'un axe vertical ?* S. C.)

Solution. — Soient XY l'axe de rotation et ABC la courbe méridienne du liquide en équilibre. La résultante des forces agissantes doit être normale à la surface du liquide.

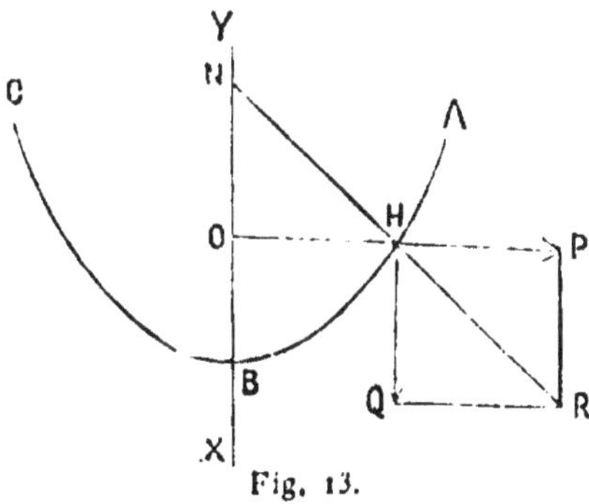

Fig. 13.

Cela posé, considérons au point M une masse liquide, que nous prendrons pour unité de masse. Le point M est soumis : 1° à l'accélération centrifuge dirigée suivant le le rayon OH, et dont la valeur est

$$\omega^2 \overline{OH},$$

2° à l'accélération g due à la pesanteur et dirigée suivant HQ.

Les triangles semblables ONH et HQR donnent

$$\frac{ON}{HQ} = \frac{OH}{QR}.$$

Remplaçons HQ et QR respectivement par g et par $\omega^2 \overline{OH}$, il vient

$$\frac{ON}{g} = \frac{OH}{\omega^2 \overline{OH}}.$$

On en déduit

$$ON = \frac{g}{\omega^2}.$$

Or ON est la sous-normale de la courbe considérée ; cette sous-normale étant constante, la courbe est une parabole.

PROBLÈMES PROPOSÉS

102. — Deux cylindres remplis d'eau communiquent par un tube horizontal. L'un de ces cylindres a $0^m,5$ de diamètre, l'autre $0^m,2$. On exerce au moyen d'un piston une pression de 500 kilogr. à la surface du liquide dans le petit cylindre ; quelle pression devra-t-on exercer à la surface du liquide, dans le grand cylindre, pour maintenir l'équilibre ?

R. 3125 kil.

103. — Au centre de la base supérieure d'un tonneau, est fixé un tube ouvert aux deux extrémités. On demande quel est l'accroissement de pression sur la base inférieure

qui résultera de l'introduction de 1 kilogramme d'eau dans ce tube. — Le rayon de la base du tonneau est 30 centimètres, celui du tube est 1 centimètre.

R. 900 kil.

104. — Un tube en U contient d'abord du mercure, et dans l'une des branches on verse une colonne d'eau de $0^m,39$ de hauteur. Quelle sera la hauteur du mercure dans l'autre branche au-dessus du niveau qu'il atteint dans la première ? — L'unité de volume de mercure pèse 13,59, le poids de l'unité de volume d'eau étant pris pour unité.

R. $0^m,028$.

105. — Pour exploiter une mine de sel gemme, on a introduit dans un trou de sonde un tuyau de 100 mètres de long, qui ne remplit pas complètement l'ouverture et dépasse le sol de 1 mètre. Ce tuyau plonge de $0^m,75$ dans une dissolution saline qui pèse 1,3 par unité de volume, le poids de l'unité de volume d'eau étant pris pour unité. On verse de l'eau ordinaire dans l'intervalle qui sépare le tuyau des parois du trou de sonde. On demande à quelle hauteur la dissolution s'élève dans le tuyau.

R. $75^m,58$.

106. — On met du mercure dans un tube en U ; puis on verse une colonne d'eau de $0^m,42$ de hauteur dans l'une des branches. Dans l'autre branche, on verse une colonne d'alcool de $0^m,60$ de hauteur. On demande : 1° à quelle hauteur le mercure s'est d'abord élevé, 2° quel a été le déplacement de la colonne d'eau quand on a versé l'alcool; les poids de l'unité de volume d'eau, de mercure et d'alcool étant respectivement 1, 13,6, 0,9.

R. { 1° 31 mill.
2° 18 —

107. — Il s'est déclaré à fond de cale d'un navire une voie d'eau de forme circulaire de $0^m,1$ de rayon. La hau-

teur verticale de l'eau est $3^m,03$. On demande le poids qu'il faut mettre sur le tampon pour résister à la pression de l'eau. La densité de l'eau de mer est 1,03.

R. $98^{kil.},046$.

108. — Un vase a la forme d'un tronc de cône de hauteur H, et dont les bases ont pour rayons R et r. On y verse deux liquides de densités d et d'. Le liquide le plus lourd occupe une hauteur h. On demande : 1° le poids de liquide contenu dans le vase, 2° la pression que supporte le fond. On appliquera au cas où l'on a $R = 0^m,50$, $r = 0^m,25$, $H = 0^m,30$, $h = 0^m,10$, $d = 13,6$, $d' = 1$.

(*Caen*, 1885).

R. { 1° $242^{kil.},689$.
2° $306^{kil.},305$.

II. — PRESSION SUR UNE PAROI PLANE. — CENTRE DE PRESSION

Considérons une paroi plane mn, immergée dans un liquide dont la surface libre est AB ; prenons sur mn un élément de surface ω. Sur ω, s'exerce une pression normale,

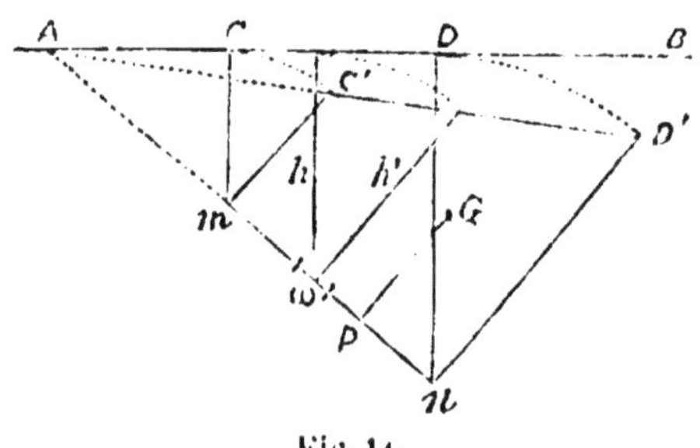

Fig. 14.

représentée en grandeur par le poids d'un cylindre liquide ayant pour base ω et pour hauteur h, distance de l'élément ω à la surface libre. La surface mn est, sur toute son étendue, soumise à un système de forces parallèles, qu'on peut remplacer par une résultante unique. — Le point d'application de cette résultante se nomme *centre de pression* sur la surface considérée.

Le centre de pression ne se confond avec le centre de gravité de la paroi que lorsque celle-ci est parallèle à la surface libre du liquide. Si, en effet, la paroi est inclinée, les pressions élémentaires vont en augmentant avec la profondeur, et le centre de pression se trouve nécessairement au-dessous du centre de gravité.

Proposons-nous de trouver ce centre de pression. On peut remplacer la pression élémentaire due au cylindre ωh par celle qu'exercerait un cylindre droit ayant pour base ω et pour hauteur $h' = h$. Il en est de même pour tout élément pris sur la paroi, et le lieu des extrémités des hauteurs telles que h' est évidemment un plan C′D′, passant par l'intersection de la paroi considérée avec la surface libre. La pression totale sur la paroi se trouve ainsi remplacée par le poids du prisme liquide *mn* C′D′, agissant normalement à *mn*. Or, ce poids peut être considéré comme appliqué au centre de gravité G du volume *mn* C′D′; la projection P de ce centre de gravité sur *mn* est le centre de pression demandé.

Problème 109. — *Un rectangle est immergé dans un liquide de manière que l'un de ses côtés se trouve dans la surface libre. Trouver le centre de pression à la surface de ce rectangle.* (S. C.)

Solution.— Soit ABCD le rectangle donné, dont le côté AB coïncide avec la surface libre du liquide.

Abaissons des points C et D les perpendiculaires CE et DF sur la surface libre, et faisons tourner le plan CDEF autour de CD jusqu'à ce qu'il ait atteint la position CDE′F′ pour laquelle il est normal au plan ABCD. D'après ce qui a été dit précédemment, la pression que supporte la surface du rectangle donné est égale au poids du prisme droit ABCDE'F' agissant normalement à cette surface, poids qui peut être considéré comme appliqué au centre de gravité G du prisme.

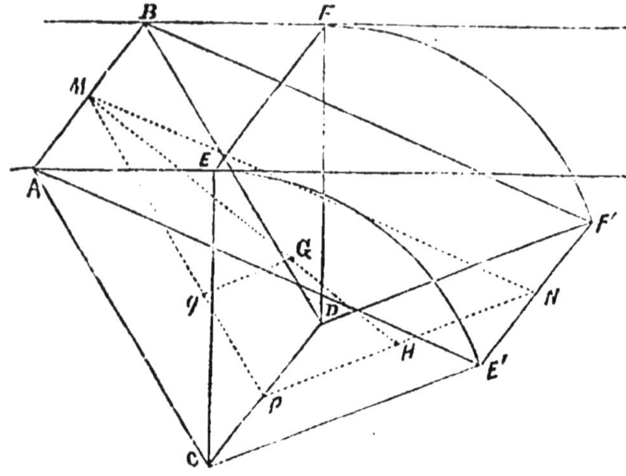

Fig. 15.

Or, ce centre de gravité se trouve sur la médiane MH de la section MNP, équidistante des bases, et aux $\frac{2}{3}$ de cette médiane à partir du sommet M. La projection de G sur le plan du rectangle tombe donc sur la médiane MP, et aux $\frac{2}{3}$ de cette droite à partir du point M.

PROBLÈMES PROPOSÉS

110. — Trouver le centre de pression d'un triangle immergé dans un liquide et ayant un de ses côtés dans la surface libre du liquide. (S. C.)

R. A la moitié de la médiane qui correspond à ce côté.

111. — Trouver le centre de pression d'un triangle immergé dans un liquide et ayant l'un de ses sommets dans la surface libre. (S. C.)

R. Aux $\frac{3}{4}$ de la médiane de ce sommet.

III. — PRINCIPE D'ARCHIMÈDE. — DENSITÉS DES SOLIDES ET DES LIQUIDES

Problème 112. — *Un cône de densité* d *flotte sur un liquide de densité* d' *supérieure à* d. *De quelle fraction de sa hauteur s'enfoncera-t-il dans le liquide?*

Solution. — Deux cas peuvent se présenter : le cône flotte le sommet en bas ou le sommet en haut.

1° Soient V le volume du cône, v le volume immergé, h la hauteur du cône V, x la hauteur du cône v; d'après le principe d'Archimède, on doit avoir

$$Vd = vd',$$

ce qui peut s'écrire

$$(1) \qquad \frac{V}{v} = \frac{d'}{d}.$$

D'ailleurs, les deux cônes sont semblables et sont entre eux comme les cubes de leurs hauteurs; on a donc

$$(2) \qquad \frac{V}{v} = \frac{h^3}{x^3}.$$

En égalant les seconds membres de (1) et de (2), il vient

$$\frac{h^3}{x^3} = \frac{d'}{d};$$

on en tire

$$x = h\sqrt[3]{\frac{d}{d'}}.$$

2° Soit y, la hauteur du tronc de cône immergé; on a encore

$$Vd = (V - v)\, d',$$

ou

$$\frac{V}{d'} = \frac{V - v}{d}.$$

ou encore, en retranchant les numérateurs et les dénominateurs,

$$\frac{V}{d'}=\frac{V-v}{d}=\frac{v}{d'-d}.$$

On en déduit, en changeant de place les moyens,

$$\frac{V}{v}=\frac{d'}{d'-d}.$$

D'ailleurs les volumes $\frac{V}{v}$ sont entre eux comme les cubes de leurs hauteurs, on a donc

$$\frac{V}{v}=\frac{h^3}{(h-y)^3}.$$

On peut donc écrire

$$\frac{h^3}{(h-y)^3}=\frac{d'}{d'-d},$$

et, par suite,

$$\frac{h}{h-y}=\sqrt[3]{\frac{d'}{d'-d}},$$

d'où enfin

$$y=h\left(1-\sqrt[3]{\frac{d'-d}{d'}}\right).$$

Problème 113. — *Une sphère de fer, de rayon* R, *plonge dans le mercure ; on demande le volume de la partie immergée. Densité du fer* 7.8, *densité du mercure* 13.6. — *On fera* R = 3 *mètres.* (Lyon, 1882.)

Solution. — Le poids de la sphère est, en désignant par d la densité du fer,

$$\frac{4}{3}\pi R^3 d;$$

Soit V le volume immergé, la poussée est, en désignant par d' la densité du mercure,

$$V\times d',$$

on doit donc avoir

$$\frac{4}{3}\pi R^3 d = Vd',$$

d'où l'on tire

$$V=\frac{4\pi R^3 d}{3d'}.$$

Application numérique : $V=64^{\text{m. c.}}$

Problème 114. — *Deux sphères dont les densités sont respectivement* d *et* d' *ont même poids dans le vide. On les suspend aux extrémités d'un levier et on les fait plonger dans un liquide de densité* δ. — *Quel doit être le rapport des deux bras de levier pour qu'il y ait équilibre?* — *On fera* d = 21.5, d' = 2.56, δ = 1.2. (Paris, 1884.)

Solution. — Soient V et V' les volumes des deux sphères, P leur poids dans le vide, l et l' les longueurs des bras du levier.

Dans le liquide de densité δ, les poids apparents des sphères valent respectivement P, diminué de la poussée qu'exerce le liquide sur chacune d'elles, c'est-à-dire,

$$P - V\delta,$$
$$P - V'\delta.$$

D'ailleurs, quand l'équilibre est établi, la résultante doit passer par le point fixe du levier; les moments, par rapport à ce point fixe, sont égaux et de signes contraires, et l'on a

$$(P - V\delta)\, l = (P - V'\delta)\, l';$$

on en déduit

$$\frac{l'}{l} = \frac{P - V\delta}{P - V'\delta}.$$

Or $V = \frac{P}{d}$ et $V' = \frac{P'}{d'}$; on peut donc écrire

$$\frac{l'}{l} = \frac{P\left(1 - \frac{\delta}{d}\right)}{P\left(1 - \frac{\delta}{d'}\right)} = \frac{1 - \frac{\delta}{d}}{1 - \frac{\delta}{d'}} = \frac{(d - \delta)\, d'}{(d' - \delta)\, d}.$$

Le rapport $\frac{l}{l'}$ étant essentiellement positif, on doit avoir simultanément :

$$\begin{cases} d > \delta, \\ d' > \delta, \end{cases}$$

ou

$$\begin{cases} d < \delta, \\ d' < \delta. \end{cases}$$

Cette seconde hypothèse est à rejeter, car si elle était réalisée, l'immersion ne pourrait avoir lieu.

Application numérique : La première condition de possibilité étant satisfaite, le calcul numérique fournit

$$\frac{l}{l'} = \frac{(2,56 - 1,2)\,21,5}{(21,5 - 1,2)\,2,56} = 0,56.$$

Problème 115. — *Un corps pèse* 45 *grammes dans l'air, et* 40 *grammes dans l'alcool, dont la densité est* 0,8. *On demande la densité du corps par rapport à l'eau.*

(Lyon, 1875.)

Solution. — Soit P le poids du corps dans l'air et P' son poids dans l'alcool; le volume d'alcool déplacé est évidemment

$$\frac{P - P'}{\delta},$$

δ désignant la densité de l'alcool.

Or le volume d'alcool déplacé est aussi le volume du corps; la densité demandée, est par conséquent,

$$P : \frac{P - P'}{\delta} = \frac{P\delta}{P - P'}.$$

Le problème est possible si l'on a

$$P > P'.$$

Application numérique : $45 > 40$; $\frac{45 \times 0,8}{45 - 40} = 7,2.$

Problème 116. — *Connaissant la somme* V *des volumes de deux corps solides ou liquides et le volume* U *de leur combinaison ; connaissant d'ailleurs la densité moyenne* δ *de leur simple mélange, sans contraction ni dilatation, et la densité* d *de leur combinaison; déterminer le coefficient de contraction ou de dilatation, s'il y a lieu.*

(Lyon, 1885.)

Solution. — La densité moyenne du mélange des deux corps étant δ et la somme de leurs volumes V, le poids s'exprime par

$$V\delta;$$

d'autre part, ce même poids s'exprime par

$$Ud;$$

on a donc

$$V\delta = Ud,$$

ce qui peut s'écrire

$$\frac{V}{U} = \frac{d}{\delta}.$$

De cette égalité, on déduit la suivante

$$\frac{V - U}{V} = \frac{d - \delta}{d}.$$

Or V — U est la variation qu'éprouve le volume V; $\frac{V-U}{V}$ représente donc la variation éprouvée par l'unité de volume, c'est-à-dire le coefficient de contraction ou de dilatation.

1° $d > \delta$, il y a contraction;
2° $d = \delta$, il n'y a ni contraction ni dilatation;
3° $d < \delta$, il y a dilatation.

Problème 117. — *On mélange deux corps dont les densités sont δ_1 et δ_2, en prenant un poids ϖ du premier et un poids ϖ' du second. On demande quel sera la densité du mélange, sachant que le volume total a subi une variation $\frac{1}{K}$.*

Solution. — Les volumes mélangés sont respectivement

$$v_1 = \frac{\varpi}{\delta} \text{ et } v_2 = \frac{\varpi'}{\delta}.$$

Si aucune variation de volume ne s'était produite, le volume du mélange aurait été

$$V = v_1 + v_2 = \frac{\varpi}{\delta} + \frac{\varpi'}{\delta}.$$

Or, d'après l'énoncé, le volume V a varié de $\pm \frac{V}{K}$; le volume du mélange est, par suite,

$$\left(V \pm \frac{V}{K}\right) \text{ ou } V\left(1 \pm \frac{1}{K}\right),$$

puis, en remplaçant V par sa valeur,

$$\left(\frac{\varpi}{\delta} + \frac{\varpi'}{\delta'}\right)\left(1 \pm \frac{1}{K}\right).$$

Appelons x la densité cherchée; le volume du mélange peut encore s'exprimer par

$$\frac{\varpi + \varpi'}{x};$$

on a donc

$$\left(\frac{\varpi}{\delta} + \frac{\varpi'}{\delta'}\right)\left(1 \pm \frac{1}{K}\right) = \frac{\varpi + \varpi'}{x},$$

et, après transformation,

$$x = \frac{(\varpi + \varpi')\,\delta\delta' K}{(\varpi\delta' + \varpi'\delta)\,(K \pm 1)}.$$

Le signe + convient s'il y a eu dilatation; s'il s'agit d'une contraction, on doit prendre le signe —.

Problème 118. — *Une couronne de poids* P *dans l'air, qui devrait être formée d'or pur, est soupçonnée de contenir de l'argent. Pour découvrir la fraude, on la pèse dans l'eau, et l'on constate qu'elle éprouve une perte de poids* p. *Y a-t-il eu fraude? Et dans ce cas, quels sont les poids respectifs de l'or et de l'argent employés.* — Application: $P = 300$ gr., $p = 20$ gr. Densités : or, 19,5 ; argent 10,5.

(Problème d'Archimède.)

Solution. — Soient δ la densité de l'or, et δ' la densité de l'argent.

Si la couronne était en or pur, son volume et, par suite, le poids de l'eau déplacée, serait

$$\frac{P}{\delta}.$$

Si donc on a

$$\frac{P}{\delta} < p,$$

le volume de la couronne est, pour un même poids P, supérieur à ce qu'il devrait être si l'or eût été employé exclusivement; un métal de densité inférieure à celle de l'or a donc été introduit.

Si l'on trouve

$$\frac{P}{\delta} = p.$$

aucune fraude n'a été commise.

La fraude ayant été reconnue, proposons-nous de trouver les poids x et y de l'or et de l'argent employés, en supposant qu'il n'y ait eu ni contraction ni dilatation.

On a d'abord

$$x + y = P,$$

puis

$$\frac{x}{\delta} + \frac{y}{\delta'} = p,$$

en écrivant que le volume de l'alliage est égal au volume d'eau déplacé.

En éliminant x et y entre ces deux équations, on trouve

$$x = \left(\frac{P}{\delta'} - p\right)\frac{\delta\delta'}{\delta - \delta'}.$$

$$y = \left(\frac{P}{\delta} - p\right)\frac{\delta\delta'}{\delta' - \delta}.$$

Discussion : x et y étant l'un et l'autre essentiellement positifs, on doit avoir simultanément :

$$\left\{\begin{array}{l} \dfrac{P}{\delta'} - p \gtrless 0, \\ \delta - \delta' \gtrless 0; \end{array}\right.$$

ou

$$\left\{\begin{array}{l} \dfrac{P}{\delta} - p \lessgtr 0, \\ \delta' - \delta \lessgtr 0. \end{array}\right.$$

Mais l'on doit remarquer qu'on ne peut avoir

$$\frac{P}{\delta} - p < 0,$$

car cette condition impliquerait que l'objet, supposé fabriqué exclusivement avec le métal le plus léger, a un volume inférieur au volume d'eau qu'il déplace dans les conditions du problème. De même la condition

$$\frac{P}{\delta} - p > 0$$

est incompatible avec les données.

Il ne reste donc plus à considérer que les deux systèmes d'inégalités :

$$\left\{ \begin{array}{l} \frac{P}{\delta} - p > 0, \\ \delta - \delta' > 0; \end{array} \right.$$

$$\left\{ \begin{array}{l} \frac{P}{\delta} - p < 0, \\ \delta' - \delta < 0, \end{array} \right.$$

auxquels doivent satisfaire les quantités données.

Application numérique : Avec les données numériques du problème, on a évidemment

$$\frac{300}{19,5} < 20 \quad \text{et} \quad \frac{300}{10,5} > 20$$

et la condition $\delta - \delta' > 0$, évidemment identique à $\delta' - \delta < 0$, est satisfaite.

On trouve

$$x = 195 \text{ gr.}$$
$$y = 105 \text{ gr.}$$

Problème 119. *Un fil cylindrique en argent, de* $0^{m},0015$ *de diamètre, pèse* $3^{gr}2875$; *on veut le recouvrir d'une couche d'or de* $0^{m},0001$ *d'épaisseur. On demande le poids de l'or qu'il faudra employer, la densité de l'argent étant* 10.47 *et celle de l'or* 19.26.

Solution. — Soient r le rayon du cylindre d'argent, et R le rayon du cylindre recouvert d'or, l la longueur du cylindre ; on a

$$\pi r^2 l = 3,1416 \times (0^{c},075)^2\, l.$$

En multipliant par la densité, on obtient le poids du cylindre d'argent ; on peut donc écrire

$$10{,}47 \times 3{,}1416 \times (0^c{,}075)^2\, l = 3^{gr.}{,}2875,$$

d'où l'on déduit

$$l = \frac{3{,}2875}{10{,}47 \times 3{,}1416 \times (0^c{,}075)^2} = 17^c{,}768.$$

Le volume de la couche d'or déposée est, par suite,

$$\pi l\,(R^2 - r^2) = 3{,}1416 \times 17{,}768 \times 0{,}016.$$

En multipliant par la densité de l'or, on trouve le poids de ce métal :

$$3{,}1416 \times 17{,}768 \times 0{,}016 \times 19{,}26 = 1^{gr.}72.$$

Problème 120. — *Un corps de poids* P, *dont la substance est de densité* δ, *est soupçonné d'avoir une cavité intérieure. On le pèse dans l'eau, et l'on constate une diminution de poids* p. *Y a-t-il une cavité ? Et si cette cavité existe, quel en est le volume ? — On appliquera au cas où le corps est un morceau de cuivre pesant* 523 *grammes dans l'air, et* $447^{gr}5$ *dans l'eau.*

Solution. — Si le corps ne présente pas de cavité, son volume est donné par

$$\frac{P}{\delta}.$$

D'autre part, le volume d'eau déplacé est égal à p ; si donc on a

$$\frac{P}{\delta} = p,$$

il n'y a pas de cavité.

Il y en a une, si

$$\frac{P}{\delta} < p,$$

et, dans ce cas, le volume de la cavité est évidemment l'excès de p sur $\frac{P}{\delta}$.

Application numérique : Le morceau de cuivre est creux et le volume de la cavité est $16^{c.c.}{,}7$.

PROBLÈMES PROPOSÉS

121. — Deux sphères, l'une en platine, l'autre en aluminium, se font équilibre dans l'eau, suspendues aux extrémités du fléau d'une balance hydrostatique. On demande le rapport des poids et des volumes de ces sphères. Densités : platine 21,4; aluminium, 2,55. *(Lyon, 1875.)*

R. $\left\{\begin{array}{l} 1^\circ \ \frac{V'}{V} = 13{,}6. \\ 2^\circ \ \frac{P'}{P} = 0{,}636. \end{array}\right.$

122. — Une tige cylindrique flotte verticalement sur le mercure; elle est formée d'une longueur de 8 centimètres en fer, et d'une longueur de 2 centimètres en platine. Quelle est la longueur plongée dans le liquide? Densités : platine, 21; fer, 7,8; mercure, 13,6. *(Lyon, 1876.)*

R. $7^c,813$.

123. — Un vase de verre cylindrique de 3 cent. carrés de section extérieure et de 1 cent. carré de section intérieure est fermé à sa base par un fond plat d'épaisseur négligeable. Il flotte sur une cuve à mercure et contient du mercure jusqu'à 3 centimètres du niveau extérieur; on demande quelle est la hauteur x dont le tube enfonce dans la cuve, sachant que la hauteur totale du tube est de 1 mètre. La densité du verre est 2,53, celle du mercure 13,59. *(Paris, 1884.)*

R. $0^m,201$.

124. — Un vase cylindrique de 3 déc. carrés de section, contient de l'alcool dont le niveau s'élève à $0^m,835$ au-dessus du fond horizontal du vase. On demande : 1° d'évaluer en atmosphères la pression exercée par le liquide sur l'unité de surface du fond; 2° d'évaluer en grammes la

pression totale supportée par le fond du vase. Densité de l'alcool, 0,815. *(Paris, 1883.)*

R. $\begin{cases} 1^{o}\ 0^{at.},06. \\ 2^{o}\ 20^{k},416. \end{cases}$

125. — Une sphère de platine, suspendue au-dessous d'un des plateaux d'une balance, plonge complètement dans du mercure; au-dessous de l'autre plateau est suspendu un cylindre de cuivre qui plonge entièrement dans l'eau. Le rayon de la base du cylindre étant le même que celui de la sphère, on demande quel doit être le rapport de la hauteur du cylindre à son rayon pour que le fléau de la balance soit horizontal. Densités : platine, 21,4; cuivre, 8,8; mercure, 13,6. *(Paris, 1884.)*

R. $\frac{4}{3}$.

126. — Un corps solide pèse $2^{gr.},25$; plongé dans un liquide, il subit une perte de $0^{gr.},75$. Calculer la densité du solide, sachant que la densité du liquide est 1,33.

(Paris, 1882, 1884.)

R. 3.99.

127.—Un fragment de métal pèse dans l'air $7^{gr.},2$, dans l'eau $4^{gr.},5$, daus un second liquide $5^{gr.},4$. On demande : 1° la densité du métal, 2° la densité du second liquide. On ne tiendra pas compte de la perte de poids éprouvée par le corps lorsqu'on effectue la pesée dans l'air.

(Paris, 1882.)

R. $\begin{cases} 1^{o}\ 2.66, \\ 2^{o}\ 0.66. \end{cases}$

128. — Un vase contient du mercure et de l'eau; une sphère en fer est immergée dans le liquide. On demande le rapport du volume de la partie immergée dans l'eau au

volume immergé dans le mercure. Densités : fer, 7,7; mercure, 13,6. *(Clermont, 1885.)*

R. $\frac{59}{67}$.

129. — Un lingot formé d'or et d'argent pèse 200 gr. Plongé dans l'eau pure à 4°, il perd 15 grammes de son poids. On demande quelle est sa composition. La densité de l'or est 19,5 et celle de l'argent 10,5. On admet qu'en alliant l'or à l'argent, il ne s'est produit ni contraction ni dilatation. *(Clermont, 1885.)*

R. { Or = 146gr.,25.
Argent = 53gr.,75.

130. — Un verre de forme conique a intérieurement 6 centimètres de diamètre au bord; il a été complètement rempli de mercure, d'eau et d'huile, en proportion telle que la couche formée par chacun des trois liquides a 5 centimètres d'épaisseur. Calculer le poids du mercure, de l'eau et de l'huile, en négligeant l'influence de la température. Densités : mercure 13,596; eau, 1; huile, 0,915.

R. { Mercure, 71gr.,188.
Eau, 36gr.,652.
Huile, 91gr.,027.

131. — Un tube de verre cylindrique de 0m,60 de hauteur est rempli de mercure dont la densité est 13,59. Ce mercure pèse 275 grammes. On demande le diamètre du tube.

R. 2mm,11.

132. — Un cylindre de 0m,02 de diamètre et de 0m,10 de longueur est creux, mais fermé et lesté de manière à flotter verticalement dans l'eau et le mercure. On demande la longueur du cylindre dans chaque liquide, sachant que son poids est 125 grammes et que la densité du mercure est 13,6. *(Lyon, 1875.)*

R. { 1° 2c.,36.
2° 7c.,64.

133. — Une tige cylindrique flotte sur le mercure; elle est formée d'une longueur de $0^m,08$ en fer, et d'une longueur de $0^m,02$ en platine. Quelle est la longueur immergée dans le liquide? Densités : fer, 7,8; platine, 21 ; mercure, 13,6. *(Lyon, 1877.)*

R. $0^m,0774$.

134. — Un cône droit à base circulaire a pour hauteur H t pour diamètre *d*. Il est constitué par un tronc de cône en fer, surmonté d'un cône en platine. On demande la hauteur du tronc de cône en fer, sachant que le cône plongeant par sa base dans le mercure, la partie en fer est complètement immergée. Densités : fer, 7,5 ; platine, 21 ; mercure, 13,6. — On fera $H = 0^m,1$, $d = 0^m,143$.

(Lyon, 1879.)

R. $0^m,039$.

135. — On a soudé deux cylindres de même diamètre, l'un en fer, l'autre en platine; on demande le rapport du poids de ces métaux, sachant que le système flottant, sur le mercure, s'enfonce jusqu'au milieu du cylindre de fer. Densités : platine, 21 ; fer, 7,7 ; mercure, 13,6.

(Lyon, 1881.)

R. Solution négative. Impossibilité.

136.— Soient *n* corps $A_1, A_2, A_3 \ldots A_n$; $d_1, d_2, d_3, \ldots d_{n-1}$, les densités respectives du premier par rapport au second, du second par rapport au troisième, et ainsi de suite. On demande d'exprimer la densité de A_1 par rapport à A_n en fonction de $d_1, d_2, d_3, \ldots\ldots d_{n-1}$.

R. $x = d_1 \times d_2 \times d_3 \times \ldots \times d_{n-1}$.

137. — Deux liquides A et B ont pour densités $A = 1,1$ et $B = 1,2$. On les mélange dans la proportion de deux parties pour A, et de cinq parties pour B ; le volume total se contracte de $\frac{1}{130}$. On plonge verticalement dans le mé-

lange un cylindre de $1^m,20$ de haut qui surnage de $0^m,06$. Quelle est la densité de la substance formant le cylindre ?
(Marseille, 1885.)

R. $x = 1.119$.

138. — Un vase a été complètement rempli d'eau et taré. On y introduit un corps solide dont la densité est 1,83, et l'on constate que l'augmentation de poids du vase est $45^{gr}.36$. On demande de calculer, d'après ces données, le poids du corps solide introduit. *(Paris, 1885.)*

R. $100^{gr},01$.

139. — Un corps pèse 25 gr. dans l'air ; un flacon rempli d'eau pèse 220 gr. ; on introduit le corps qui fait sortir une certaine quantité d'eau ; le flacon pèse alors 235 gr. On demande la densité du corps.

R. 2,50.

140. — Un flacon pèse 40 gr. vide ; plein d'eau, il pèse 360 gr. ; plein d'un autre liquide, 322 gr. Quelle est la densité de cet autre liquide ?

R. 0,88.

141. — Un corps pèse $7^{gr}.55$ dans l'air, $5^{gr}.17$ dans l'eau et $5^{gr}.35$ dans un autre liquide. On demande la densité du corps et celle du liquide.

R. $\begin{cases} 3,173 \\ 0,924. \end{cases}$

IV. — ARÉOMÈTRES A VOLUME CONSTANT

Problème 142. — *Un aréomètre de Nicholson de poids* P *affleure dans un liquide de densité* δ *quand on met dans le plateau inférieur un poids* p *d'aluminium, dont la densité est* d. *On demande quel poids il faudrait placer* *dans le plateau supérieur pour le faire affleurer dans l'eau distillée. On suppose :* $P = 20^{gr.}$; $p = 40^{gr.}$; $\delta = 1,6$; $d = 2,5$. (Lyon, 1879.)

Solution. — Soient V le volume de l'instrument jusqu'au point d'affleurement et x le poids demandé. Il y a équilibre lorsque le poids total de l'aréomètre est égal au poids du liquide qu'il déplace. On a donc

$$P + p\left(1 - \frac{\delta}{d}\right) = V\delta,$$
$$P + x = V.$$

En éliminant V entre ces deux relations, on trouve

$$x = \frac{P}{\delta} + \frac{p}{\delta}\left(1 - \frac{\delta}{d}\right) - P.$$

Pour que le problème soit possible, il faut que x soit positif, c'est-à-dire, que l'on ait

$$\frac{P}{\delta} + \frac{p}{\delta}\left(1 - \frac{\delta}{d}\right) - P \geqq 0,$$

ou

$$p \geqq Pd\,\frac{\delta - 1}{d - \delta}.$$

La valeur minimum de p est, par conséquent,

$$p_1 = Pd\,\frac{\delta - 1}{d - \delta}.$$

Application numérique. — La condition de possibilité appliquée aux données fournit

$$p \geqq 20 \times 2,5 \times \frac{0,6}{0,9} \geqq 33^{gr.},33\ldots$$

Elle est satisfaite pour $p = 40$; le problème est donc possible. On trouve, en effet,

$$x = \frac{20 \times 2,5 + 40\,(2,5 - 1,6)}{2,5 \times 1,6} - 20 = 1^{gr.},50.$$

Problème 143. — *Un aréomètre de Farenheit qui pèse 50 gr. exige une charge de 10 gr. pour affleurer dans un liquide de densité 0,75. On demande quel poids il faudra employer pour le faire affleurer dans l'eau pure.*

(Clermont, 1885.)

Solution. — Soient V le volume de l'instrument jusqu'au point de repère, ϖ son poids, p le poids qui produit l'affleurement dans le liquide de densité δ, x le poids demandé.

Lorsque l'instrument est en équilibre, il déplace un poids de liquide égal à son propre poids ; on peut donc écrire successivement :

$$\varpi + p = V\delta,$$
$$\varpi + x = V.$$

En éliminant V entre ces deux équations, on trouve

$$x = \frac{\varpi(1-\delta)+p}{\delta}.$$

Pour que x soit positif, on doit avoir

$$p \geqq \varpi(\delta - 1).$$

Application numérique. — $\delta = 0{,}75$ étant plus petit que 1, le problème est évidemment possible. On trouve, en effet,

$$x = \frac{50\,(1-0{,}75)+10}{0{,}75} = 30 \text{ gr.}$$

PROBLÈMES PROPOSÉS

144. — Un aréomètre à volume constant affleure avec un poids de 35gr. dans un liquide de densité 1,70 et avec 25 gr. dans un liquide de densité 1,23. On demande le poids de l'instrument. *(Lyon, 1879.)*

R. 1gr.,25.

145. — Un aréomètre à volume constant, pesant 17gr.5, affleure dans un liquide de densité 1,12 avec une charge de 14gr.72. On demande avec quel poids il affleurera dans un liquide de densité 1,85. *(Lyon, 1880.)*

R. 35gr.,72.

146. — Dans un liquide dont la densité est 0,75, un aréomètre de Farenheit qui pèse 50gr. affleure avec une surcharge de 1gr.. Avec quel poids affleurera-t-il dans l'eau pure ? *(Clermont, 1885.)*

R. 18gr.

147. — Un aréomètre de Nicholson affleure dans l'eau distillée, avec 60gr. dans son plateau supérieur. Un corps dont on veut déterminer la densité étant placé sur le plateau, il ne faut plus que 38gr. pour déterminer l'affleurement. Enfin, le corps étant placé dans le plateau inférieur, il faut 42gr. dans le plateau supérieur pour obtenir l'affleurement. Quelle est la densité du corps ?

(Besançon, 1885.)

R. 5,5.

V. — ARÉOMÈTRES A POIDS CONSTANT. — THÉORIE GÉNÉRALE

Les aréomètres à poids constant les plus usités sont ceux de Baumé.

Ces instruments rendent dans l'industrie de réels services, en indiquant si certains liquides atteignent le degré de concentration voulu.

Ils permettent aussi de calculer les densités de ces liquides lorsqu'on connait la densité du liquide dans lequel ils affleurent à une division donnée.

Supposons d'abord qu'il s'agisse d'un aréomètre destiné aux liquides plus lourds que l'eau.

Soient V le volume de l'instrument jusqu'au zéro de sa graduation, v le volume d'une division de la tige, δ la densité du liquide dans lequel il affleure à la division n.

Le volume de liquide déplacé est évidemment $V-nv$, représentant un poids $(V-nv)\delta$, précisément égal au poids P de l'instrument. On a donc

$$(V-nv)\delta = P.$$

D'ailleurs, le poids de l'eau déplacée, égal aussi à P, est V; on peut donc écrire

$$(V - nv)\,\delta = V.$$

Divisons les deux membres de cette égalité par v, et posons

$$\frac{V}{v} = N;$$

elle devient

$$(N - n)\,\delta = N. \qquad (1)$$

Cette quantité N, rapport du volume total de l'instrument, jusqu'au zéro de sa graduation, au volume d'une division de la tige, s'appelle le *module* de l'instrument.

Ce module est constant pour tous les exemplaires d'un même aréomètre.

Dans un liquide de densité x, le même instrument affleure à la division n' et l'on a, comme précédemment,

$$(N - n')\,x = N. \qquad (2)$$

En éliminant le module entre (1) et (2) on obtient une relation de laquelle on peut tirer la valeur de x.

Remarque. — S'il s'agit de l'aréomètre destiné aux liquides plus légers que l'eau, on a, en conservant les notations précédentes, et en remarquant que la graduation suit une marche inverse,

$$(N + n)\,\delta = N.$$
$$(N + n')\,x = N.$$

On en déduit la valeur de x comme précédemment.

PROBLÈMES RÉSOLUS

Problème 148. — *Sachant que la densité de l'acide sulfurique du commerce est δ, et qu'il marque* n *à l'aréomètre de Baumé, on demande : 1° le module de l'instrument, 2° la densité de la solution de chlorure de sodium qui a servi à le graduer. Application numérique : $\delta = 1{,}84$;* n $= 66$. (Lyon, 1880.)

Solution. — On sait que dans la solution de chlorure de sodium qui sert à le graduer, l'aréomètre de Baumé, destiné aux liquides plus lourds que l'eau, s'enfonce jusqu'à la 15e division. En désignant par x la densité de cette solution, on a les deux équations :

$$(N - n)\,\delta = N,$$
$$(N - 15)\,x = N,$$

N désignant le module de cet instrument.

On en déduit

$$N = \frac{n\delta}{\delta - 1},$$

et

$$x = \frac{n\delta}{n\delta - 15\,(\delta - 1)}.$$

La quantité x est essentiellement positive. Il faut donc que l'on ait

$$n\delta - 15\,(\delta - 1) \geqq 0.$$

Cette condition, prise à la limite, fournit

$$\delta = \frac{15}{15 - n};$$

on en déduit

$$\frac{\delta - 1}{\delta} = \frac{n}{15}.$$

Le rapport $\frac{n}{15}$ est positif, puisque la graduation va toujours dans le même sens ; il en résulte nécessairement

$$\delta \geqq 1.$$

Il s'agit, en effet, d'un aréomètre s'appliquant exclusivement aux liquides de densité supérieure à celle de l'eau.

Application numérique :

$$N = \frac{66 \times 1,84}{0,84} = 144,6.$$
$$x = \frac{66 \times 1,84}{66 \times 1,84 - 15\,(0,84)} = 1,12.$$

Problème 149. — *Un aréomètre à poids constant affleure au zéro dans l'eau pure, et au degré 66 dans un liquide dont la densité est 1,843. Calculer la densité d'un liquide qui marque 40 degrés à cet aréomètre.* (Paris, 1884.)

Solution. — Soit N le module de l'instrument :

$$(N - 66) \times 1{,}843 = N,$$
$$(N - 40)\,x = N.$$

Eliminant N, on trouve

$$x = 1{,}14.$$

Problème 150. — *Dans l'acide sulfurique, dont la densité est 1,84, un aréomètre à poids constant s'enfonce jusqu'à la naissance de la tige; dans l'eau pure, ce même aréomètre s'enfonce jusqu'au sommet. A quel point s'enfoncera-t-il dans un liquide de densité 1,50 ? — La longueur de la tige est de 1 décimètre.* (Lyon, 1880).

Solution. — Soient N le module de l'instrument, l, la longueur de la tige que nous supposerons partagée en parties égales ; d la densité de l'acide sulfurique, et δ la densité du troisième liquide ; on a les deux équations :

$$(N - l)\,d = N,$$
$$(N - x)\,\delta = N.$$

On en déduit, après avoir éliminé N,

$$x = l\,\frac{d\,(\delta - 1)}{\delta\,(d - 1)}.$$

Pour que x soit positif, il faut que l'on ait

$$\begin{cases} \delta - 1 > 0, \\ d - 1 > 0. \end{cases}$$

ou

$$\begin{cases} \delta - 1 < 0, \\ d - 1 < 0. \end{cases}$$

Ces deux dernières conditions doivent être rejetées puisque l'instrument ne peut convenir qu'aux liquides plus denses que l'eau.

De plus, x doit être plus petit que l. On a, en effet,

$$\frac{\delta - 1}{d - 1} < \frac{\delta}{d};$$

le produit

$$\frac{d}{\delta} \times \frac{\delta - 1}{d - 1}$$

est, par conséquent, plus petit que le produit

$$\frac{d}{\delta} \times \frac{\delta}{d},$$

c'est-à-dire plus petit que l'unité ; on a donc bien

$$x < l.$$

Application numérique :

$$x = 0^{m},1 \times \frac{1,84 \times 0,50}{1,5 \times 0,84} = 73^{mm}.$$

Problème 151. — *Un aréomètre de Baume s'enfonce jusqu'à la division 66 dans l'acide sulfurique dont la densité est 1,8. Quel serait le point d'affleurement si l'instrument, restant semblable à lui-même, se contractait du $\frac{1}{10}$ de son volume?* (Ecole Normale, 1858.)

Solution. — Soit N le module de l'instrument ; avant la contraction on a

$$(N - 66)\ 1,8 = N.$$

La contraction n'a pas changé le module de l'aréomètre, mais la diminution de volume qui en résulte empêche l'instrument, dont le poids n'a pas changé, de flotter dans l'eau pure. Pour qu'il pût affleurer encore au sommet de la tige après la contraction, il faudrait un liquide dont la densité fût les $\frac{10}{9}$ de celle de l'eau, puisque ce volume n'est plus que les $\frac{9}{10}$ du volume primitif. La seconde équation est, par suite,

$$(N - x)\ 1,8 = \frac{N \times 10}{9},$$

x désignant le nouveau point d'affleurement dans l'acide sulfurique.

En éliminant N entre les deux équations précédentes, on trouve

$$x = \frac{0,62 \times 66 \times 1,8}{0,8 \times 1,62} = 56,83.$$

Problème 152. — *Un aréomètre de Baumé marque 5° dans du lait pur. Il marque 2°,2 dans du lait étendu d'eau. On demande la proportion d'eau ajoutée ? Densité de l'eau salée qui a servi à le graduer, 1,116.*

(Besançon, 1885.)

Solution. — Soient N le module de l'instrument, x la densité du lait pur et y celle du lait étendu d'eau, on a :

$$(N - 15)\,1,116 = N,$$
$$(N - 5)\,x = N,$$
$$(N - 2,2)\,y = N.$$

On en tire

$$x = \frac{3 \times 1,116}{3 \times 1,116 - 0,116} = 1,036,$$
$$y = \frac{15 \times 1,116}{15 \times 1,116 - 0,116 \times 2,2} = 1,015.$$

Désignons par V le volume d'eau qui a été ajouté à l'unité de volume de lait ; le volume ainsi obtenu est $1 + V$ et pèse

$$1,036 + V.$$

Sa densité est, d'ailleurs, 1,015 ; on a donc

$$\frac{1,036 + V}{1 + V} = 1,015.$$

D'où

$$V = \frac{7}{5}.$$

On a donc ajouté au lait les $\frac{7}{5}$ de son volume d'eau.

PROBLÈMES PROPOSÉS

153. — Chacune des divisions d'un aréomètre à poids constant vaut $\frac{1}{4}$ de centimètre cube ; la partie non divisée

vaut 20 centimètres cubes. Dans l'eau, il s'enfonce jusqu'à la division 80. Jusqu'à quelle division s'enfoncera-t-il dans l'acide sulfurique dont la densité est 1,85 ?

(Lyon, 1884.)

R. 73°,5.

154. — Un aréomètre de Baumé s'enfonce jusqu'à la division 66 dans de l'acide sulfurique, et la densité de l'eau salée qui a servi à le graduer est 1,112. Quelle est la densité de cet acide sulfurique ? *(Lyon, 1884.)*

R. 1,88.

155. — Un aréomètre de Baumé à tige bien cylindrique a été plongé dans l'eau et l'on a marqué zéro au point d'affleurement. On le plonge ensuite dans de l'alcool de densité 0,8 et l'on marque 25 au point d'affleurement. On gradue ensuite l'appareil en prolongeant la graduation au-dessus et au-dessous de zéro. On demande les densités de deux liquides, sachant que l'aréomètre affleure dans l'un à +40° et dans l'autre à — 20°. (Les divisions négatives sont au-dessous du zéro.)

R. { 1° 0,714,
2° 1,25.

156. — Un aréomètre à poids constant affleure au trait 0 dans l'eau distillée, au trait 20 dans un liquide dont la densité est 1,155. A quelle division affleurera-t-il dans un liquide de densité 1,5 ? *(Paris, 1885.)*

R. 49°,67.

157. — Calculer le module du pèse-esprits Baumé sachant que l'eau salée qui a servi à le graduer a pour densité 1,0847.

R. N = 128.

158. — Un aréomètre à poids constant et à tige bien cylindrique pèse 100 gr. Dans l'eau, le point d'affleurement est au bas de la tige, à la division zéro. Dans un liquide de

densité 0,9, le point d'affleurement est à la division 10. On demande : 1° quel est le volume d'une division de la tige ; 2° quel est le poids de fer qu'il faut suspendre au bas de l'aréomètre, pour que, dans l'eau, le point d'affleurement corresponde à la division 10 de la tige. Densité du fer, 7,2. *(Marseille, 1885.)*

R. { 1° 1cc.,11,
2° 12gr.,72.

SECTION IV

I. — PRESSION EXERCÉE PAR L'ATMOSPHÈRE

Problème 159. — *Le baromètre marquant 760mm, calculer la pression exercée par l'atmosphère sur une surface de 1 centimètre carré. Densité du mercure, 13,59.*

Solution. — Cette pression est le poids d'un cylindre de mercure ayant 1 cent. carré de base et 76 cent. de hauteur. Le volume d'un tel cylindre est 76 cent. cubes, et son poids

$$76 \times 13^{gr.}59 = 1^{k.}033.$$

Remarque. — Le poids spécifique absolu du mercure variant comme g avec l'altitude, la latitude et en outre, avec la température, il est indispensable, lorsqu'on veut comparer entre elles diverses hauteurs barométriques, de les ramener à ce qu'elles seraient, à une même altitude, une même latitude et une même température.

On réduit généralement les hauteurs barométriques à la température de la glace fondante, à la latitude de 45° et au niveau de la mer. Ces deux dernières réductions s'effectuent surtout en Météorologie où l'on a souvent besoin de comparer entre elles des lectures barométriques faites dans des lieux d'altitude et de latitude très différentes.

Les variations d'altitude rendent, encore à un autre point de vue, les observations barométriques faites en divers lieux non comparables entre elles. Pour qu'elles deviennent comparables, il faut, en effet, tenir compte du poids de la couche atmosphérique comprise entre un niveau fixe, celui de la mer, par exemple, et le niveau de la cuvette du baromètre.

Problème 160. — *Calculer l'effort à faire pour soulever un hémisphère de Magdebourg dans lequel on a fait le vide absolu, en supposant qu'il repose par sa base sur un plan horizontal et que la direction de l'effort développé soit verticale.*

Solution. — Considérons en AMB une section méridienne de l'hémisphère, et sur cette section un point M

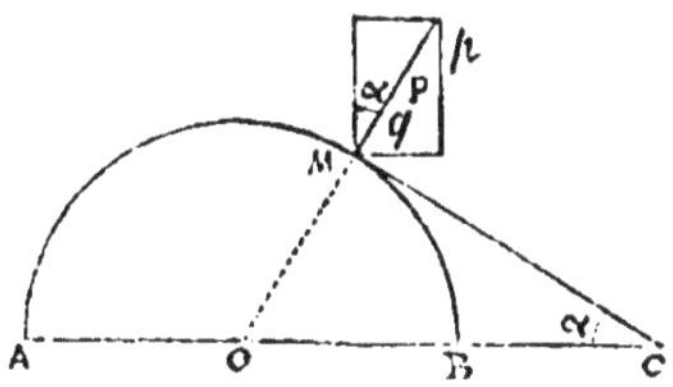

Fig. 16.

autour duquel nous prendrons un élément de surface ω, assez petit pour qu'il se confonde avec le plan tangent au point M.

La pression supportée par ω est représentée par une force P, normale à l'hémisphère et dont l'intensité est

$$P = \omega H \delta,$$

H étant la hauteur du baromètre au moment de l'expérience, et δ la densité du mercure.

La force P donne dans le plan vertical AMB deux composantes, l'une p verticale, l'autre q horizontale. On n'a pas à tenir compte de cette dernière, qui est détruite par la composante égale et de sens contraire que fournit le symétrique du point M par rapport au diamètre vertical.

L'angle que fait p avec P est égal à l'angle α que fait avec la base de l'hémisphère le plan tangent en M. On a donc

$$p = \text{P} \cos\alpha = \omega \text{H}\delta \cos\alpha.$$

L'effort demandé est égal à la somme des composantes telles que p, fournies par les différents éléments en lesquels ont peut décomposer la surface de l'hémisphère. En appelant Σp cette somme, on peut écrire

$$\Sigma p = \omega_1 \text{H}\delta \cos\alpha_1 + \omega_2 \text{H}\delta \cos\alpha_2 + \ldots + \omega_n \text{H}\delta \cos\alpha_n.$$

ou, en mettant H δ en facteur commun,

$$\Sigma p = \text{H}\delta (\omega_1 \cos\alpha_1 + \omega_2 \cos_2 + \ldots \omega_n \cos\alpha_n).$$

Or, d'après la nature des angles, $\alpha_1, \alpha_2 \ldots \alpha_n$, chaque terme de la parenthèse représente la projection sur la base de l'hémisphère d'un élément pris sur la surface. La somme de ces termes est donc égale au grand cercle de base. On a, par suite, en désignant par R le rayon de l'hémisphère considéré,

$$\Sigma p = \pi \text{R}^2 \text{H}\delta.$$

Ce qui montre que *l'effort à faire pour soulever un hémisphère de Magdebourg est égal au poids d'une colonne de mercure ayant pour base le grand cercle de l'hémisphère, et pour hauteur, la hauteur du baromètre au moment de l'expérience.*

Remarque. — Si le vide à l'intérieur de l'hémisphère n'était que partiel, on aurait, en désignant par h la pression de l'air qui reste,

$$\Sigma p_1 = \pi \text{R}^2 (\text{H} - h)\,\delta.$$

Problème 161. — *Calculer l'effort nécessaire pour soutenir un récipient renversé sur un liquide et rempli, en totalité ou en partie, par le liquide.*

Solution. — Soit un vase ACD, de forme quelconque, renversé sur un liquide et complètement rempli par ce liquide.

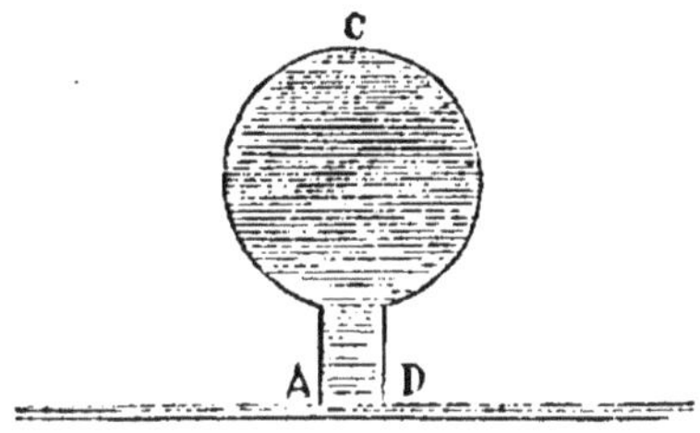

Fig. 17.

Si l'on néglige la partie du vase qui pénètre au-dessous de la surface libre AD, l'effort à faire pour maintenir ACD est égal au poids de ce vase, augmenté du poids du liquide qu'il contient.

On peut, en effet, supprimer le liquide qui se trouve au-dessous de la section AD, à la condition d'appliquer sur cette section, supposée solidifiée, une pression égale à la pression extérieure. Dans ces conditions, qui ne changent rien à l'équilibre, tout se passe comme si le vase ACD était entouré de toutes parts par l'air atmosphérique ; on voit alors que l'effort à faire pour soutenir le vase est égal à son poids, augmenté de celui du liquide qu'il contient.

Remarque. — Si le liquide ne remplit pas complètement le vase (vide barométrique), la conclusion précédente subsiste. Si l'espace non occupé par le liquide est rempli par un gaz, la pression du gaz est une force intérieure dont les effets se neutralisent dans deux sens opposés ; il n'y a pas lieu d'en tenir compte. A la rigueur, le poids du gaz se joint au poids du liquide soulevé, mais on le néglige généralement.

Problème 162. — *Le tube d'un baromètre parfaitement cylindrique est libre de se mouvoir dans le sens vertical seulement. Trouver la position d'équilibre du tube dans la cuvette. On donne : l, la longueur du tube,* R *et* r *les rayons intérieur et extérieur de la section droite,* H *la pression extérieure à* 0°, d *et* D *les densités du verre et du mercure.* (Lyon, 1881.)

Solution. — D'après le problème précédent, l'effort à faire pour soutenir ce tube barométrique est égal au poids du tube augmenté du poids du mercure qu'il contient au-dessus du niveau dans la cuve. Cet effort est représenté ici par la poussée qu'exerce le mercure sur la partie immergée du tube.

Soit x la longueur de cette partie ; la condition d'équilibre est évidemment

$$\pi(R^2 - r^2)\,ld + \pi r^2\,HD - \pi(R^2 - r^2)\,xD = 0.$$

on en déduit

$$x = \frac{(R^2 - r^2)\,ld + r^2HD}{(R^2 - r^2)\,D},$$

x est positif et le problème, toujours possible.

Problème 163. — *On fait l'expérience de Torricelli avec de l'éther au lieu de mercure. On demande la hauteur d'éther soulevée dans le tube, la pression extérieure étant* 750^{mm}. *Densité : éther* 0,715 ; *mercure,* 13,6. — *La tension de la vapeur d'éther est* 40^{mm} *au moment de l'expérience.* (Lyon, 1885.)

Solution. — Soient x la hauteur demandée, H la valeur de la pression extérieure et F la tension de la vapeur d'éther, évaluées l'une et l'autre en millimètres de mercure ; δ la densité de l'éther, d la densité du mercure ; on a

$$x\delta + Fd = Hd,$$

d'où l'on tire

$$x = \frac{(H - F)\,d}{\delta}.$$

Application numérique :

$$x = \frac{(750 - 40) \times 13,6}{0,715} = 13^{m}505.$$

Problème 164. — *La cuvette et le tube d'un baromètre étant des cylindres parfaitement calibrés, on demande quel doit être le rapport des rayons des sections de la cuvette et du tube pour que la variation de niveau dans la cuve soit la n^e partie de la variation correspondante dans le tube.*

Solution. — Soient R et r les rayons respectifs de la cuvette et du tube, h la variation de niveau dans le tube.

En écrivant que la variation de volume du mercure dans le tube est égale à la variation de volume dans la cuve, on obtient

$$\pi R^2 \frac{h}{n} = \pi r^2 h,$$

et, par suite,

$$\frac{R}{r} = \sqrt{n}.$$

PROBLÈMES PROPOSÉS

165. — Calculer la pression qu'exerce l'atmosphère sur un cercle de 1 mètre de diamètre, en supposant que le baromètre marque 760^{mm}. Densité du mercure, 13,6.

R. 8,115 kilogr.

166. — La membrane d'un crève-vessie a une surface de 1^{dq} et se rompt sous un effort de 35^{k}. Quelle est la pression indiquée par le manomètre de la machine pneumatique à l'instant où la rupture doit se produire? La pression extérieure est 750^{mm} à 0°. *(Paris, 1885.)*

R. $497^{mm},64$.

67. — Calculer la pression qu'exerce l'atmosphère sur un rectangle dont un côté a $0^{m},26$ et la diagonale $0^{m},44$. Le baromètre marque 760^{mm} et la densité du mercure est 13,6.

R. $941^{k},98$.

168. — Le rayon extérieur des hémisphères de Magdebourg est de $0^{m}1$. On fait le vide absolu à l'intérieur. On demande l'effort qu'il faut exercer pour les séparer. Hauteur barométrique 760^{mm}.

R. $940^{k},576$.

169. — Quel est l'effort nécessaire pour séparer deux hémisphères de Magdebourg, sachant que la pression extérieure est 760^{mm} et la pression intérieure 12^{mm}? Le rayon des hémisphères et $0^{m},1$ et la densité du mercure est 13,6.

R. 325 kil.

170. — La pression atmosphérique étant 760, on demande quelle serait la hauteur indiquée dans ces conditions par un baromètre à acide sulfurique. On sait que la densité du mercure est 13,6, celle de l'acide sulfurique 1,84. On suppose que la vapeur donnée par ce dernier liquide à la température de l'expérience possède une tension négligeable.

R. $5^{m},617$.

171. — Le tube d'un baromètre à cuvette a $2^{mm},5$ de diamètre. La cuvette dans laquelle il est plongé est exactement cylindrique comme le tube. On demande quel doit être le diamètre de cette cuvette pour que, dans le cas d'une variation de 5 centimètres dans la pression atmosphérique, il n'y ait un changement de hauteur que de $0^{mm},1$ dans le niveau du mercure dans la cuvette. On ne tiendra pas compte de l'épaisseur des parois du tube.

R. $55^{mm},93$.

172. — Les deux branches cylindriques d'un baromètre à siphon ont des diamètres inégaux ; celui de la plus courte branche est 7 fois plus grand que celui de la plus longue. On place le zéro de la graduation au point où le mercure affleure dans la petite branche quand la pression est 760^{mm}, et l'on demande quelle est la variation de ce niveau au-dessus et au-dessous du zéro quand la pression devient 735^{mm} et 785^{mm}.

R. $\pm 0^{mm},5$.

173. — Un baromètre à siphon, dont les deux branches ont le même diamètre, marque 760^{mm}. On le plonge dans un liquide dont la densité, par rapport à l'eau, est 0,9 ; le sommet de la colonne barométrique s'élève à 10 millimètres au-dessus de sa position primitive. On demande quelle est la hauteur du liquide au-dessus du niveau du mercure dans la branche ouverte. Le liquide et le mercure sont à 0° et la pression extérieure ne change pas pendant l'expérience. Densité du mercure, 13,6.

(Concours général.)

R. $302^{mm},2$.

174. — Une éprouvette cylindrique de longueur l, pleine d'eau, est soutenue sur la cuve à eau. On demande quelle est la force nécessaire pour la maintenir. On suppose que l'orifice coïncide avec la surface libre de l'eau dans la cuve. Le poids de l'éprouvette vide est P et son rayon est r.

R. $P + \pi r^2 l$.

175. — Une éprouvette de base ω et de poids P, qui contient un gaz, est renversée sur la cuve à eau ; l'eau s'élève à une hauteur h dans l'intérieur de l'éprouvette. On demande l'effort F qu'il faut développer pour la tenir en équilibre. On négligera le poids du gaz.

R. $F = P + \omega h$.

176. — Etudier ce qui se passe si, dans les conditions précédentes, le gaz continuant à arriver sous l'éprouvette, h diminue de plus en plus.

R. F peut devenir nul et même changer de sens.

177. — Quel serait le poids dont il faudrait charger une soupape circulaire de $0^{m},07$ de diamètre, pour l'empêcher de se soulever avant que la pression dans la chaudière ait atteint la force de 8 atmosphères, la pression extérieure étant 76 cent. ?

R. 358^{k}.

178. — Quelle doit être la capacité d'un vase contenant $3^{gr.}$ d'air à 0° pour que cet air exerce une pression de $500^{gr.}$ par centimètre carré ? *(Paris, 1885.)*

R. $4^{l.},774$.

II. — LOI DE MARIOTTE : APPLICATIONS. — MÉLANGE DES GAZ : LOI DE DALTON

Soient V_1 et V les volumes d'une même masse gazeuse sous les pressions H_1 et H_2. La température demeurant constante, on a

$$\frac{V_1}{V_2}=\frac{H_2}{H_1}, \tag{1}$$

ou

$$V_1 H_1 = V_2 H_2. \tag{2}$$

C'est généralement sous cette forme que l'on applique la loi de Mariotte.

Désignons par a le poids de l'unité de volume d'un gaz sous la pression H, par a' le poids de cette unité sous la pression H' ; pour une même masse gazeuse occupant successivement les volumes V et V', on a, en désignant par P le poids du gaz, qui demeure invariable :

$$Va = P,$$
$$V'a' = P,$$

et, par suite,

$$Va = V'a'.$$

On a d'ailleurs

$$VH = V'H';$$

il en résulte

$$\frac{a}{H} = \frac{a'}{H'}.$$

Le poids de l'unité de volume d'un gaz à une température constante est proportionnel à la pression.

Remarque. — L'équation (2) est souvent plus générale que l'équation (1). Pour chasser les dénominateurs on est conduit, en effet, à multiplier les deux membres par des quantités qui peuvent contenir les inconnues ; on introduit ainsi des solutions étrangères qu'on doit ensuite rechercher et éliminer.

Problème 179. — *Une éprouvette de longueur* l, *contenant du gaz, est renversée sur la cuve à mercure. La colonne de mercure soulevée dans l'éprouvette s'élève à une hauteur* h *au-dessus du niveau du liquide dans la cuve. On demande la pression du gaz contenu dans l'éprouvette. La pression extérieure est* H.

Solution. — La pression demandée, que nous désignerons par x, et la colonne de mercure soulevée dans l'éprouvette font ensemble équilibre à la presion extérieure ; on a donc

$$x + h = H;$$

on en déduit

$$x = H - h.$$

La pression du gaz est donc égale à la hauteur du baromètre diminuée de la hauteur de la colonne de mercure soulevée.

Problème 180. — *Une éprouvette contenant un volume V de gaz est renversée sur la cuve à mercure ; la hauteur de mercure soulevée dans l'éprouvette est h, et la pression extérieure est égale à H. On demande le volume occupé par le gaz si on le ramène à la pression extérieure.*

Solution. — Soit x le volume demandé ; ce volume est à la pression H. Primitivement avec la valeur V, il était sous la pression $H - h$; on a donc

$$xH = V(H - h),$$

d'où

$$x = V\frac{H-h}{H}.$$

Problème 181. — *On prend un volume V_1 d'Hydrogène sous la pression H_1, un volume V_2 d'azote sous la pression H_2, un volume V_3 d'oxygène sous la pression H_3. On mélange ces gaz dans un récipient de volume V, et on demande la pression X du mélange. Application numérique : $V_1 = 1$ litre ; $H_1 = 0^m,30$; $V_2 = 3$ litres ; $H_2 = 0^m,25$; $V_3 = 6$ litres ; $H_3 = 0^m,20$; $V = 10$ litres.*

(Clermont, 1885.)

Solution. — D'après la loi de Dalton, la pression demandée est la somme des pressions qu'aurait chaque gaz s'il occupait seul le volume V.

Or, d'après la loi de Mariotte, on a pour l'hydrogène

$$H_1\frac{V_1}{V};$$

pour l'azote,

$$H_2\frac{V_2}{V},$$

et pour l'oxygène,

$$H_3\frac{V_3}{V}.$$

La pression demandée est donc

$$X = H_1\frac{V_1}{V} + H_2\frac{V_2}{V} + H_3\frac{V_3}{V} = \frac{H_1V_1 + H_2V_2 + H_3V_3}{V}.$$

Application numérique :

$$X = \frac{0,30 + 0,25 \times 3 + 0,20 \times 6}{10} = 0^{m},225.$$

Problème 182. — *Deux ballons à robinet, ont respectivement* $2^{l},342$ et $4^{l},535$ *de capacité. Le premier contient de l'air à la pression* 835^{mm}, *le second de l'hydrogène à la pression* 225^{mm}. *On met les deux ballons en communication. Quelle sera la pression du mélange des deux gaz ?*

(Paris, 1883.)

Solution. — En appliquant les lois de Dalton et de Mariotte, on trouve :

$$x = 225 \times \frac{4,535}{2,342 + 4,535},$$

$$y = 835 \times \frac{2,342}{2,342 + 4,535};$$

on a donc, en désignant par H la pression cherchée,

$$H = x + y = \frac{225 \times 4,535 + 835 \times 2,342}{2,342 + 4,535} = 432^{mm}.$$

Problème 183. — *Un ballon est plein d'air sous la pression extérieure ; on réduit la pression à l'intérieur de telle façon qu'elle fasse équilibre à une colonne de mercure* x ; *puis on fait entrer dans le ballon de l'hydrogène pour rétablir la pression barométrique. On réduit de nouveau la pression de façon qu'elle fasse équilibre à une hauteur* x, *de mercure. On y fait de nouveau rentrer de l'hydrogène pour rétablir la pression. A ce moment, le ballon contient un mélange dans lequel le poids de l'air est le* $\frac{1}{1000}$ *du poids de l'hydrogène. On demande quelle est la valeur de* x *à* $\frac{1}{10}$ *de millimètre près. La température est constante ; le baromètre se maintient à* 750^{mm}, *et la densité de l'hydrogène par rapport à l'air est* 0,0691.

(Nancy, 1884.)

Solution. — Soient H la hauteur du baromètre et $\frac{1}{p}$ le rapport du poids de l'air à celui de l'hydrogène. Après la première opération, l'air du ballon conserve une pression x; la pression ayant été ramenée à x par la seconde opération, la pression relative à l'air seul n'est plus que

$$x \times \frac{x}{H};$$

l'hydrogène aurait donc seul la pression

$$H - \frac{x^2}{H} = \frac{H^2 - x^2}{H}.$$

Le rapport des pressions des deux gaz est, par conséquent,

$$\frac{x^2}{H} : \frac{H^2 - x^2}{H} = \frac{x^2}{H^2 - x^2}.$$

Or, le rapport des pressions devient égal à celui des poids si on multiplie ses deux termes par les densités δ et δ' des deux gaz ; on a donc

$$\frac{x^2 \delta}{(H^2 - x^2)\delta'} = \frac{1}{p}.$$

De cette équation, on tire

$$x = H \sqrt{\frac{\delta'}{p\delta + \delta'}}.$$

Application numérique : $H = 750$; $= \delta = 1$; $\delta' = 0{,}0691$.

$$x = 750 \sqrt{\frac{0{,}691}{1000 + 0{,}0691}} = 6^{mm},2.$$

Problème 184. — *Deux gaz remplissent le volume* V, *sous la pression* H ; *on absorbe l'un d'eux, et on ramène celui qui reste au volume* V. *Il faut, pour cela, réduire la pression à* h. *On demande le rapport à la même pression des volumes des gaz mélangés.*

Solution. — Le gaz absorbé occuperait seul le volume V sous la pression $H-h$; le volume x qu'il occuperait à la pression h est donné, d'après la loi de Mariotte, par la relation

$$xh = V(H-h),$$

de laquelle on tire

$$x = \frac{V(H-h)}{h}.$$

A la pression h, le rapport des volumes des deux gaz est

$$\frac{V}{V\left(\frac{H-h}{h}\right)} = \frac{h}{H-h}.$$

Problème 185. — *De l'air à la pression* H, *sous le volume* V, *est débarrassé de son oxygène par le phosphore. L'azote qui reste, ramené à la pression extérieure, possède un volume* V_1. *On demande quel serait le volume d'oxygène à cette pression* H, *et quelles pressions posséderaient respectivement les deux gaz s'ils occupaient séparément le volume* V.

Solution. — Soient h_1 et h_2 les pressions propres à chaque gaz sous le volume V ; V_1 et V_2 les volumes de l'azote et de l'oxygène absorbé, sous la pression H.

On a, d'après la loi de Dalton,

$$(1) \qquad h_1 + h_2 = H,$$

et d'après la loi de Mariotte :

$$(2) \qquad \begin{cases} h_1 V = H V_1, \\ h_2 V = H V_2. \end{cases}$$

Ces deux dernières équations donnent

$$V(h_1 + h_2) = H(V_1 + V_2),$$

ou, d'après la relation (1),

$$VH = H(V_1 + V_2);$$

et, par suite,

$$V = V_1 + V_2.$$

Les équations (2), divisées membre à membre, fournissent d'ailleurs

$$(3) \qquad \frac{h_1}{h_2} = \frac{V_1}{V_2};$$

de cette équation (3) on tire

$$\frac{h_1 + h_2}{h_2} = \frac{V_1 + V_2}{V_2},$$

ou, d'après les relations précédentes,

$$\frac{H}{h_2} = \frac{V}{V_2}.$$

Or, on sait que

$$\frac{V}{V_2} = \frac{100}{21};$$

par suite,

$$V_2 = V \frac{21}{100},$$

et

$$h_2 = H \frac{21}{100}.$$

La valeur de h_1 est évidemment

$$h_1 = H - H \frac{21}{100} = H \frac{79}{100}.$$

Problème 186. — *Une cloche contenant de l'air repose sur la cuve à eau. La pression intérieure est égale à la pression extérieure. On enlève l'oxygène par le phosphore et l'eau monte de* h *dans la cloche. On demande le volume primitif de l'air. La température reste constamment égale à 0° pendant toute la durée de l'expérience.*

La cloche est un cylindre dont la hauteur est égale au diamètre.

Application numérique : $h = 5$ *centimètres; pression extérieure*, H = 760^{mm}. (Lyon, 1877.)

Solution. — Soient R le rayon de la cloche, H la pression extérieure, h la quantité dont l'eau s'élève.

Lorsque l'oxygène est absorbé, le volume occupé par l'azote est

$$\pi R^2 (2R - h),$$

sous la pression $H - \frac{h}{\delta}$, δ désignant la densité du mercure.

D'autre part, l'azote seul occuperait le volume total de la cloche $2\pi R^3$, sous la pression $H \times \frac{79}{100}$; la loi de Mariotte donne, puisqu'il s'agit d'une même masse gazeuse,

$$\pi R^2 (2R - h)\left(H - \frac{h}{\delta}\right) = 2\pi R^3 \times H \times \frac{79}{100}.$$

On en déduit, après simplification,

$$R = \frac{h(H\delta - h)}{2(H\delta \times 0{,}21 - h)}.$$

Application numérique :

$$R = \frac{50(760 \times 13{,}6 - 50)}{2(760 \times 13{,}6 \times 0{,}21 - 50)} = 0^{m},21.$$

Le volume $2\pi R^3$ est égal à

$$2 \times 3{,}1416 \times (0{,}121)^3 = 11 \text{ litres}, 131.$$

Problème 187. — *On remplit un tube barométrique en y laissant un volume* v *d'air sec. On renverse verticalement ce tube sur une cuve à mercure ; l'air y occupe alors un volume* v', *et la hauteur du mercure dans le tube est* h. *On demande la pression extérieure* H.

Application numérique : $v = 15^{cc}$; $v' = 25^{cc}$; $h = 302^{mm}$.

Solution. — L'air sec occupait primitivement dans le tube un volume

$$V, \quad \text{sous la pression extérieure} \quad H,$$

puis un volume

$$V', \quad \text{sous la pression} \quad H - h.$$

D'après la loi de Mariotte,

$$VH = V'(H - h),$$

et, par suite,

$$(V' - V)\,H = V'h,$$

$$H = \frac{V'h}{V' - V}.$$

Application numérique :

$$H = \frac{25 \times 302}{10} = 755^{mm}.$$

Problème 188. — *Un tube barométrique purgé d'humidité, mais non privé d'air, est dressé sur la cuve à mercure. La hauteur de la colonne liquide est alors* H. *On introduit dans le tube barométrique autant d'air qu'il y en avait déjà ; la chambre barométrique augmente de* $\frac{1}{n}$ *et la colonne de mercure diminue de* h. *On demande la pression sous laquelle on a opéré.*

Application numérique : $H_{,} = 552^{mm}$; $\frac{1}{n} = \frac{1}{2}$; $h = 72^{mm}$.

(Concours général, 1852.)

Solution. — Après l'introduction de l'air, la hauteur de la colonne du mercure n'est plus que

$$H - h.$$

Soit x la pression extérieure ; on a successivement :

$$x = \mathrm{H} + f,$$
$$x = \mathrm{H} - h + f,$$

f et f désignant la force élastique de l'air contenu dans le tube barométrique, avant et après l'introduction de l'air.

Si la quantité d'air n'avait pas varié, lorsque la chambre barométrique est devenue $1 + \frac{1}{n} = \frac{n+1}{n}$, la force élastique f aurait pris la valeur

$$f_1 = \frac{nf}{n+1}.$$

Mais l'introduction d'une quantité d'air égale à celle qui s'y trouvait déjà a doublé f_1 ; donc

$$f = 2f_1 = 2f\frac{n}{n+1};$$

d'ailleurs les équations primitives fournissent :

$$f = x - \mathrm{H},$$
$$f = x - \mathrm{H} + h;$$

on peut donc écrire

$$x - \mathrm{H} + h = 2\,(x - \mathrm{H})\,\frac{n}{n+1},$$

et

$$x = \frac{(n-1)\,\mathrm{H} + (n+1)\,h}{n+1}.$$

Application numérique :

$$x\ 552\ \mathrm{H} + 72 \times 3 = 768^{\mathrm{mm}}.$$

Problème 189. — *Un tube barométrique bien calibré plonge dans une cuvette profonde. Le niveau du mercure* *étant le même dans le tube et dans la cuve, l'air occupe une longueur* l. *On soulève le tube d'une longueur* l'. *On demande à quel niveau le mercure s'élèvera dans le tube?*

Solution. — Soit x la hauteur demandée. La section du tube étant prise pour unité de surface, le volume que l'air occupe d'abord est

l, sous la pression extérieure H,

puis

$l + l' - x$, sous la pression $H - x$

On a donc, d'après la loi de Mariotte,

$$lH = (l + l' - x)(H - x),$$

ou, en ordonnant,

$$x^2 - (l + l' + H)x + l'H = 0;$$

en résolvant cette équation, on trouve

$$(1) \qquad x = \frac{l + l' + H \pm \sqrt{(l + l' + H)^2 - 4l'H}}{2}.$$

Pour que le problème soit possible, on doit avoir

$$(l + l' + H)^2 - 4l'H \geqq 0;$$

cette condition peut s'écrire

$$l^2 + 2l(l' + H) + (l' - H)^2 \geqq 0;$$

elle est évidemment toujours satisfaite.

Le problème n'admettant qu'une solution, l'une des racines de l'équation doit être rejetée. Pour reconnaître le signe que l'on doit prendre devant le radical, il suffit de remarquer que pour $l' = 0$, on doit avoir $x = 0$; c'est donc le signe — qui convient.

Problème 190. — *On constitue un baromètre avec un tube AB, dont le diamètre est D, communiquant avec un tube ouvert de longueur l, de diamètre d, et incliné d'un angle α. Sous la pression H, le mercure occupe la fraction $\frac{1}{K}$ du tube ouvert. On demande de graduer ce tube de façon qu'on puisse y lire la pression d'après le déplacement du niveau du mercure. Entre quelles limites l'appareil pourra-t-il fonctionner ? Lorsque la limite inférieure sera dépassée, calculer la pression en fonction du poids de mercure qui sortira par l'extrémité C. La densité du mercure est 13,6.*

Application numérique : H = 760mm ; D = 0m,01 ; d = 0m,001 ; $\frac{1}{K} = \frac{1}{2}$; l = 1 mètre ; inclinaison du tube ouvert, 0m,20 par mètre.

(*École des Mines de Saint-Étienne, 1885.*)

Solution. — Désignons par N le rapport des sections des deux tubes.

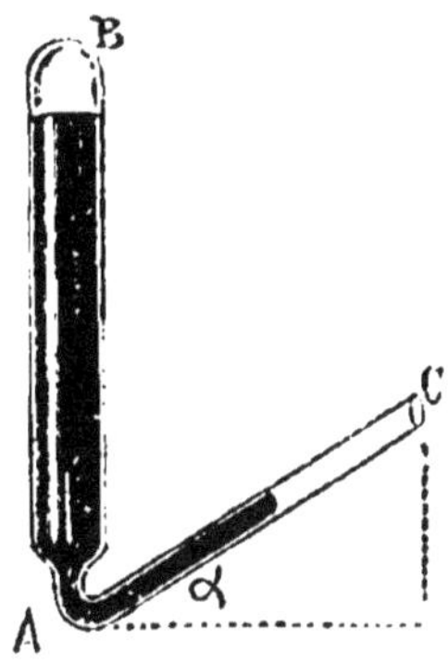

Fig. 18.

Lorsque le mercure baisse de 1 unité dans le tube AB, la colonne mercurielle s'allonge dans le tube AC de la quantité N. La variation de niveau qui en résulte dans ce tube est N sin α, et la diminution de pression correspondante est égale à

$$1 + N \sin \alpha.$$

Ainsi à une diminution de pression $1 + N \sin\alpha$, correspond, dans le tube AC, un accroissement N de la colonne de mercure; lorsque la pression diminue de 1 unité, l'augmentation de longueur correspondante est, par conséquent,

$$\frac{N}{1 + N \sin\alpha}.$$

Pour graduer le tube AC, comme il est dit dans l'énoncé du problème, il faudra porter sur ce tube de part et d'autre du point occupé primitivement par l'extrémité de la colonne de mercure, la quantité $\frac{N}{1 + N \sin\alpha}$ autant de fois qu'il sera possible avant d'en atteindre les extrémités.

Les limites H_1 et H_2 entre lesquelles l'instrument peut servir sont, dès lors :

$$H_1 = H + \frac{l}{K} : \frac{N}{1 + N \sin\alpha} = H + \frac{l(1 + N \sin\alpha)}{KN},$$

pour la limite supérieure ;

$$H_2 = H - \frac{l(K + 1)}{K} : \frac{N}{1 + N \sin\alpha} = H - \frac{l(K + 1)(1 + N \sin\alpha)}{KN},$$

pour la limite inférieure.

Cette dernière limite atteinte, il sortira par l'extrémité C. pour une diminution de niveau égale à p unités dans AB, un poids P de mercure donné par la relation

$$P = \frac{\pi D^2}{4} \times 13{,}6 \times p.$$

D'ailleurs, le niveau inférieur étant invariable à partir de ce moment, la variation de pression est égale à p ; on a donc, en désignant par h la pression nouvelle,

$$h = H_2 - p,$$

ou, en remplaçant p par sa valeur, $\dfrac{P}{\pi \dfrac{D^2}{4} \times 13,6}$,

$$h = H_2 - \frac{P}{\pi \dfrac{D^2}{4} \times 13,6}.$$

Application numérique. — Le millimètre de mercure étant pris pour unité de pression, on trouve, en appliquant les résultats précédents aux données du problème :

$$H_1 = 865^{mm},$$
$$H_2 = 655^{mm},$$
$$h = 655^{mm} - \frac{P}{\pi \times 25 \times 13,6}.$$

Manomètres.

Problème 191. — *Un tube de longueur* l *contenant de l'air à la pression* H *est renversé sur la cuve à mercure, et le niveau du mercure est le même dans le tube et dans la cuve. On fait agir sur la surface du mercure dans la cuve une pression* nH. *On demande à quel niveau le mercure doit s'élever.*

Solution. — Prenons pour inconnue l'espace, de longueur x, dans lequel l'air se trouve relégué ; désignons par S et s les sections de la cuve et du tube, et par y la quantité dont le mercure a baissé dans la cuve.

Dans le premier cas, l'air occupe le volume

$$ls, \quad \text{sous la pression} \quad H ;$$

dans le second, il occupe le volume

$$sx, \quad \text{sous la pression} \quad nH - (l - x + y),$$

x et y représentant les hauteurs dont le mercure a varié dans le tube et dans la cuve.

D'après la loi de Mariotte, on a

$$lsH = sx\,[nH - (l - x + y)].$$

Le volume de mercure qui a quitté la cuve est égal à celui qui est passé dans le tube ; on a donc

$$(l - x)\,s = Sy,$$

et, par suite,

$$y = \frac{s\,(l - x)}{S}.$$

On peut donc écrire

$$lsH = sx\left[nH - (l - x)\left(1 + \frac{s}{S}\right)\right],$$

ou encore

$$\frac{S + s}{S}\,x^2 + \left(nH - \frac{S + s}{S}\,l\right)x - lH = 0.$$

A priori, le problème comporte une solution ; le signe du terme courant confirme ce fait, et montre, en outre, que l'une des racines est négative ; cette racine, doit être rejetée, étant donné le sens qui a été attribué à la quantité x.

L'équation résolue donne

$$x = \frac{-nH + \frac{S + s}{S}\,l \pm \sqrt{n^2 H^2 - 2\,(n - 2)\,\frac{S + s}{S}\,lH + \left(\frac{S + s}{S}\right)^2 l^2}}{\frac{2\,(S + s)}{S}}.$$

En faisant successivement n égal à 1, 2, 3... dans cette formule, et en inscrivant le long du tube les valeurs correspondantes de x, le manomètre à air comprimé donnera les mêmes indications que le manomètre à air libre, dans les mêmes conditions de pression.

Remarques. I. En choisissant pour inconnue la hauteur dont le mercure s'est élevé dans le tube, on tombe sur une équation du second degré à racines positives. Dans ce cas, pour trouver celle des deux racines qui convient au problème, il suffit de donner à n la valeur 1, pour laquelle on a évidemment $x = 0$; on trouve ainsi que le signe + doit être rejeté.

II. Si S est très grand par rapport à s, le rapport $\frac{S+s}{S}$ tend vers l'unité, et l'équation prend une forme plus simple, qui convient au cas où l'on néglige les variations du niveau du mercure dans la cuve.

III. Enfin si $s = S$, l'équation s'applique à un manomètre à siphon dont les deux branches ont le même diamètre.

Problème 192. — *Un manomètre à air comprimé est formé d'un tube bien cylindrique et deux fois recourbé; l'une des branches est fermée et contient de l'air sec; la courbure inférieure contient du mercure, et l'autre branche est mise en communication avec un réservoir contenant du gaz ou de la vapeur. Lorsque le niveau du mercure est le même dans les deux branches, la pression extérieure est égale à* H. *Calculer la hauteur dont le mercure s'élèvera au-dessus de son niveau primitif, lorsque la pression du gaz ou de la vapeur sera* nH.

Solution. — Prenons la section du tube pour unité de surface; l, longueur de l'espace occupé primitivement par l'air dans l'une des branches, représente le volume de cet air sous la pression H.

Lorsque la pression nH agit dans l'autre branche, l'air n'occupe plus que le volume $(l - x)$ sous la pression $(nH - 2x)$; on a, d'après la loi de Mariotte,

$$Hl = (l - x)(nH - 2x),$$

ou, encore

$$(1) \qquad 2x^2 - (nH + 2l)x + Hl(n - 1) = 0.$$

Pour $n > 1$, les deux racines de cette équation sont positives; une seule convient, car *a priori* le problème comporte une solution, et une seule.

En résolvant l'équation (1), on trouve

$$x = \frac{nH + 2l \pm \sqrt{(nH + 2l)^2 - 8Hl(n-1)}}{4},$$

ou

$$x = \frac{nH + 2l \pm \sqrt{(nH - 2l)^2 + 8Hl}}{4}.$$

Pour $n = 1$, on doit avoir $x = 0$; le signe qui convient est donc le signe — ; l'autre racine doit être rejetée.

Remarques. I. Si n augmente indéfiniment, x tend vers l. En faisant $n = \infty$ dans la formule, on trouve

$$x = \infty - \infty,$$

qui est une des formes de l'indétermination. On peut lever cette indétermination qui, évidemment n'est qu'apparente, en multipliant les deux termes de la fraction

$$\frac{nH + 2l - \sqrt{(nH - 2l)^2 + 8Hl}}{4}$$

par

$$nH + 2l + \sqrt{(nH - 2l)^2 + 8Hl},$$

quantité conjuguée du numérateur. On trouve ainsi, après simplification,

$$\frac{2l(n-1)H}{2l + nH + \sqrt{(nH - 2l)^2 + 8lH}};$$

qui prend la nouvelle forme indéterminée $\frac{\infty}{\infty}$, pour $n = \infty$.

En divisant les deux termes de cette dernière expression par n, elle devient

$$\frac{2l\left(1 - \frac{1}{n}\right)H}{\frac{2l}{n} + H + \sqrt{\left(H - \frac{2l}{n}\right)^2 + \frac{8lH}{n^2}}}$$

Pour $n = \infty$, cette dernière forme se réduit à

$$\frac{2lH}{2H} = l.$$

II. On pourrait envisager le cas où n est plus petit que 1 ; la racine qui convient, est précisément celle que l'on a été conduit à rejeter dans celui de $n > 1$.

Problème 193. — *Un manomètre à air comprimé est constitué par un tube en U bien calibré. La différence des niveaux du mercure dans les deux branches est l, la pression qui agit dans la branche ouverte étant H. On demande de calculer de combien s'élèvera au-dessus de son niveau primitif le mercure de la branche fermée, si on verse un poids ϖ de mercure dans la branche ouverte.*

Solution. — Soient L la longueur occupée par l'air lorsque la pression extérieure est H, x et y les variations de niveau dans la grande et dans la petite branche de l'instrument, s, la section du tube.

Les volumes occupés successivement par le gaz, sont. la section du tube étant d'abord prise pour unité de surface,

L,	sous la pression	$H - l$,
$L - x$,	sous la pression	$H - l - x + y$;

d'après la loi de Mariotte, on a

$$(1) \qquad L(H - l) = (L - x)(H - l - x + y).$$

Désignons par δ la densité du mercure ; un poids ω de ce liquide représente un volume égal à $\frac{\omega}{\delta}$, qui, versé dans un tube de section s, occupe une hauteur donnée par la relation

$$(x + y)s = \frac{\varpi}{\delta}.$$

de laquelle on tire

$$y = \frac{\varpi}{s\delta} - x.$$

En reportant cette valeur de y dans (1), cette équation devient

$$L(H - l) = (L - x)\left(H - l + \frac{\varpi}{s\delta} - 2x\right);$$

ce qui peut s'écrire

$$(2) \qquad 2x^2 - \left(H - l + \frac{\varpi}{s\delta} + 2L\right)x + \frac{L\varpi}{s\delta} = 0.$$

Le problème est, *a priori*, toujours possible. D'ailleurs, la condition algébrique de possibilité,

$$\left(H - l + \frac{\varpi}{sd} + 2L\right)^2 - \frac{8L\varpi}{s\delta} \geqq 0,$$

ou encore

$$(H - l)^2 + 2(H - l)\left(\frac{\varpi}{s\delta} + 2L\right) + \left(\frac{\varpi}{s\delta} - 2L\right)^2 \geqq 0,$$

est évidemment toujours satisfaite.

Résolvons l'équation (2); il vient

$$x = \frac{H - l + \frac{\varpi}{s\delta} + 2L \pm \sqrt{\left(H - l + \frac{\varpi}{s\delta} + 2L\right)^2 - \frac{8L\varpi}{s\delta}}}{4}.$$

Le problème ne comportant qu'une solution, l'une des racines doit être éliminée. Pour reconnaître la solution étrangère, il suffit de faire $\omega = 0$ dans la formule; le signe — seul donnant, pour cette hypothèse la valeur facile à prévoir, $x = 0$, on doit rejeter le signe +.

Théorie de la pipette.

Problème 194. — *Une pipette cylindrique de longueur* l *s'enfonce à une profondeur* h *dans un liquide. On bouche* *avec le doigt l'orifice supérieur et on retire la pipette du liquide. L'écoulement se produit par l'orifice inférieur, supposé assez étroit pour qu'aucune bulle d'air ne puisse pénétrer dans le tube. On demande quelle sera la longueur occupée par l'air dans la pipette lorsque l'écoulement cessera.*

Solution. — Soient H la pression extérieure, mesurée par une colonne du liquide qui se trouve dans la pipette ; x, la longueur de l'espace occupé par l'air quand l'écoulement s'arrête ; prenons d'ailleurs, pour unité de surface, la section intérieure du tube.

La pipette plongeant dans le liquide, l'air intérieur occupe le volume

$$l - h, \qquad \text{sous la pression} \qquad H\ ;$$

lorsque l'écoulement cesse, cette même masse d'air occupe le volume

$$x, \qquad \text{sous la pression} \qquad H - (l - x).$$

La loi de Mariotte donne

$$(l - h)\, H = x\,[H - (l - x)]\ ;$$

on en déduit

$$x^2 + (H - l)\, x - H\,(l - h) = 0.$$

l étant plus grand que h, les racines de cette équation sont de signe contraire, et la solution négative doit être rejetée. On a donc

$$x = -\frac{(H - l)}{2} + \sqrt{\left(\frac{H - l}{2}\right)^2 + H\,(l - h)}.$$

Sous cette forme, la valeur de x montre que le problème est toujours possible pour $l > h$.

On peut, d'ailleurs, écrire, après simplification,

$$x = -\frac{H - l}{2} + \frac{1}{2}\sqrt{(H + l)^2 - 4Hh}.$$

Remarques. Si la pipette était, au début de l'expérience, complètement enfoncée dans le liquide, on aurait $h = l$, et, par suite, $x = 0$, pour toute valeur de l plus petite que H.

Problème 195. — *Une pipette cylindrique de 25 centimètres de longueur est plongée sur la moitié de sa longueur dans le mercure. On la ferme alors à sa partie supérieure et on la sort du mercure. Montrer qu'à ce moment une partie du liquide s'écoulera. On demande de plus, lorsque l'équilibre sera établi, les longueurs occupées par l'air et par le mercure. On suppose que la pression extérieure est 76cent. de mercure.* (Marseille, 1885.)

Solution. — Considérons les pressions que subit intérieurement et extérieurement la tranche liquide de l'orifice inférieur, lorsque la pipette est retirée du mercure : de bas en haut, agit la pression atmosphérique, et de haut en bas, cette même pression atmosphérique, due à l'air intérieur, augmentée du poids de la colonne liquide contenue dans l'instrument.

Cette deuxième pression, supérieure à la première, détermine donc l'écoulement d'une partie du liquide. Il est évident que l'écoulement cessera lorsque la pression de l'air intérieur aura diminué assez pour que, ajoutée à la pression due au mercure qui reste, elle fasse équilibre à la pression extérieure.

Calculons maintenant la longueur occupée par l'air quand l'écoulement cesse.

En désignant par x cette longueur, on a, en rejetant le signe —, comme dans le problème précédent,

$$x = -\frac{H-l}{2} + \sqrt{\left(\frac{H-l}{2}\right)^2 + H(l-h)};$$

Application numérique. — Remplaçons dans cette formule H et l par leurs valeurs, et prenons h égal à $\frac{l}{2}$, il vient

$$x = -\frac{76-25}{2} + \sqrt{\frac{(76-25)^2}{4} + \frac{76 \times 25}{2}} = 14^c,5.$$

Le mercure n'occupe donc plus que

$$25^c - 14^c,5 = 10^c,5.$$

Théorie du siphon.

Problème 196. — *Un liquide de densité δ se trouve dans un vase* V. *On introduit dans le vase un siphon* ABCD *vertical, rempli jusqu'en* A *du même liquide que celui qui se trouve dans le vase. On demande la condition pour laquelle l'écoulement se produira à l'extrémité* A *du siphon.*

Solution. — Prenons pour origine des niveaux le plan horizontal MN qui contient la surface libre du liquide au moment où l'écoulement commence. Soient h et h' les

Fig. 19.

distances respectives des points A et B à ce plan horizontal ; H la pression extérieure au niveau MN ; d, la densité du milieu qui entoure l'appareil.

Considérons dans le siphon une tranche mn de niveau x. Cette tranche subit, de haut en bas, une certaine pression P, et de bas en haut, une pression Q. Pour que l'écoulement se produise en A, il faut que les diverses tranches liquides qui constituent la colonne AB, et, en particulier, la tranche mn, soient poussées de haut en bas ; on doit donc avoir

$$(1) \qquad P - Q > o.$$

Evaluons les deux forces P et Q.

P se compose de la pression extérieure H, au niveau MN, transmise jusqu'à la tranche mn, de laquelle se retranche une colonne liquide de hauteur h' et à laquelle s'ajoute une autre colonne liquide de hauteur $h' - x$. La valeur de P est donc

$$P = H - h'\delta + (h' - x)\delta.$$

De même Q se compose de la pression extérieure $H + hd$ au niveau A, de laquelle se retranche la colonne liquide de hauteur $h + x$; on a, dès lors,

$$Q = H + hd - (h + x)\delta.$$

La condition (1) peut donc s'écrire

$$H - h'\delta + (h' - x)\delta - H - hd + (h + x)\delta > o,$$

ou, en réduisant,

$$h(\delta - d) > o.$$

Ce résultat est indépendant du niveau de la tranche considérée.

Toutes les tranches liquides qui composent la colonne AB sont donc, au début, poussées vers le bas par la force constante $h(d - \delta)$. Au fur et à mesure que le liquide s'écoule, cette force diminue.

h étant positif, c'est-à-dire, le niveau de l'orifice A étant inférieur à celui de la surface libre MN, l'écoulement a lieu par l'orifice A, si l'on a

$$\delta > d.$$

Pour

$$\delta = d,$$

aucun écoulement ne se produit.

Enfin, si l'on avait

$$\delta < d,$$

l'écoulement aurait lieu par la petite branche du siphon ; c'est le cas qui se présente lorsque l'on transvase du pétrole sous l'eau au moyen d'un siphon.

Problème 197. — *Un vase cylindrique renferme un liquide de densité* d. *Le couvercle, fermé hermétiquement, laisse passer un siphon qui plonge jusqu'à la partie inférieure du vase et se trouve fermé à l'autre extrémité par un robinet. La distance du niveau du liquide au robinet est* h, *et le liquide est surmonté d'une couche d'air de hauteur* l *à la pression atmosphérique. On ouvre le robinet. On demande quel sera le niveau du liquide quand l'écoulement cessera. On suppose la température constante et on donne la densité* δ *du mercure.* (Grenoble, 1884.)

Solution. — D'après le problème précédent, pour qu'il y ait équilibre dans le siphon, il suffit qu'une tranche de

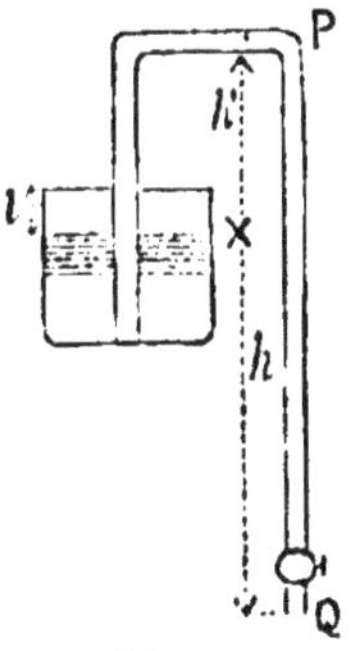

Fig. 20.

niveau quelconque, celle de l'orifice, par exemple, soit également pressée de haut en bas et de bas en haut.

Soient : x la quantité dont s'est abaissé le niveau du liquide lorsque l'écoulement s'arrête, H la pression extérieure, H' la nouvelle pression à l'intérieur du vase, mesurées l'une et l'autre en colonne du liquide à transvaser. La condition d'équilibre s'exprime par la relation

$$H' + (h - x) = H.$$

D'après la loi de Mariotte, on a

$$Hl = H'(l + x),$$

et par suite,

$$H' = \frac{Hl}{l + x}.$$

En remplaçant H' par cette valeur dans la première équation, il vient

$$\frac{Hl}{l + x} + (h - x) = H,$$

et, après avoir ordonné,

$$x^2 + (l + H - h)\,x - hl = 0.$$

En résolvant cette équation, on trouve

$$x = -\frac{H + l - h}{2} \pm \frac{1}{2}\sqrt{(H + l - h)^2 + 4hl}.$$

Il est évident que la racine négative ne convient pas au problème proposé.

Problème 193. — *Un siphon* MNPQ, *formé de deux branches verticales, est rempli d'huile, bouché avec le doigt à l'orifice* P *et plongé dans une solution saturée de sel marin, de telle façon que la branche* MN *s'enfonce d'une quantité* AM $= a$ *dans cette dissolution. On débouche l'orifice* P. *Que se passe-t-il ?*

Si laissant AM *et* MN *invariables, on fait varier la longueur de la branche* PQ, *quelle doit être la longueur de cette branche : 1° pour qu'il y ait équilibre, 2° pour que la solution saline s'écoule par le siphon ?*

Application numérique : *Densité de l'huile* $\delta = 0,913$; *densité de la solution saline*, 1,204 ; $AM = a = 10^{cent.}$; $MN = l = 30^{cent.}$; $PQ = h = 23^{cent.}$.

(Besançon, 1885.)

Solution. — Menons par l'orifice Q un plan horizontal

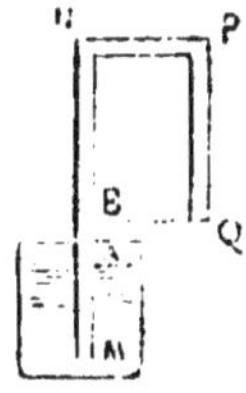

Fig. 21.

qui coupe l'autre branche du siphon en B, et désignons par b la distance BM, que nous supposerons de même signe que a.

La tranche liquide qui se trouve à l'orifice Q reçoit de bas en haut la pression atmosphérique H, et de haut en bas, cette même pression transmise par le liquide qui remplit le siphon, de laquelle se retranche le poids $b\delta$ de la colonne d'huile BM, et à laquelle s'ajoute ad, poids d'une colonne d'eau salée, de longueur $AM = a$.

La différence des pressions que reçoit ainsi la tranche P est, en valeur absolue,

$$H + ad - b\delta - H \quad \text{ou} \quad ad - b\delta$$

On peut avoir :

1° $ad - b\delta > 0$, l'écoulement se produit en P, et la solution saline s'écoule.

2° $ad - b\delta = 0$, il y a équilibre.

3° $ad - b\delta < 0$, l'huile qui amorce le siphon passe dans le vase qui contient la solution saline.

Application numérique : $a = 10$ cent. ; $b = l - h = 7$ cent;

on a évidemment

$$10 \times 1{,}204 > 7 \times 0{,}913\,;$$

l'eau salée s'écoule.

Remarques. I. La condition

$$ad - b\delta = 0,$$

qui correspond à l'équilibre, peut s'écrire

$$\frac{a}{l} \text{ ou } \frac{a}{l-h} = \frac{\delta}{d}.$$

Pour qu'il y ait équilibre, il faut donc que *le rapport de la quantité dont s'enfonce la grande branche dans l'eau salée, à la différence des longueurs des deux branches verticales, soit égal au rapport de la densité de l'huile à la densité de l'eau salée.*

II. De même, la condition

$$ad - b\delta < 0$$

peut s'écrire

$$\frac{a}{l-h} < \frac{\delta}{d};$$

l'huile s'écoulerait alors du côté de la solution saline.

III. On pourrait envisager ce qui se passerait si $l - h$ étant plus petit que zéro, les conditions précédentes (I, II, III) se trouvaient successivement remplies.

Machine pneumatique.

On sait que si l'on désigne par R la capacité du récipient, par C celle du corps de pompe, par H_0 la pression initiale dans le récipient, la pression H_n, après n coups de piston, est donnée par la formule

$$H_n = H_0 \left(\frac{R}{R+C}\right)^n.$$

La fraction $\left(\frac{R}{R+C}\right)^n$, plus petite que l'unité, tend vers o quand n augmente indéfiniment. On peut donc dire qu'avec une machine parfaite, il n'y aurait pas de *limite nécessaire* à la raréfaction.

Dans la pratique, on doit tenir compte de l'*espace nuisible* qui existe toujours entre le fond du corps de pompe et la base du piston, lorsque celui-ci est au bas de sa course. On démontre que si v désigne le volume de cet espace nuisible, la pression limite f, au-dessous de laquelle on ne peut descendre, est donnée par la formule

$$f = P\frac{v}{C},$$

dans laquelle P désigne la pression extérieure.

Problème 199. — *On demande de calculer la pression dans le récipient d'une machine pneumatique après un nombre* n *de coups de piston, en tenant compte de l'espace nuisible* v.

Solution. — Le piston étant au bas de sa course, l'air qui occupe l'espace nuisible v se trouve sous la pression extérieure P.

Soulevons le piston : l'air, qui occupait le volume R sous la pression initiale H_0, se répand dans l'espace R + C où il prend la pression H_1. La loi de Mariotte et la loi de Dalton donnent la relation

$$RH_0 + Pv = (R + C)H_1.$$

Après n coups de piston, on a de même

$$(1) \qquad RH_{n-1} + Pv = (R + C)H_n.$$

Un calcul assez long, qu'on trouve dans la plupart des traités de physique, permet d'éliminer H_1 H_2 H_n entre les n équations précédentes.

On peut procéder plus simplement (*) en ramenant le cas considéré à celui de la machine pneumatique sans espace nuisible.

Si l'on suppose une machine sans espace nuisible, la pression H_n, atteinte après n coups de piston, peut être considérée comme l'excès de H_n sur la pression limite qui est zéro. Si l'on tient compte de l'espace nuisible, la pression limite est

$$f = \frac{Pv}{C}.$$

Soit ε_n l'excès de la pression H_n sur cette pression limite ; on a

$$\varepsilon_n = H_n - P\frac{v}{C},$$

et, par suite,

$$H_n = \varepsilon_n + P\frac{v}{C}.$$

Portons cette valeur dans l'équation (1), elle devient

$$R\left(\varepsilon_{n-1} - P\frac{v}{C}\right) + Pv = (R + C)\left(\varepsilon_n + P\frac{v}{C}\right);$$

on en tire

$$\varepsilon_n = \varepsilon_{n-1}\left(\frac{R}{R+C}\right);$$

on aurait de même

$$\varepsilon_{n-1} = \varepsilon_{n-2}\left(\frac{R}{R+C}\right)^2,$$

et, ainsi de suite.

On peut donc écrire

$$\varepsilon_n = \varepsilon_0\left(\frac{R}{R+C}\right)^n.$$

La loi de succession des excès ε est donc la même que

(*) E. Rouché, *Nouvelles Annales de mathématiques* (1880), t. XIX, p. 42.

celle des épuisements successifs, dans le cas d'une machine sans espace nuisible.

z_n tend vers 0 quand n augmente indéfiniment, et, par suite, H_n tend vers la limite $\frac{Pv}{C}$.

Pour avoir H_n, il suffit de remplacer z_0 et z_n par leurs valeurs en fonction de H_n et de H_0; on trouve

$$H_n - \frac{Pv}{C} = \left(H_0 - \frac{Pv}{C}\right)\left(\frac{R}{R+C}\right)^n,$$

ou, en simplifiant,

$$H_n = P\frac{v}{C} + \left(H_0 - P\frac{v}{C}\right)\left(\frac{R}{R+C}\right)^n;$$

Si l'on a $H_0 = P$, ce qui correspond au cas le plus ordinaire, l'expression précédente se réduit à

$$H_n = \frac{Pv}{C} + P\left(1 - \frac{v}{C}\right)\left(\frac{R}{R+C}\right)^n.$$

Problème 200. — *Combien faut-il donner de coups de piston pour que la pression de l'air dans le récipient d'une machine pneumatique soit réduite à la* n^e *partie de ce qu'elle était d'abord? On appliquera au cas où* $C = 1$, $R = 3$, $n = 50$.

Solution. — La formule

$$H_x = H_0\left(\frac{R}{R+C}\right)^x$$

donne

$$\frac{H_x}{H_0} = \frac{1}{n} = \left(\frac{R}{R+C}\right)^x$$

On en déduit

$$C'\mathrm{Log}\, n = x\left[\mathrm{Log}\, R + C'\mathrm{Log}\,(R+C)\right],$$

$$x = \frac{C'\mathrm{Log}\, n}{\mathrm{Log}\, R + C'\mathrm{Log}\,(R+C)}.$$

Pour $C=1$, $R=3$, $n=50$, on trouve

$$x=\frac{\text{Log}\,(0,02)}{\text{Log}\,(0,75)}=13,6.$$

Ce qui veut dire qu'après avoir donné 13 coups de piston, on devra encore soulever le piston des $\frac{3}{5}$ de sa course.

Problème 201. — *Dans une machine pneumatique, la somme des volumes du récipient et du corps de pompe est* K *et le volume de l'espace nuisible est* v. *Quelle doit être la capacité du corps de pompe, pour qu'après deux coups de piston, la pression de l'air dans le récipient devienne la moitié de ce qu'elle était d'abord?*

Solution.— La formule précédemment établie (Prob. 199),

$$H_n=\frac{Pv}{C}+P\left(1-\frac{v}{C}\right)\left(\frac{C}{R+C}\right)^n$$

donne, en y faisant $H_n=\frac{P}{2}$, $n=2$, $R+C=K$, $C=x$.

$$\frac{P}{2}=\frac{Pv}{x}+P\left(1-\frac{v}{x}\right)\left(\frac{K-x}{K}\right)^2.$$

On en déduit

$$2x^2-2(2K+v)x+K^2+4Kv=0;$$

d'où l'on tire

$$x=\frac{2K+v\pm\sqrt{(2K+v)^2-2(K^2+4Kv)}}{2}.$$

La quantité sous le radical peut se mettre sous la forme

$$K^2+(K-v)^2-2Kv;$$

elle est évidemment positive, à cause de la petitesse relative de v.

Les racines de cette équation sont positives; le problème ne comportant qu'une seule solution, l'une d'elles doit être rejetée. Pour reconnaître celle-ci, faisons $v = 0$ dans l'équation, il vient

$$x = \frac{2K \pm \sqrt{2K^2}}{2} = \frac{K(2 \pm \sqrt{2})}{2}.$$

Le signe + doit être écarté, car il donne pour x, qui n'est qu'une partie de K, une valeur supérieure à K.

Machine à comprimer les gaz.

La force élastique de l'air dans une pompe à compression, après n coups de piston, est donnée par la formule

$$H_n = H_0 + nP\frac{C}{R},$$

ou

$$H_n = H_0 + nH_0\frac{C}{R},$$

si la pression initiale dans le récipient est égale à la pression extérieure.

H_n tend vers l'infini en même temps que n. La pression peut donc théoriquement devenir plus grande que toute quantité donnée.

Pratiquement cette pression est limitée par l'espace nuisible, et on démontre qu'on ne peut dépasser la pression

$$F = P\frac{C}{v}.$$

Problème 202. — *La capacité du récipient d'une machine de compression vaut* p *fois la capacité du corps de pompe. On demande le rapport de la densité de l'air, après* n *coups de piston, à la densité de ce gaz, au début de l'expérience.*

Solution. — La formule

$$H_n = H_0 + nH_0\left(\frac{C}{R}\right) = H_0\left(1 + \frac{nC}{R}\right)$$

donne

$$\frac{H}{H_0} = 1 + \frac{nC}{R},$$

ou, puisque $\frac{C}{R} = \frac{1}{p}$,

$$\frac{H_n}{H_0} = 1 + \frac{n}{p} = \frac{p+n}{p}.$$

D'ailleurs, le rapport des pressions est aussi le rapport des densités, D_n et D_0. On a donc

$$\frac{D_n}{D_0} = \frac{p+n}{p}.$$

Problème 203. — *Pour trouver le volume d'un corps, on le place sous le récipient d'une machine pneumatique et on donne* n *coups de piston. La pression tombe à* h. *On demande de déduire de ces données le volume du corps. On suppose connues les capacités du corps de pompe et du récipient, et la pression initiale* H_0. *On ne tient pas compte de l'espace nuisible.*

Solution. — Soit x le volume du corps ; placé sous le récipient de la machine, il réduit celui-ci à $R - x$; on a donc

$$(1) \qquad h = H_0\left(\frac{R-x}{R-x+C}\right)^n.$$

D'ailleurs, la machine fonctionnant avec un récipient de capacité R, on aurait

$$H_n = H_0\left(\frac{R}{R+C}\right)^n.$$

La quantité h doit être plus petite que H_n, puisque $\frac{R-x}{R-x+C}$ est plus petit que $\frac{R}{R+C}$.

De l'équation (1), on tire successivement :

$$\frac{\sqrt[n]{h}}{\sqrt[n]{H_0}} = \frac{R-x}{R+C-x},$$

$$\frac{\sqrt[n]{h}}{\sqrt[n]{H_0}-\sqrt[n]{h}} = \frac{R-x}{C},$$

$$x = R - \frac{C\sqrt[n]{h}}{\sqrt[n]{H_0}-\sqrt[n]{h}} = R - \frac{C}{\sqrt[n]{\frac{H_0}{h}}-1}.$$

Application numérique : $R = 2$ litres, $C = 1$ litre, $n = 2$, $h = 25^{cent.}$, $H_0 = 64^{cent.}$.

$$H_2 = 64\left(\frac{2}{3}\right)^2 = 28,44\ldots$$

La quantité h est plus petite que H_2 ; le problème est donc possible.

On trouve, en effet,

$$x = \frac{2(8-5)-5}{8-5} = \frac{1}{3} \text{ de litre.}$$

Problème 204. — *Le volume du récipient d'une machine de compression est de 4 litres. Le volume du corps de pompe est de* $0^l,6$. *Calculer le nombre de coups de piston qu'il faudra donner pour que le poids total de l'air contenu dans le récipient, supposé au début plein d'air, sous la pression atmosphérique, soit de 15 grammes. On calculera aussi la pression à ce moment.* (Montpellier, 1885.)

Solution. — Désignons par R et C les capacités du récipient et du corps de pompe, par H_0 la pression initiale, par x le poids de l'air contenu dans le récipient au début de l'opération. On a d'abord, en désignant par H_n la pression finale,

$$H_n = H_0\left(1 + \frac{nC}{R}\right),$$

ou

$$(1) \qquad \frac{H_n}{H_0} = 1 + \frac{nC}{R}.$$

D'autre part, appelons p le poids de l'air comprimé dans le récipient sous la pression H_n; les poids d'un même volume de gaz étant proportionnels aux pressions, on a

$$(2) \qquad \frac{x}{p} = \frac{H_0}{H_n}.$$

Enfin, α désignant le poids du litre d'air dans les conditions normales de température et de pression, on a

$$(3) \qquad R\alpha = x.$$

En résolvant ces trois équations par rapport à n et à H_n, on trouve :

$$n = \frac{p - R\alpha}{C\alpha},$$

$$H_n = \frac{pH_0}{R\alpha}.$$

Application numérique : $p = 15^{gr.}$, $H_0 = 760^{mm}$, $\alpha = 1^{gr.},293$, $R = 4$ litres, $C = 0^{l},6$. On obtient

$$n = \frac{15 - 4 \times 1,293}{1,293 \times 0,6} = 12,6.$$

Le résultat sera atteint si, après le douzième coup de piston, on abaisse encore le piston des $\frac{3}{5}$ de sa course environ.

Enfin

$$H_n = \frac{15 \times 760}{4 \times 1,263} = 2^m,257.$$

Problème 205. — *Dans une machine pneumatique, la pression du gaz dans le récipient est devenue* h. *On demande de calculer l'effort* E *qu'il faut exercer sur la tige du piston pour le soulever. On sait que la pression extérieure est* H *et la section du piston* S. *On ne tiendra pas compte du frottement.*

Application numérique : $S = 80^{cq.}$, $H = 765^{mm}$, $h = 405^{mm}$, $\delta = 13,6$. (Grenoble, 1885.)

Solution. — L'effort demandé, E, est le poids d'une colonne de mercure ayant pour base S et pour hauteur $H - h$; on a donc

$$E = S(H - h)\delta,$$

δ désignant la densité du mercure,

Application numérique :

$$E = 80 \times 36 \times 13,6 = 39^k,168.$$

Pompes.

Problème 206. — *Calculer l'effort à faire pour soulever le piston d'une pompe aspirante, sachant que l'eau s'élève dans le tuyau d'aspiration à une hauteur* h *au-dessus de son niveau dans le puits, et qu'il y a une colonne liquide de hauteur* h' *au-dessus du piston. On négligera le poids du piston et les frottements.*

Solution. — Soit H la valeur en colonne d'eau de la pression atmosphérique sur la section droite du piston au moment de l'expérience.

Pour soulever le piston, il faut exercer un effort égal à la différence des pressions qui agissent sur ses deux faces. Sur la face supérieure, agit la pression H augmentée d'une colonne liquide de hauteur h' ; sur la face inférieure, s'exerce la force élastique de l'air qui reste encore dans le corps de pompe, force qui est égale à la pression extérieure H, diminuée de la colonne soulevée h. On a donc, en désignant par F la valeur de la force demandée,

$$F = H + h' - (H - h) = h + h'.$$

C'est le poids d'une colonne d'eau ayant pour base le piston et ayant pour hauteur la somme des hauteurs des colonnes liquides soulevées au-dessus et au-dessous du piston. Tout se passe donc comme si *la colonne soulevée par la pression extérieure dans le tuyau d'aspiration était adhérente au piston et était entraînée par lui.*

PRINCIPE D'ARCHIMÈDE APPLIQUÉ AUX GAZ. — AÉROSTATS, BAROSCOPE.

Pour mettre en équation les problèmes qui se rattachent au Principe d'Archimède appliqué aux gaz, il suffit d'écrire, si le corps est de lui-même en équilibre, que son poids est égal au poids du gaz qu'il déplace; si le corps est équilibré dans le plateau d'une balance juste par un poids placé dans l'autre plateau, on écrit que le poids absolu du corps, diminué de la poussée, est égal à la valeur du poids placé dans l'autre plateau, diminué lui-même de la poussée. On procède de la même manière dans les questions relatives au baroscope.

Quand il s'agit d'un aérostat, on écrit que la force ascensionnelle est égale à la différence entre le poids de l'air déplacé par le ballon, et le poids total du ballon et de ses agrès. Cette force ascensionnelle est variable ou constante, suivant que le ballon est ou n'est pas complètement gonflé au départ.

Remarque. — Dans l'évaluation de la poussée exercée par un gaz, on doit tenir compte de la pression, de la température et de l'état hygrométrique de ce gaz. (Voir Livre II.)

Problème 207. — *Quel est le poids apparent dans l'air à 0°, sous la pression 760mm, d'un corps dont le volume extérieur est 435 centimètres cubes et le poids apparent dans l'eau est 25 grammes?* (Paris, 1884.)

Solution. — Soit P le poids du corps dans le vide; plongé dans l'eau, ce corps éprouve une poussée de 435 grammes, puisqu'il déplace 435 cent. cubes d'eau. D'ailleurs, le poids apparent dans l'eau étant de 25 gr., on a

$$P - 435^{gr.} = 25^{gr.}$$

et, par suite,

$$P = 435 + 25 = 460^{gr.}.$$

On sait que le poids normal du litre d'air est $1^{gr.}293$; le poids apparent du corps dans l'air est donc

$$460^{gr.} - 1^{gr.}293 \times 0{,}435 = 459^{gr.}44.$$

Problème 208. — *Pour faire équilibre au poids d'un lingot de platine placé dans l'un des plateaux d'une balance juste, on a mis 27 gr. de laiton dans l'autre plateau. On demande le poids du lingot de platine dans le vide. Densités : platine,* 21,5 ; *cuivre jaune,* 8,3 ; *air (par rapport à l'eau),* $\frac{1}{770}$. (Nancy, 1884.)

Solution. — Soient δ la densité du platine, et x le poids du lingot dans le vide ; dans l'air, il reçoit une poussée égale à son volume multiplié par le poids a de l'unité de volume d'air. Son poids apparent est donc

$$x - \frac{x}{\delta} a = x\left(1 - \frac{a}{\delta}\right).$$

D'autre part, le nombre inscrit sur un poids est la valeur de ce poids dans le vide. En désignant par P le poids du cuivre jaune, par δ' la densité de ce métal, son poids apparent est

$$P - \frac{P}{\delta'} a = P\left(1 - \frac{a}{\delta'}\right).$$

En écrivant que ces deux poids apparents sont égaux, on obtient

$$x\left(1 - \frac{a}{\delta}\right) = P\left(1 - \frac{a}{\delta'}\right),$$

et, par suite,

$$x = P\frac{\left(1 - \frac{a}{\delta'}\right)}{1 - \frac{a}{\delta}} = P\frac{(\delta' - a)\,\delta}{(\delta - a)\,\delta'}.$$

Application numérique : En remplaçant les quantités par leurs valeurs, on trouve

$$x = \frac{27 \times \left(8,3 - \frac{1}{770}\right)21,5}{\left(21,5 - \frac{1}{770}\right)8,3} = 26^{gr},9975.$$

Problème 209. — *Dans un baroscope la différence des poids absolus de la grosse et de la petite boule est* 1gr.,25. *La différence des volumes est telle que, pour qu'il y ait équilibre dans l'eau, il faut ajouter* 8kil.,500. *Le baroscope est ensuite introduit dans l'air sec à* 0°. *Quelle est la* *pression de cet air lorsque le baroscope est en équilibre? Densités : eau,* 0,999, *air, à* 0° *et* 760mm *de pression,* 0,0013. (Lyon, 1876.)

Solution. — Soient P et p les poids absolus des deux boules, V et v leurs volumes ; on a

$$P - p = 1^{gr},25.$$

Dans l'eau, il faut mettre 8kil.500 du côté de la grosse boule pour établir l'équilibre ; en désignant par a le poids de l'unité de volume d'eau, on peut écrire

$$P - Va + 8^k,500 = p - va,$$

ou

$$P - p + 8^k,500 = (V - v)\, a.$$

En remplaçant $P - p$ par sa valeur 1gr.25, on en déduit

$$V - v = \frac{8^k,50125}{a}.$$

Soient α_0 le poids de l'unité de volume d'air à 760, α le poids de cette même unité à la pression demandée H. Les poids d'un même volume de gaz étant proportionnels aux pressions, on a

$$\frac{\alpha}{\alpha_0} = \frac{H}{760},$$

et

$$\alpha = \alpha_0 \frac{H}{760}.$$

Dans l'air, lorsque l'unité de volume de ce gaz pèse α, le baroscope est en équilibre. On a donc

$$P - V\alpha = p - v\alpha,$$

et, par suite,

$$\alpha = \frac{P - p}{V - v}.$$

Discussion : Le problème est possible, si l'on a

$$\left\{\begin{array}{l} P-p \gtrless 0, \\ V-v \gtrless 0; \end{array}\right.$$

impossible, pour

$$\left\{\begin{array}{l} P-p=0, \\ V-v \gtrless 0; \end{array}\right.$$

$$\left\{\begin{array}{l} V-v=0, \\ P-p \gtrless 0; \end{array}\right.$$

et indéterminé pour

$$\begin{array}{l} V-v=0, \\ P-p=0. \end{array}$$

Application numérique : En remplaçant ces diverses quantités par leurs valeurs, on trouve

$$\alpha = H \times \frac{0,0013}{760} = \frac{1^{gr},25 \times 0,999}{8501,25}$$

et

$$H = \frac{1,25 \times 0,999 \times 760}{8501,25 \times 0,0013} = 85^{mm},84.$$

Problème 210. — *Dans un vase contenant de l'acide carbonique, on plonge un ballon de caoutchouc rempli d'air. La capacité du ballon est d'un demi-litre ; le poids de l'enveloppe est* $0^{gr},1$. *On demande de déterminer la position d'équilibre que prendra le ballon par rapport à la masse d'acide carbonique.*

Dans quel rapport, en volume, faut-il mélanger l'air et l'acide carbonique pour que le ballon flotte dans le mélange. Poids du litre d'acide carbonique, $1^{gr},94$; *poids du litre d'air,* $1^{gr},293$. (Dijon, 1885.)

Solution. — 1° En écrivant que le poids du ballon et de l'air qu'il contient est égal au poids d'acide carbonique qu'il déplace, on a

$$\frac{1}{2} \times 1^{gr.},293 + 0^{gr.},1 = x \times 1^{gr.},94,$$

x désignant le volume de la partie du ballon immergée dans le gaz ; on en déduit

$$x = \frac{\frac{1}{2} \times 1,293 + 0,1}{1,94} = 0^{l},385.$$

2° Soient x et y les volumes d'air et d'acide carbonique qu'il faut mélanger pour que le ballon, complètement immergé, soit en équilibre ; le volume $x + y$ du mélange pèse

$$x \times 1,293 + y \times 1,94.$$

Le poids d'un demi-litre de ce mélange pèse, dès lors,

$$\frac{x \times 1,293 + y \times 1,94}{2\,(x+y)};$$

ce poids devant être égal à celui du ballon, on a

$$\frac{x \times 1^{gr.},293 + y \times 1^{gr.},94}{2\,(x+y)} = \frac{1^{gr.},293}{2} + 0^{gr.},1;$$

on en tire

$$\frac{x}{y} = \frac{446}{201}.$$

Problème 211. — *Calculer la force ascensionnelle d'un ballon sphérique, sachant que l'enveloppe a un poids* P, *et que le ballon est rempli d'hydrogène dont le mètre cube pèse* p. *Le mètre carré du taffetas verni dont est formé l'enveloppe pèse* d. *On sait, en outre, que le mètre cube d'air pèse* p'.

Solution. — La surface du ballon est donnée par

$$\frac{P}{d}.$$

En désignant par R le rayon du ballon, la surface, exprimée en fonction de R, est $4\pi R^2$; on a donc

$$4\pi R^2 = \frac{P}{d};$$

d'où l'on tire

$$R = \frac{1}{2}\sqrt{\frac{P}{\pi d}}.$$

Le volume du ballon est, par conséquent,

$$\frac{4}{3}\pi\left(\frac{1}{2}\sqrt{\frac{P}{\pi d}}\right)^3 = \frac{\pi}{6}\left(\sqrt{\frac{P}{\pi d}}\right)^3.$$

La force ascensionnelle s'obtient en retranchant du poids total du ballon le poids de l'air déplacé; en désignant par F cette force, on trouve

$$F = \frac{\pi}{6}\left(\sqrt{\frac{P}{\pi d}}\right)^3 p' - \frac{\pi}{6}\left(\sqrt{\frac{P}{\pi d}}\right)^3 p - P,$$

ou

$$F = \frac{\pi}{6}\left(\sqrt{\frac{P}{\pi d}}\right)^3 (p' - p) - P.$$

PROBLÈMES PROPOSÉS

212\. — Un vase à parois élastiques contient $6^l,354$ d'air sous la pression $76^{cent.}$ Déterminer le volume de cet air à la pression $64^{cent.}$, la température restant constante.

R. $7^l,545$.

213\. — Un récipient plein d'air, à la pression $77^{cent.}$, est ajusté à l'aide d'une monture à robinet à la partie supérieure d'un baromètre à cuvette dont le tube a une section de 20 centimètres carrés et une longueur de 90 centimètres. La pression extérieure est $75^{cent.}$ On ouvre le robinet et le mercure tombe, dans le baromètre, à 40 centimètres du niveau dans la cuvette. On demande quelle est la capacité du récipient. La longueur du tube barométrique se compte à partir du niveau de la cuvette, lequel est supposé invariable. La température est constante pendant l'expérience.

R. $0^{l},833$.

214. — La densité de l'hydrogène étant $\frac{1}{14,5}$ de celle de l'air, on demande : 1° à quelle pression il faut soumettre l'hydrogène pour que le litre de ce gaz pèse autant que le litre d'air à $76^{cent.}$; 2° à quel volume serait réduit 1 litre d'hydrogène à $76^{cent.}$ si sa pression augmentait jusqu'à ce qu'il pesât, à volume égal, autant que l'air à $76^{cent.}$

R. 1° $14^{at.},5$,
2° $0^{l},069$.

215. — Le litre d'air pèse $1^{gr.},29$ à la pression $76^{cent.}$ et à la température 0°. On demande quel est le poids du litre de ce gaz sous la pression $1^{m},46$, la température restant constante.

R. $2^{gr.},48$.

216. — Dans un récipient de 3 litres de capacité, on fait entrer : 1° 2 litres d'hydrogène à la pression de 5 atmosphères ; 2° 4 litres d'acide carbonique à la pression de 4 atmosphères ; 3° 3 litres d'azote à la pression de $\frac{1}{2}$ atmosphère. On demande la pression finale du mélange. La température reste constante.

R. $9^{at.}\frac{1}{6}$.

217. — Un tube barométrique vertical plonge dans une cuvette profonde pleine de mercure ; ce tube contient de

l'air qui occupe une longueur de $0^m,2$, et du mercure qui s'élève à $0^m,25$ au-dessus du niveau du mercure dans la cuvette. On soulève verticalement le tube de $0^m,30$, et l'on demande ce que deviennent alors la longueur de la colonne d'air et la hauteur de la colonne de mercure.

R. { 1° $43^c,6$,
2° $31^c,4$.

218. — Un tube reposant sur une cuve à mercure contient une colonne d'air de $1^m,85$ à la pression $0^m,75$. On demande la pression qu'il faudra exercer sur le mercure pour que la colonne se réduise à $0^m,35$.

(Paris, 1854.)

R. $2^m,464$.

219. — Un tube barométrique de 1^m de long, renversé sur la cuve à mercure, contient un certain volume d'air sous la pression $0^m,252$ de mercure. On enfonce le tube dans le mercure jusqu'à ce que la pression intérieure devienne $0^m,336$. On demande quelle sera la longueur du tube occupée par l'air. La pression extérieure est $0^m,760$.

(Lille, 1865.)

R. $0^m,369$.

220. — Dans un récipient de 3 litres de capacité et maintenu à une température constante, on fait entrer 2 litres d'hydrogène à la pression $1^m,20$, 1 litre d'acide carbonique à la pression $0^m,39$, et 3 litres d'azote à la pression de $0^m,25$. On demande la pression finale du mélange. *(Lille, 1865.)*

R. $1^m,18$.

221. — 400 litres d'air à la pression 760^{mm} et à 0° contiennent $0^{gr},1293$ d'acide carbonique. On demande de calculer la pression de cet acide carbonique dans l'air.

La densité de l'acide carbonique par rapport à l'air est 1,529. *(Paris, 1885.)*

R. $0^{mm},124$.

222. — La chambre barométrique d'un baromètre à cuvette profonde contient de l'air. La colonne de mercure soulevée étant 750^{mm}, la longueur de la chambre barométrique est de 120^{mm}. En soulevant le tube barométrique, la longueur de la chambre barométrique devient 139^{mm} et la hauteur du mercure soulevé est alors 752^{mm}. On demande de calculer la pression atmosphérique.

(Besançon, 1885.)

R. 772^{mm}.

223. — Les deux branches d'un baromètre à siphon ont l'une et l'autre des sections égales à $1^{cq.}$; la chambre barométrique contient de l'air. A un moment donné, la différence des niveaux du mercure dans les deux branches est de $0^{m},66$, et la chambre barométrique a une longueur de $0^{m},20$. On verse dans la branche ouverte $15^{cc.}$ de mercure; la différence dans les niveaux des deux branches devient alors $0^{m},71$. On demande : 1° de calculer de combien le mercure s'est élevé dans l'une et l'autre branche; 2° de trouver, au moyen des nombres obtenus, la pression atmosphérique. *(Marseille, 1885.)*

R. $\left\{ \begin{array}{l} x = 10^{c}; y = 5^{c}. \\ H = 71^{c}. \end{array} \right.$

224. — Dans un récipient de 5 litres de capacité, on fait entrer 2 litres d'hydrogène sous la pression de 3 atmosphères, 3 litres d'acide carbonique sous la pression de 2 atmosphères, 4 litres d'azote sous la pression de $\frac{1}{2}$ atmosphère. Quelle est la pression finale en supposant que la température demeure invariable? *(Lille, 1885.)*

R. $2^{at.}\frac{4}{5}$.

225. — Un tâte-vin est en partie plongé dans l'eau ; on bouche l'ouverture supérieure et on le retire. On demande quelle est la longueur occupée par le liquide qui reste dans le tube lorsque l'écoulement s'arrête.

Longueur du tâte-vin. . . . . 30 centimètres ;
— de la partie plongée. 20 —
Pression atmosphérique. . . . 72 —
Le tube est supposé cylindrique.

(Clermont, 1865.)

R. 17cent.

226. — La petite branche d'un tube de Mariotte renferme un volume d'air sec de 10cc. sous la pression 0m,76. Quels seront le volume et la pression de cette masse d'air quand on aura versé par l'ouverture de la grande branche une hauteur de mercure égale à 0m,76? On suppose les deux branches cylindriques, verticales et de même diamètre. La section du tube est de 1cq..

R. { 1° 5cc.,34,
2° 142c.,68.

227. — Un manomètre est divisé en 110 parties d'égale capacité. Quand la pression extérieure est 0m,76, le mercure est au zéro de l'échelle dans l'intérieur du tube et dans la cuvette. On met ce manomètre en communication avec une machine de compression, et le mercure s'élève jusqu'à la division 80. Enfin on mesure la hauteur du mercure dans le tube et on trouve 0m,45. On demande la pression de l'air sous le récipient.

R. 3m,236.

228. — Un vase cylindrique de hauteur l et hermétiquement fermé contient de l'eau et de l'air; l'air occupe une hauteur h à la pression atmosphérique, on introduit un siphon amorcé dont la branche extérieure, de longueur a, atteint le niveau du fond du vase. On demande

quel sera l'espace occupé par l'air lorsque l'écoulement s'arrêtera. *(Nancy, 1885.)*

$$R. \quad x = \frac{l - H}{2} + \sqrt{\left(\frac{l - H}{2}\right)^2 + Hh}.$$

229. — Deux vessies à robinets contiennent un liquide de densité d et sont placées à des niveaux différents dans une cuve à eau; elles sont réunies par un siphon amorcé avec le liquide de densité d; mais les robinets sont fermés. On ouvre ces robinets et on demande dans quel sens fonctionnera le siphon. On supposera successivement d plus grand et plus petit que 1. *(Paris 1885.)*

R. V. Prob. 196.

230. — La capacité du corps de pompe d'une machine pneumatique est le tiers de la capacité du récipient. Après combien de coups de piston simples la pression intérieure sera-t-elle la 200e partie de ce qu'elle était d'abord? (Pression initiale $0^{m},76$.)

R. 18.

231. — La capacité de chacun des corps de pompe d'une machine pneumatique est égale à $\frac{1}{5}$ de celle du récipient. La pression initiale est 760^{mm}. On demande la force élastique dans le récipient après 10 coups de piston.

R. $122^{mm},7$.

232. — Le volume du corps de pompe d'une machine de compression est $\frac{1}{5}$ du volume du récipient. On demande la force élastique de l'air comprimé, après 12 coups de piston. (Pression extérieure, 760^{mm}.)

R. $2^{m},584$.

233. — La cloche d'une machine pneumatique renferme $3^{l},17$ d'air. Un tube barométrique recourbé, communi-

quant, d'une part, avec la partie supérieure de cette cloche, et plongeant, d'autre part, dans un bain de mercure, marque zéro quand la cloche est en communication avec l'air. On ferme la cloche et on fait fonctionner la machine : le mercure s'élève dans le tube à $0^m,65$. Un baromètre placé dans la chambre où se fait l'expérience a marqué $0^m,76$ pendant toute la durée. On demande combien on a retiré d'air de la cloche, et combien il en reste.

R. { 1° $3^{gr.},525$,
2° $0^{gr.},596$.

234. — Le tuyau d'une pompe aspirante est plein d'air à la pression H, le piston étant en bas de sa course. On demande jusqu'à quelle hauteur s'élève le liquide lorsqu'on soulève le piston, L et s sont la hauteur et la section du tuyau d'aspiration, l et S, celles du corps de pompe.

Application numérique : $H = 770^{mm}$; $L = 5^m$; $s = 10^{cq.}$; $l = 0^m,50$; $S' = 100^{cq.}$

R. $2^m,996$.

235. — Une cloche cylindrique dont la section droite est S renferme un volume V d'air, et le mercure s'élève dans la cloche d'une hauteur h. On fait arriver sous la cloche un boulet de fer de poids P. On demande ce que devient le niveau intérieur du mercure, en supposant que le niveau extérieur reste invariable. La densité du mercure est 13,6, celle du fer 7,5.

Application numérique : $S = 2^{dq.}$; $V = 3^{lit.}$; $h = 0^m,05$; $H = 760^{mm}$.

R. $0^m,0218$.

236. — Sous le récipient d'une machine pneumatique contenant de l'air sec à 760^{mm} et à 0°, on place un fléau de balance aux extrémités duquel sont suspendus deux cubes : l'un a $0^m,03$ de côté et pèse $26^{gr.}3240$; l'autre, qui a $0^m,05$ de côté, pèse $26^{gr.}2597$. Par suite de cette inégalité, le fléau n'est pas en équilibre. On fait un vide partiel.

On demande sous quelle pression les deux cubes seront en équilibre. Les deux bras du fléau ont même volume. Le poids du litre d'air est 1gr.293 à 0° et à 760mm.

R. 0m,374.

237. — Un ballon de forme sphérique a été gonflé avec 500m.c. de gaz ; calculer sa surface. Une couche uniforme de verglas de 1mm d'épaisseur recouvrant l'hémisphère supérieur, quel poids de lest devra-t-on jeter pour que la force ascensionnelle reste constante. On suppose que la densité du verglas est 0,9. *(Lyon, 1885.)*

R. 154k,842.

238. — Un ballon de 100m.c. dont l'enveloppe pèse 50kil. est rempli de gaz hydrogène dont la densité est 0,069 de celle de l'air. L'enveloppe étant supposée imperméable et inextensible, et la température constamment égale à zéro, on demande de trouver le poids du litre d'air pris dans la couche atmosphérique où le ballon se tiendra en équilibre. Poids normal du litre d'air sec, 1gr.,293. *(Marseille, 1885.)*

R. 0gr.,589.

LIVRE II

CHALEUR

PREMIÈRE SECTION

DILATATION DES CORPS

ÉCHELLES THERMOMÉTRIQUES ET DILATATION

Valeur du degré *centigrade* :	en Réaumur, $\frac{4}{5}$,
	en Farenheit, $\frac{9}{5}$.
— *Réaumur* :	en centigrade, $\frac{5}{4}$,
	en Farenheit, $\frac{9}{4}$.
— *Farenheit* :	en centigrade, $\frac{5}{9}$,
	en Réaumur, $\frac{4}{9}$.

La conversion des degrés centigrades en Réaumur, ou *vice versa*, ne présente aucune difficulté.

Il en est de même de la conversion des degrés Farenheit en degrés des autres échelles ou *vice versa*. On doit seulement remarquer que le zéro de l'échelle Farenheit étant à 32 divisions au-dessous du point qui correspond à la glace fondante, il faut, pour convertir les degrés Farenheit en centigrades ou en Réaumur, commencer par retrancher 32 du nombre à convertir. Dans l'opération inverse, on doit ajouter 32 au nombre résultant de la conversion.

Dans les corps solides, on distingue le coefficient de *dilatation linéaire*, le coefficient de *dilatation superficielle* et le coefficient de *dilatation cubique*. Les liquides n'ayant pas de forme propre, il y a lieu de distinguer la *dilatation apparente* et la *dilatation absolue*; celle-ci, comme nous le démontrerons plus loin, est sensiblement égale à la somme de la dilatation apparente et de la dilatation de l'enveloppe.

Dans les questions relatives à la dilatation des liquides, on obtient, en général, l'équation du problème en écrivant que le contenant *dilaté* est égal au contenu *dilaté*.

PROBLÈMES RÉSOLUS

Problème 1. — *Un thermomètre centigrade et un thermomètre de Farenheit, placés à côté l'un de l'autre dans l'air, peuvent-ils, à un certain moment, marquer le même nombre de degrés, affecté du même signe. Indiquer ce nombre et ce signe.* (Nice, 1885.)

Solution. — Soit x en degrés centigrades la température demandée. Convertis en degrés Farenheit, ces x degrés centigrades donnent

$$\frac{9}{5}x + 32,$$

précisément égaux aux x degrés centigrades ; on a donc

$$\frac{9}{5}x + 32 = x,$$

et, par suite,

$$x = -40^\circ.$$

Ainsi, quand le thermomètre centigrade marque -40°, le thermomètre Farenheit indique également -40.

Problème 2. — *Comment peut-on s'assurer que la dilatation d'un corps n'est pas exactement proportionnelle à la variation de la température ?* (S. C.)

Solution. — On admet, qu'entre des limites assez rapprochées, la dilatation d'un corps est proportionnelle à la variation de température. Cela signifie que cette dilatation peut être représentée par une fonction *linéaire* de la température, de la forme $a + bt$, dans laquelle a et b représentent des constantes.

On peut s'assurer que cette hypothèse n'est point complètement exacte de la manière suivante : supposons que la dilatation d'un corps soit, par exemple, une fonction de la variation de température, de la forme

$$a + bt + ct^2;$$

Δ_1, Δ_2, Δ_3 représentant les dilatations d'un même corps pour des variations t_1, t_2, t_3 de la température, on doit avoir :

$$\Delta_1 = a + bt_1 + ct_1^2,$$
$$\Delta_2 = a + bt_2 + ct_2^2,$$
$$\Delta_3 = a + bt_3 + ct_3^2.$$

Eliminons a et b, entre ces trois relations ; s'il en résulte pour c une valeur différente de zéro, la dilatation ne varie point proportionnellement à la température.

Problème 3. — *Etablir la relation qui existe entre la dilatation cubique et la dilatation linéaire d'un corps.* (Dijon, Nancy, 1885.)

Solution. — Soient V_0 le volume d'un corps à zéro; V son volume à $t°$; Δ la dilatation de l'unité de volume de ce corps entre $0°$ et t ; L_0 et L les valeurs à $0°$ et à $t°$ de l'une des dimensions linéaires du corps ; δ la dilatation linéaire du corps entre $0°$ et $t°$.

L'unité de volume à $0°$, dilatée entre $0°$ et $t°$, devient $1 + \Delta$, et le volume V_0 devient :

$$V = V_0 (1 + \Delta).$$

De même, l'unité de longueur à 0° devient $1 + \delta$ à $t°$; par suite, la longueur L_0 devient

$$L = L_0 (1 + \delta).$$

Le corps restant semblable à lui-même, on peut écrire

$$\frac{V}{V_0} = \frac{L^3}{L_0^3}.$$

En remplaçant ces rapports par leurs valeurs, il vient

$$1 + \Delta = (1 + \delta)^3$$

et

$$1 + \Delta = 1 + 3\delta + 3\delta^2 + \delta^3.$$

La quantité δ étant très petite, on peut négliger les termes qui contiennent δ^2 et δ^3; il vient alors

$$\Delta = 3\delta.$$

Le coefficient de dilatation cubique est sensiblement triple du coefficient de dilatation linéaire.

Remarque. — On démontrerait, en suivant la même marche, que *le coefficient de dilatation superficielle est sensiblement le double du coefficient de dilatation linéaire.*

Problème 4. — *Connaissant le coefficient α d'un corps, et sa longueur* l *à* $t°$, *on demande de calculer la longueur* l' *de ce corps à la température t'.*

Solution. — Prenons le corps à 0°, et appelons l_0 sa longueur à cette température ; l_0 s'allonge de $l_0\alpha t$ en passant de 0° à $t°$, et devient

$$(1) \qquad l = l_0 + l_0\alpha t = l_0 (1 + \alpha t);$$

on a de même

$$(2) \qquad l' = l_0 + l_0\alpha t' = l_0 (1 + \alpha t').$$

En divisant membre à membre, il vient

$$\frac{l'}{l} = \frac{1 + \alpha t'}{1 + \alpha t},$$

et, par suite,

$$(3) \qquad l' = l\,\frac{1+\alpha t'}{1+\alpha t}.$$

Le calcul du quotient $\frac{1+\alpha t'}{1+\alpha t}$ peut se simplifier en remarquant que ce quotient effectué prend la forme

$$\frac{1+\alpha t'}{1+\alpha t} = 1 + \alpha(t'-t) - \alpha^2 t(t'-t) + \ldots$$

α^2 est négligeable ainsi que les puissances supérieures à α^2 ; il reste donc

$$\frac{1+\alpha t'}{1+\alpha t} = 1 + \alpha(t'-t).$$

L'expression (1) peut donc s'écrire

$$l' = l\,[1 + \alpha(t'-t)].$$

C'est l'une des formes (1) ou (2), si l'on pose $t'-t=0$.

Remarque. — On obtiendrait de même le volume V' ou la surface S' du corps à la température t'°, en fonction du volume V ou de la surface S à t°. On aurait en négligeant les puissances de α supérieures à la première,

$$(4) \qquad S' = S\,[1 + 2\alpha(t'-t)],$$
$$(5) \qquad V' = V\,[1 + 3\alpha(t'-t)].$$

Problème 5. — *Connaissant la densité δ d'un corps à t degrés, calculer la densité δ' du même corps à t' degrés, en fonction du coefficient de dilatation linéaire α.*

Solution. — Soient V_1 et V les volumes du corps considéré, à ces températures; on a

$$V\delta = V'\delta',$$

et, par suite,

$$\frac{V'}{V} = \frac{\delta}{\delta'},$$

puisque le poids du corps n'a pas varié.

D'ailleurs,

$$\frac{V'}{V} = \frac{1 + 3\alpha t'}{1 + 3\alpha t};$$

on peut donc écrire

$$\frac{\delta}{\delta'} = \frac{1 + 3\alpha t'}{1 + 3\alpha t}$$

et, par suite,

$$(6) \qquad \delta' = \delta \frac{1 + 3\alpha t}{1 + 3\alpha t'}.$$

Remarque. — Cette formule s'applique aux liquides et aux gaz ; il suffit d'y remplacer 3α par le coefficient de dilatation absolue du liquide ou du gaz.

Problème 6. — *On a deux barres, l'une en fer, l'autre en cuivre, soudées bout à bout. A zéro, elles ont pour longueur totale* l. *Déterminer les longueurs* x *et* y *de ces barres, à cette température, sachant qu'à* t° *elles ont la même longueur ;* α *et* α' *sont les coefficients de dilatation des deux métaux.* (Clermont, 1885.)

Application numérique :
$l = 1^m$; $\alpha = 0,000012$, $\alpha' = 0,000017$, $t = 100°$ C.

Solution. — On a :

$$(1) \qquad x + y = l,$$
$$(2) \qquad x(1 + \alpha t) = y(1 + \alpha' t).$$

De la seconde équation, on tire

$$\frac{x}{y} = \frac{1 + \alpha' t}{1 + \alpha t},$$

et, par suite,

$$\frac{x + y}{y} = \frac{2 + t(\alpha + \alpha')}{1 + \alpha t},$$
$$\frac{x + y}{x} = \frac{2 + t(\alpha + \alpha')}{1 + \alpha' t}.$$

En tenant compte de (1), on en déduit

$$y = \frac{l(1+\alpha t)}{2+t(\alpha+\alpha')},$$

$$x = \frac{l(1+\alpha' t)}{2+t(\alpha+\alpha')}.$$

Application numérique :

$$x = \frac{1+0{,}0017}{2+100\,(0{,}000012+0{,}000017)} = 0^{m}{,}5001,$$

$$y = \frac{1+0{,}0012}{2+100\,(0{,}000012+0{,}000017)} = 0^{m}{,}4999.$$

Vérification : $0^{m},5001 + 0^{m},4999 = 1$ mètre.

Problème 7. — *Deux règles, l'une en platine, et l'autre en cuivre, ont une extrémité commune et sont appliquées l'une sur l'autre. Calculer leurs longueurs* x *et* y *à* 0°, *sachant que la différence de ces longueurs est* λ, *quelle que soit la température. On donne les coefficients de dilatation* α *et* α' *du platine et du cuivre.*

Application numérique : $\lambda = 50$ mètres ; $\alpha = \frac{1}{113100}$; $\alpha' = \frac{1}{58200}$. *(Lyon, 1879.)*

Solution. — La différence des longueurs des deux barres étant constante quelle que soit la température, elles éprouvent la même dilatation en passant de 0° à t° ; on a donc

$$x\alpha t = y\alpha' t.$$

Cette relation, indépendante de t, peut s'ecrire

$$(1) \qquad x\alpha = y\alpha'.$$

A 0°, comme à toute température, on a

$$(2) \qquad x - y = \lambda ;$$

la relation (1) peut s'écrire

$$\frac{x}{\alpha'} = \frac{y}{\alpha} = \frac{x-y}{\alpha'-\alpha} ;$$

on en déduit, en remplaçant $x-y$ par λ,

$$x=\frac{\alpha'\lambda}{\alpha'-\alpha},$$
$$y=\frac{\alpha\lambda}{\alpha'-\alpha}.$$

Discussion. — On peut avoir

$$\alpha'-\alpha>0,$$
$$\alpha'-\alpha=0,$$
$$\alpha'-\alpha<0.$$

I. Pour $\alpha'-\alpha>0$, on doit avoir $\lambda>0$ et par suite, $x>y$. La barre la plus longue possède le coefficient de dilatation le plus faible, et réciproquement. *A priori*, le problème n'est, en effet, possible qu'à cette condition.

II. Pour $\alpha'-\alpha=0$, on doit avoir $\lambda=0$, et par suite, $x=y$.

III. Pour $\alpha'-\alpha<0$, on a nécessairement $\lambda<0$; on trouve comme dans le cas I, que le rapport des longueurs des deux barres est inverse de celui des coefficients de dilatation.

Application numérique :

$$x=\frac{\frac{50}{58200}}{\frac{1}{58200}-\frac{1}{113100}}=\frac{50\times113100\times58200}{58200\,(113100-58200)}$$
$$=\frac{50\times1131\times582}{582\,(1131-582)}=103 \text{ mètres.}$$
$$y=\frac{50\times1131\times582}{1131\,(1131-582)}=53 \text{ mètres.}$$

Problème 8. — *Un triangle métallique isocèle a ses deux côtés égaux en fer; leur longueur est λ à 1°. La base du triangle est en cuivre, et sa longueur à 1° est λ'. A quelle température θ faut-il porter ce triangle pour le rendre équilatéral? Coefficients de dilatation : fer,* $\alpha=\frac{1}{84600}$; *cuivre,* $\alpha'=\frac{3}{2}\alpha$.

Application : $\lambda = 1$ mètre ; $\lambda' = 0,997$; $t = 200°$.
(Paris, 1884.)

Solution. — A la température θ, la longueur λ devient

$$\lambda\,[1 + \alpha(\theta - t)],$$

et λ',

$$\lambda'\,[1 + \alpha'(\theta - t)].$$

L'équation du problème est, par conséquent,

$$\lambda\,[1 + \alpha(\theta - t)] = \lambda'\,[1 + \alpha'(\theta - t)].$$

On en déduit

$$\theta - t = \frac{\lambda - \lambda'}{\lambda'\alpha' - \lambda\alpha}.$$

Tableau de la discussion :

I. $\lambda - \lambda' > 0$.	1°	$\lambda'\alpha' - \lambda\alpha > 0$,	*solution positive*, $\theta > t$.
	2°	$\lambda'\alpha' - \lambda\alpha = 0$,	*impossibilité*.
	3°	$\lambda'\alpha' - \lambda\alpha < 0$,	*solution négative*, $\theta < t$.
II. $\lambda - \lambda' = 0$.	1°	$\lambda'\alpha' - \lambda\alpha > 0$,	*solution* $\theta = t$.
	2°	$\lambda'\alpha' - \lambda\alpha = 0$,	*indétermination*.
	3°	$\lambda'\alpha' - \lambda\alpha < 0$,	*solution* $\theta = t$.
III. $\lambda - \lambda' < 0$.	1°	$\lambda'\alpha' - \lambda\alpha > 0$,	*solution négative*, $\theta < t$.
	2°	$\lambda'\alpha' - \lambda\alpha = 0$,	*impossibilité*.
	3°	$\lambda'\alpha' - \lambda\alpha < 0$,	*solution positive*, $\theta > t$.

On pouvait facilement prévoir chacune de ces particularités.

Application numérique :

$$\theta - 200° = \frac{1 - 0,997}{0,997 \times \frac{3}{2} \times \frac{1}{84600} - \frac{1}{84600}}$$

$$= \frac{(1 - 0,997)\,2 \times 84600 \times 84600}{0,997 \times 3 \times 84600 - 2 \times 84600} = 512°.$$

$$\theta = 512° + 200° = 712°.$$

Problème 9. — *Une barre de métal prise à la température* t *est portée dans un four dont on demande la température* x. *L'allongement que subit la barre est une fraction* $\frac{1}{n}$ *de sa longueur primitive, et le coefficient de dilatation du métal est* $\alpha = 0{,}000017$.

Application numérique : $t = 10^\circ$; $\frac{1}{n} = \frac{9}{1000}$.

(Lyon, 1878.)

Solution. — Soit l la longueur initiale de la barre. En passant de t° à x°, cette barre s'allonge de

$$l\alpha(x - t).$$

On sait, d'ailleurs, que cet allongement est égal à $\frac{l}{n}$; on a donc

$$l\alpha(x - t) = \frac{l}{n},$$

ou, en divisant par l,

$$\alpha(x - t) = \frac{1}{n} :$$

on en tire

$$x = t + \frac{1}{n\alpha}.$$

Application numérique :

$$x = 10^\circ + \frac{9}{1000 \times 0{,}000017} = 10^\circ + \frac{9}{0{,}017} = 539^\circ{,}4.$$

Problème 10. — *Un pendule en fer bat exactement la seconde à* t°. *A quelle température* θ *faudra-t-il le porter pour que la durée de son oscillation diminue d'une fraction de seconde égale à* $\frac{1}{n}$. *Le coefficient de dilatation du fer est* $\alpha = \frac{1}{84600}$.

Application numérique : $t = 20^\circ$; $\frac{1}{n} = \frac{1}{1000}$.

(Paris, 1884.)

Solution. — Soient l et l' les longueurs du pendule aux températures t et θ ; on a successivement :

$$1 = \pi\sqrt{\frac{l}{g}},$$

$$1 - \frac{1}{n} = \pi\sqrt{\frac{l'}{g}}.$$

Divisons membre à membre après avoir élevé au carré, il vient

$$\frac{(n-1)^2}{n^2} = \frac{l'}{l}.$$

Or,

$$\frac{l'}{l} = \frac{1+\alpha\theta}{1+\alpha t} = 1 + \alpha(\theta - t),$$

avec une approximation suffisante ; on peut donc écrire

$$\frac{(n-1)^2}{n^2} = 1 + \alpha(\theta - t).$$

La fraction $\frac{(n-1)^2}{n^2}$ étant plus petite que l'unité, on doit avoir

$$\theta \leqq t;$$

Le pendule pour accomplir son oscillation dans un temps moindre doit diminuer de longueur, et, par suite, la température doit s'abaisser.

De la dernière équation, on tire

$$\theta = \frac{(n-1)^2}{n^2\alpha} + t - \frac{1}{\alpha}.$$

Application numérique :

$$\theta = \frac{999^2}{1000^2 \times \frac{1}{84600}} + 20^\circ - 84600 = -149^\circ.$$

Problème 11. — *Trouver une relation entre la dilatation absolue d'un liquide et sa dilatation apparente.*

(Nancy, 1885.)

Solution. — Soient : V_0 un certain volume de liquide contenu à 0° dans un vase gradué en parties d'égal volume ; Δ la dilatation absolue de l'unité de volume de ce liquide entre 0° et t°.

Si le vase n'avait éprouvé aucune dilatation en passant de 0° à t°, le volume occupé par le liquide serait

$$V = V_0 (1 + \Delta).$$

Désignons par δ la dilatation apparente de l'unité de volume du même liquide ; le volume V', lu à t° sur le vase dilaté, est

$$V' = V_0 (1 + \delta).$$

Or, chacune des unités de volume du vase vaut à t° $1 + K$, K désignant la dilatation cubique entre 0° et t° de la substance dont le vase est formé ; le volume observé vaut donc, en réalité,

$$V' (1 + K),$$

ou, en remplaçant V' par $V_0 (1 + \delta)$,

$$V_0 (1 + \delta) (1 + K).$$

On a, dès lors, en écrivant que le contenu dilaté est égal au contenant dilaté,

$$V_0 (1 + \Delta) = V_0 (1 + \delta) (1 + K) ;$$

il en résulte

$$1 + \Delta = 1 + \delta + K + \delta K.$$

Le produit δK de deux dilatations est négligeable ; on a donc définitivement

$$\Delta = \delta + K.$$

La dilatation absolue est sensiblement égale à la somme de la dilatation apparente et de la dilatation du vase.

Problème 12. — *Un vase de verre est complètement rempli par un poids P de liquide à t°. On demande le* *volume du vase à 0°. Le coefficient de dilatation du liquide est α et sa densité à zéro est δ ; le coefficient de dilatation cubique du verre est* K.

Application numérique : $P = 6^{kilog.}$; $t = 30°$; $\delta = 13,6$; $\alpha = \frac{1}{5550}$; $K = \frac{1}{38700}$. (Lyon, 1881.)

Solution. — A 0°, le volume du liquide est

$$\frac{P}{\delta};$$

dilaté, à $t°$, il devient

$$\frac{P}{\delta}(1 + \alpha t).$$

Soit x le volume du vase à 0° ; à $t°$ il est

$$x(1 + Kt);$$

d'ailleurs à $t°$, le volume du contenant est égal au volume du contenu ; on a donc

$$\frac{P}{\delta}(1 + \alpha t) = x(1 + Kt),$$

et, par suite,

$$x = \frac{P}{\delta} \times \frac{1 + \alpha t}{1 + Kt},$$

ou, avec une approximation suffisante,

$$x = \frac{P}{\delta}[1 + (\alpha - K)t].$$

Application numérique :

$$x = \frac{6}{13,6}\left[1 + \left(\frac{1}{5550} - \frac{1}{38700}\right) \times 30\right]$$

$$= \frac{6}{13,6}\left[1 + \frac{3870 - 555}{555 \times 1290}\right]$$

$$= \frac{6 \times 555 \times 1290 + 3870 \times 6 - 555 \times 6}{13,6 \times 555 \times 1290} = 0^{l},443.$$

Problème 13. — *Un thermomètre à poids contient un poids* P *de mercure à 0°. On le chauffe, et il sort un poids* p *de liquide. A quelle température a-t-il été porté ? Densité* *du mercure*, 13,6, *coefficient de dilatation absolue de ce métal*, $\frac{1}{5550}$; *coefficient cubique du verre*, $\frac{1}{38700}$.

Application numérique : $P = 3^{kilog.}$; $p = 50^{gr.}$

(Lyon, 1880.)

Solution. — En écrivant que le contenant dilaté est égal au contenu dilaté, on obtient

$$\frac{P}{\delta}(1 + Kt) = \frac{P - p}{\delta}(1 + \alpha t),$$

ou

$$\frac{P}{P - p} = \frac{1 + \alpha t}{1 + Kt},$$

$$t = \frac{p}{(P - p)(\alpha - K)}.$$

t étant positif, ainsi que $\alpha - K$, il en résulte pour condition de possibilité du problème

$$P > p.$$

Pour qu'une certaine quantité de liquide puisse sortir du vase, il faut que la dilatation de celui-ci soit inférieure à la dilatation du liquide.

Application numérique :

$$t = \frac{0,050}{(3 - 0,050)\left(\frac{1}{5550} - \frac{1}{38700}\right)} = \frac{0,050 \times 5550 \times 38700}{(3 - 0,050)(38700 - 5550)}.$$

$$= 109^{\circ},7.$$

Problème 14. — *Un vase en verre renferme à 0° un poids* P *de mercure et un morceau de fer pesant* p. *Il est complètement rempli. On chauffe le vase à* t°. *On demande le poids de mercure qui sort. Densités : fer*, 7,78 ; *mercure*, 13,59. *Coefficients cubiques : fer*, $\frac{1}{28200}$; *mercure*, $\frac{1}{5550}$; *verre*, $\frac{1}{38700}$.

Application numérique : $P = 120^{gr.}$; $p = 100^{gr.}$; $t = 100^{\circ}$.

(Paris, 1858.)

Solution. — Pour abréger, soient : δ et d, les densités du fer et du mercure ; α, α', K les coefficients de dilatation du fer, du mercure, et du verre ; x le poids de mercure sorti : le principe déjà appliqué donne immédiatement

$$\left(\frac{P}{\delta}+\frac{p}{d}\right)(1+Kt)=\frac{p}{d}(1+\alpha t)+\frac{P-x}{\delta}(1+\alpha' t).$$

Application numérique :

$$\left(\frac{120}{13,6}+\frac{100}{7,78}\right)\left(1+\frac{100}{38700}\right)=\frac{100}{7,78}\left(1+\frac{100}{28200}\right)$$
$$+\frac{120-x}{13,6}\left(1+\frac{100}{5550}\right).$$

En effectuant les calculs, on trouve

$$x = 1^{gr},9.$$

Problème 15. — *Un réservoir thermométrique possède à 0° une capacité V jusqu'au zéro de la tige. Celle-ci est partagée en parties d'égale capacité v. On introduit dans le thermomètre une quantité de mercure telle qu'à 0°, il arrive au zéro de la tige. A combien de divisions de la tige correspondra une élévation de température de t degrés. Coefficient de dilatation apparente du mercure dans le verre,* $\alpha_1 = \frac{1}{6500}$.

Application numérique : $V = 3^{cc.}$; $v = 0^{cc.},001$; $t = 1°$.

(Paris, 1884.)

Solution. — Soit x le nombre de divisions demandé : on a encore ici

$$V(1+\alpha t) = (V+vx)(1+Kt),$$

α et K représentant les coefficients de dilatation du mercure et du verre.

De cette équation, on tire

$$\frac{V+vx}{V}=\frac{1+\alpha t}{1+Kt},$$

ou

$$1+\frac{v}{V}x = 1+(\alpha - K)t.$$

et, par suite,

$$\frac{v}{V}x = (\alpha - K)\,t,$$

$$x = \frac{V(\alpha - K)\,t}{v}$$

La quantité $\alpha - K$ n'est autre que α_1, coefficient de dilatation apparente du mercure dans le verre ; on a donc

$$x = \frac{V\alpha_1 t}{v}.$$

Application numérique :

$$x = \frac{3 \times \frac{1}{6500} \times 1}{0{,}001} = \frac{6{,}5}{3} = 0{,}462.$$

Problème 16. — *Après avoir divisé un tube en parties d'égale capacité, on y introduit une longue colonne de mercure ; on la fait sortir et on la pèse ; elle occupait* n *division à* 0° *et pèse* p. *On souffle ensuite un réservoir à ce tube et l'on en fait un thermomètre à mercure ; le poids de mercure introduit est* P. *On détermine les points fixes de ce thermomètre et l'on trouve qu'il marque* n_1 *à* 0° *et* n_2 *à* T°.
1° *On demande, d'après cela, quel est le coefficient de dilatation cubique du verre ; on exprimera ce coefficient avec trois chiffres significatifs seulement.*

2° *Le coefficient étant déterminé, on enlèvera le mercure et l'on mettra de l'eau à sa place. Le thermomètre marquant :*

$$\nu_1 \text{ à } 0^\circ,$$
$$\nu_2 \text{ à } +t^\circ,$$
$$\nu_3 \text{ à } -t^\circ,$$

On demande d'exprimer le volume de l'eau à + t° *et à* — t°, *en prenant le volume de cette eau à* 0° *pour unité de volume.*

Application numérique : $n = 250$; $p = 2^{gr.},5$; $P = 129^{gr.},6$; $n_1 = 10$; $n_2 = 210$; $T = 100$; $\nu_1 = 20$; $\nu_2 = 26{,}3$; $\nu_3 = 73{,}5$; $t = 15$. (Ecole normale, 1878.)

Solution. — 1° Chaque division de la tige à 0° contient un poids de mercure égal à

$$\frac{p}{n}.$$

Prenons le volume de ce mercure pour unité de volume;

$$N = P : \frac{p}{n} = \frac{Pn}{p}$$

représente, mesuré avec cette unité, le volume N de mercure introduit dans le thermomètre. Ce volume N, porté à T°, devient

$$N(1 + \alpha T),$$

α représentant le coefficient de dilatation absolue du mercure.

D'ailleurs, de 0° à T°, sa dilatation apparente est $n_2 - n_1$; le volume apparent à T° est, dès lors,

$$N + n_2 - n_1.$$

Or, à T° chaque division du tube vaut $1 + KT$; le volume apparent $N + n_2 - n_1$ vaut donc, en réalité,

$$(N + n_2 - n_1)(1 + KT).$$

En écrivant que le contenu dilaté est égal au contenant dilaté, on obtient la relation

$$N(1 + \alpha T) = (N + n_2 - n_1)(1 + KT),$$

de laquelle on tire

$$K = \frac{N\alpha T + n_1 - n_2}{(N + n_2 - n_1)T}.$$

Application numérique :

$$K = \frac{\frac{129,6 \times 250 \times 1}{2,5 \times 5550} + 10 - 210}{\left(\frac{129,6 \times 250}{2,5} + 250 - 10\right) 100}$$

$$= \frac{129,6 \times 250 - 200(2,5 \times 5550)}{5550 \times 129,6 \times 250 + 240 \times 2,5 \times 5550 \times 100} = \frac{1}{39200}.$$

2° A 0°, le volume d'eau introduit atteint la division ν_1 ; en conservant les notations de la première partie du problème, ce volume s'exprime par

$$N - n_1 + \nu_1.$$

A t°, le volume apparent de cette eau est

$$N - n_1 + \nu_2,$$

et, en valeur réelle,

$$(N - n_1 + \nu_2)(1 + Kt).$$

De même à $-t^\circ$, la valeur réelle de ce volume d'eau est

$$(N - n_1 + \nu_3)(1 - Kt).$$

Si l'on prend, conformément à l'énoncé, le volume

$$N - n_1 + \nu_1$$

comme unité, on trouve pour expressions des volumes demandés :

$$V_1 = \frac{(N - n_1 + \nu_2)(1 + Kt)}{N - n_1 + \nu_1},$$

$$V_2 = \frac{(N - n_1 + \nu_3)(1 - Kt)}{N - n_1 + \nu_1}.$$

Application numérique :

$$V_1 = \frac{\left(\frac{129,6 \times 250}{2,5} - 10 + 26,3\right)\left(1 + \frac{15}{39200}\right)}{\frac{129,6 \times 250}{2,5} - 10 + 20} = 1,0009$$

$$V_2 = \frac{\left(\frac{129,6 \times 250}{2,5} - 10 + 73,5\right)\left(1 - \frac{15}{39200}\right)}{\frac{129,6 \times 250}{2,5} - 10 + 20} = 1,0038.$$

Problème 17. — *Un thermomètre dont le réservoir seul est plongé dans un bain liquide marque une température* T°, *celle de l'air extérieur étant* θ°. *On demande la vraie température du liquide. On supposera* $\theta = 0$.

(Ecole des Mines de Saint-Etienne, 1885.)

Solution. — Soient δ le coefficient de dilatation du mercure dans le verre employé et N le nombre des divisions occupé par le mercure. Prenons pour unité de volume le volume d'une division du tube : le volume N, s'il était porté à la température x du bain, augmenterait de

$$N\delta(x-\theta);$$

de sorte que la température véritable est donnée par la relation

$$x = T + N\delta(x-\theta).$$

D'où

$$x = \frac{T - N\delta\theta}{1 - N\delta}.$$

Remarque. — Si la température extérieure est 0°, la formule devient

$$x = \frac{T}{1 - N\delta}.$$

Problème 18. — *Un ballon de volume invariable a été rempli d'air et fermé à t° et à la pression* H. *On chauffe à* T° ; *que devient la force élastique? Le coefficient de dilatation de l'air est* $\alpha = \frac{1}{273}$. (E. S., Aix, 1885.)

Solution. — Soient V le volume du gaz à t° et V′ son volume à T°, sous la même pression ; on a

$$V' = V\frac{1+\alpha T}{1+\alpha t}.$$

Quelle est donc la pression x à laquelle il faut soumettre le volume V′ à la pression H pour le ramener à V? La loi de Mariotte donne

$$x = \frac{V'}{V}H.$$

D'ailleurs

$$\frac{V'}{V} = \frac{1+\alpha T}{1+\alpha t};$$

il vient donc

$$x = H\frac{1+\alpha T}{1+\alpha t}.$$

Les pressions d'une même masse gazeuse à deux températures données sont proportionnelles aux binômes de dilatation correspondant à ces températures.

Application numérique : H = 756mm ; T = 90° ; $t = 0°$.

$$x = 756\,\frac{1 + \frac{90}{273}}{1} = 756\left(1 + \frac{90}{273}\right) = 1^{m},0052.$$

Problème 19. — *Dans une cloche graduée en divisions d'une capacité* v, *et qui repose sur la cuve à mercure, on fait entrer un volume* V_1 *d'oxygène à* t° *et à* h_1, *un volume* V_2 *d'azote à* t° *et à* h_2. *On élève la cloche de façon que le volume des deux gaz occupe* N *divisions. On demande la hauteur de mercure soulevée dans la cloche, sachant que la pression extérieure est* H *et la température* θ.

Application numérique : $v = 1^{cc.}$; $V_1 = 75^{cc.}$; $V_2 = 100^{cc.}$; $t_1 = t_2 = 25°$; $\theta = 17°$; $h_1 = 715^{mm}$; $h_2 = 745^{mm}$; $H = 760^{mm}$; $N = 225^{c.}$. *(Lyon, 1876.)*

Solution. — Lorsque le volume V_1, qui est à la pression h_1, occupe le volume N, si la température n'a pas varié, il possède une force élastique

$$x_1 = h_1\,\frac{V_1}{Nv}.$$

La température passant alors de t à θ, cette force élastique x_1, devient

$$x_2 = x_1\,\frac{1 + \alpha\theta}{1 + \alpha t_1}$$

ou, en remplaçant x_1 par sa valeur,

$$x_2 = h_1 \times \frac{V_1}{Nv} \times \frac{1 + \alpha\theta}{1 + \alpha t_1}.$$

On trouverait de même pour la pression du deuxième gaz, sous le volume Nv et à la température θ,

$$y_2 = h_2\,\frac{V_2}{Nv} \times \frac{1 + \alpha\theta}{1 + \alpha t_2}.$$

La pression totale est, dès lors,

$$x_1 + y_1 = \frac{1 + \alpha\theta}{Nv}\left(\frac{V_1 h_1}{1 + \alpha t_1} + \frac{V_2 h_2}{1 + \alpha t_2}\right).$$

La colonne de mercure soulevée est évidemment ce qui manque à cette pression pour être égale à H, c'est-à-dire,

$$H - \frac{1 + \alpha\theta}{Nv}\left(\frac{V_1 h_1}{1 + \alpha t_1} + \frac{V_2 h_2}{1 + \alpha t_2}\right).$$

Application numérique :

$$760^{mm} - \frac{1 + 0,00367 \times 17}{225}\left(\frac{75 \times 715 + 100 \times 745}{1 \times 0,00367 \times 25}\right) = 238^{mm},5.$$

Problème 20. — *Un tube barométrique bien cylindrique est placé sur une cuvette à mercure de très large surface. Ce tube a un diamètre* d *et une longueur* l. *Le mercure s'y élève à* H, *à* t^o. *On introduit dans la chambre de ce baromètre un volume* v *d'air sec mesuré à* t'^o *et à une pression* H_1. *On demande la nouvelle hauteur barométrique, les conditions de pression et de température étant les mêmes qu'au début de l'expérience.*

Application numérique : $d = 1^c$; $l = 83^c$; $H = 702^{mm}$; $H_1 = 785^{mm}$; $t = 15^o$; $t' = 28^o$; $v = 9^{cc}$. (Lyon, 1883.)

Solution. — Soit x la nouvelle hauteur barométrique après l'introduction de l'air; ce gaz occupe alors le volume $\frac{\pi d^2}{4}(l - x)$ sous la pression $H_1 - x$ et à t^o ; à 0° son volume est

$$\frac{\pi d^2 (l - x)}{4(1 + \alpha t)},$$

sous la même pression.

Le volume de cet air était, à t'^o, V, sous la pression H_1 ou $\frac{V}{1 + \alpha t'}$ à 0° sous la même pression.

La loi de Mariotte donne

$$\frac{\pi d^2(l-x)}{4(1+\alpha t)}(H-x)=\frac{VH_1}{1+\alpha t'};$$

on en déduit

$$x^2-(H+l)x+lH-\frac{4VH_1}{\pi d^2}\left(\frac{1+\alpha t}{1+\alpha t'}\right)=0,$$

et, par suite,

$$x=\frac{H+l}{2}\pm\sqrt{\left(\frac{H+l}{2}\right)^2+\frac{4VH_1}{\pi d^2}\left(\frac{1+\alpha t}{1+\alpha t'}\right)-lH}.$$

ou encore

$$x=\frac{H+l}{2}\pm\sqrt{(H-l)^2+\frac{16VH_1}{\pi d^2}\times\frac{1+\alpha t}{1+\alpha t'}}.$$

Cette équation a évidemment ses racines réelles et positives. Pour trouver celle des racines qui convient, faisons $V=0$ dans la formule; il doit en résulter $x=H$; pour $V=0$, on trouve

$$x=\frac{H+l}{2}\pm\frac{H-l}{2}.$$

C'est donc le signe + qui convient.

Application numérique :

$$x=\frac{702+830}{2}$$
$$+\sqrt{(702-830)^2+\frac{16\times9\times785}{\pi}\times\frac{1+0{,}00367\times15}{1+0{,}00367\times28}}=503^{mm},4.$$

Corrections barométriques.

Problème 21. — *A t° le baromètre marque* H. *On demande la hauteur qu'il indiquerait à* 0°. *Coefficients de dilatation : mercure,* α; *règle métallique qui a servi à la lecture,* K.

Solution. — Supposons d'abord les divisions de l'échelle égales à l'unité au moment de la lecture; la question consiste à trouver à 0° la hauteur H_1 d'une colonne de mercure de même poids que H à t^o. Soient δ_0 et δ les densités du mercure à ces deux températures ; on doit avoir

$$H_1 \delta_0 = H\delta ;$$

d'où l'on déduit

$$\frac{H}{H_1} = \frac{\delta_0}{\delta}.$$

D'ailleurs,

$$\frac{\delta_0}{\delta} = \frac{1 + \alpha t}{1},$$

par suite,

$$H_1 = \frac{H}{1 + \alpha t}.$$

Mais à la température de l'expérience, chaque division de la règle vaut $1 + Kt$; la hauteur lue, H, vaut donc, en réalité,

$$H(1 + Kt).$$

En remplaçant, on trouve

$$H_1 = H \frac{1 + Kt}{1 + \alpha t} = H[1 - (\alpha - K)t],$$

avec une approximation suffisante.

Principe d'Archimède appliqué aux Liquides.

Problème 22. — *Un cube de platine plongé dans le mercure à 0° éprouve une perte de poids égale à* p ; *dans le mercure à* t°, *cette perte est* p'. *On demande de calculer le coefficient de dilatation linéaire du platine, sachant que le coefficient de dilatation du mercure est* $\alpha = 0,00018$.

Application numérique : $p = 135^{gr.}$; $p' = 134^{gr.},28$; $t = 30°$. (Lyon, 1880.)

Solution. — Soit V^o le volume de ce cube à 0° : il déplace un poids de mercure égal à

$$(1) \qquad V_0 \delta_0 = p.$$

A $t°$, le volume V_0 devient

$$V_0(1+3xt),$$

x désignant le coefficient de dilatation linéaire du platine.

Le poids de mercure déplacé est alors, en désignant par δ la densité du mercure à cette nouvelle température,

$$(2) \qquad V_0(1+3xt)\,\delta = p',$$

En divisant (1) et (2) membre à membre, on trouve

$$(1+3xt)\frac{\delta}{\delta_0} = \frac{p'}{p};$$

or,

$$\frac{\delta}{\delta_0} = \frac{1}{1+\alpha t};$$

donc

$$\frac{1+3xt}{1+\alpha t} = \frac{p'}{p}.$$

On peut écrire, avec une approximation suffisante,

$$1+(3x-\alpha)\,t = \frac{p'}{p},$$

et, par suite.

$$x = \frac{\alpha}{3} + \frac{p'-p}{3pt}.$$

Application numérique :

$$x = \frac{0{,}00018}{3} - \frac{135-134{,}28}{3\times 135\times 30}.$$

$$= 0{,}00006 - 0{,}000006 = 0{,}000054.$$

Problème 23. — *La capacité d'un ballon de poids ϖ est telle que l'eau qui le remplit à 4° pèse P. On demande le volume de mercure à t° qu'il faut introduire dans ce ballon pour qu'il flotte à moitié immergé dans l'eau à 4°.*

Application numérique : $\varpi = 25^{gr.}$; $P = 1^{kg.}$; $t = 45°$; densité du mercure, $\delta = 13{,}6$; coefficient de dilatation du mercure, $\alpha = \frac{1}{5550}$. (Lyon, 1882.)

Solution. — Le volume extérieur du ballon, sensiblement égal à celui de l'eau qui le remplit, est exprimé par P. Soit x à 0°, le volume de mercure demandé ; on a

$$x\delta + \varpi = \frac{P}{2}.$$

et, par suite,

$$x = \frac{\frac{P}{2} - \varpi}{\delta} = \frac{P - 2\varpi}{2\delta}$$

A $t°$, ce volume x devient

$$x(1 + \alpha t) = \frac{P - 2\varpi}{2\delta}(1 + \alpha t).$$

Application numérique :

$$x(1 + \alpha t) = \frac{1^k - 2 \times 0^k,025}{2 \times 13,6}\left(1 + \frac{45}{5550}\right) = 35^{cc},209.$$

Problème 24. — *Un corps solide* A *flotte sur un liquide* L *à* 0°, *et le rapport de la portion du volume immergé au volume total est égal à* c. *Connaissant le coefficient* K *de la dilatation cubique du corps* A *et le coefficient moyen* λ *de la dilatation absolue du liquide* L, *dans les limites de température de l'expérience, on demande à quelle température* x, *l'immersion commencera à être totale ?*

Application numérique : $c = 0,9635482$; $K = 0,0000228$; $\lambda = 0,0011045$. (École centrale, 1885.)

Solution. — Soient V le volume du corps A et δ sa densité ; v le volume de la partie de ce corps immergée à 0° dans le liquide L, de densité d ; on a

$$V\delta = vd,$$

et, par suite,

$$\frac{v}{V} = c = \frac{\delta}{d}.$$

A la température t°, δ et d deviennent respectivement

$$\frac{\delta}{1+Kt}\ ,\qquad \frac{d}{1+\lambda t};$$

on doit donc avoir, puisque le solide est immergé,

$$\frac{\delta}{1+Kt}=\frac{d}{1+\lambda t}.$$

On en tire

$$\frac{\delta}{d}=c=\frac{1+Kt}{1+\lambda t},=1+(K-\lambda)t,$$

et pour valeur de t,

$$t=\frac{1-c}{\lambda-K}.$$

Application numérique :

$$t=\frac{1-0{,}9635482}{0{,}0011045-0{,}0000228}=\frac{0{,}0364518}{0{,}0010817}=33^\circ{,}6.$$

Pendules compensateurs.

Problème 25. — *On veut construire un pendule à gril* (système Leroy) *avec des barres de fer et des barres de laiton ; on demande avec combien de tiges de chaque sorte la compensation sera réalisée. On admet que le coefficient de dilatation du laiton est d'environ les $\frac{2}{3}$ de celui du fer.*

Solution. — Désignons par λ_1, λ_2..., λ_n les longueurs respectives de chacune des barres de fer qui entrent dans une moitié du gril ; l_1, l_2,... l_n les longueurs des barres de laiton qui se trouvent dans cette moitié ; il y aura compensation si l'allongement de l'acier est égal à l'allongement du laiton, c'est-à-dire, si l'on a

$$(\lambda_1+\lambda_2+\ldots+\lambda_n)\alpha t=(l_1+l_2+\ldots+l_n)\alpha' t,$$

t désignant une température quelconque, α et α' les coefficients de dilatation du fer et du laiton.

On en déduit

$$\frac{\lambda_1 + \lambda_2 + \ldots + \lambda_n}{l_1 + l_2 + \ldots l_n} = \frac{\alpha'}{\alpha} = \frac{2}{3}.$$

La longueur du fer doit donc être les $\frac{2}{3}$ de celle du laiton.

On voit, dès lors, qu'il faudra au moins deux châssis en laiton, et deux châssis avec la tige médiane en fer ; on aura ainsi trois tiges de fer se dilatant dans un sens, et deux tiges de laiton se dilatant dans le sens opposé.

Problème 26. — *Un pendule de Graham, à tige de verre, porte à sa partie inférieure un vase cylindrique en verre contenant du mercure. On demande quelle hauteur de mercure on doit verser dans ce vase pour que la distance du point de suspension au centre de gravité de la colonne de mercure demeure invariable, quelle que soit la température. On connaît la longueur* l_0 *de la tige de verre à* 0° ; δ, *le coefficient de dilatation cubique du verre ;* α, *celui du mercure.*

Solution. — L'allongement de la tige de verre, lorsque la température passe de 0° à t°, est $l_0 \delta t$; d'ailleurs, pour la même variation de température, x_0 étant la hauteur de mercure demandée à 0°, et x cette hauteur à t°, le centre de gravité de la colonne mercurielle s'est déplacé de $\frac{x - x_0}{2}$; on a donc

$$l_0 \delta t = \frac{x - x_0}{2}.$$

Désignons par r_0, à 0°, le rayon de base du cylindre qui contient le mercure et par d la densité du mercure à cette température. Les expressions $\pi r_0^2 x_0 d$ et $\pi r_0^2 \left(1 + \frac{2\delta t}{3}\right) \frac{dx}{1 + \alpha t}$

expriment l'un et l'autre le poids de mercure de l'appareil ; il en résulte

$$\pi r^2{}_0 x_0 d = \pi r^2{}_0 \left(1 + \frac{2\delta t}{3}\right) \frac{dx}{1+\alpha t},$$

et par suite,

$$x_0 = x \frac{1 + \frac{2\delta t}{3}}{1 + \alpha t},$$

$$\frac{x}{x_0} = \frac{1 + \alpha t}{1 + \frac{2\delta t}{3}},$$

$$\frac{x - x_0}{x_0} = \frac{(1 + \alpha t) - \left(1 + \frac{2\delta t}{3}\right)}{1 + \frac{2\delta t}{3}}.$$

En remplaçant $x - x_0$ par sa valeur, il vient

$$\frac{2l_0\delta t}{x_0} = \frac{1 + \alpha t - \left(1 + \frac{2\delta t}{3}\right)}{1 + \frac{2\delta t}{3}} = \frac{1 + \alpha t}{1 + \frac{2\delta t}{3}} - 1,$$

ou, en remarquant que $\frac{1 + \alpha t}{1 + \frac{2\delta t}{3}}$ équivaut sensiblement à $1 + (\alpha - \frac{2\delta}{3})\, t$,

$$\frac{2l_0\delta}{x_0} = \alpha - \frac{2\delta}{3}.$$

Il en résulte

$$x_0 = \frac{2l_0\delta}{\alpha - \frac{2\delta}{3}},$$

expression indépendante de la température.

Application numérique : $l_0 = 1$ mètre ; $\delta = \frac{1}{38700}$; $\alpha = \frac{1}{5550}$.

$$x_0 = \frac{2 \times \frac{1}{38700}}{\frac{1}{5550} - \frac{2}{3 \times 38700}} = \frac{2 \times 3 \times 5550}{3 \times 38700 - 2 \times 5550} = 0^{m},317.$$

Remarque. — On sait que Graham se servait de préférence d'une tige de verre, malgré sa fragilité. Aujourd'hui on construit des pendules supérieurs à ceux de Leroy et de Graham, en suspendant une masse pesante à l'extrémité d'une tige de sapin de Norvège, séchée dans le vide et imprégnée ensuite d'un corps gras, qui l'empêche d'absorber l'humidité.

PROBLÈMES PROPOSÉS

27. — A quelle température les thermomètres Farenheit et Réaumur indiquent-ils le même nombre de degrés affecté du même signe ?

R. 25°,6.

28. — Le coefficient de dilatation du fer est 0,000011, celui du zinc 0,000033. Quelle est la longueur d'une barre de zinc qui, entre $t°$ et $t'°$ s'allonge autant qu'une barre de fer de 2^m de longueur ?

(*Saint-Denis*, Réunion, 1884.)

R. 0^m,666.

29. — Une règle de fer et une règle de zinc ont une longueur commune égale à 2 mètres à la température 80° centigrades. A quelle température faudrait-il les porter simultanément pour qu'elles présentent une différence de longueur égale à 0^m,0015 ? Le coefficient de dilatation linéaire du fer est égal à 0,0000118, celui du zinc étant 0,000031. (*Dijon, 1885.*)

R. 137°,7.

30. — Le volume d'une sphère de cuivre est de 50 centimètres cubes à 30°. Calculer ce que deviendra son volume à 100°. Le coefficient de dilatation linéaire du cuivre est 0,000016. (*Paris, 1882.*)

R. 50^cc,168.

31. — Deux sphères formées de deux métaux différents sont de même volume à 30°. Calculer le rapport de leurs volumes à 100°, sachant que les coefficients de dilatation linéaires des deux métaux sont 0,000016 et 0,000009.

(Paris, 1882.)

R. 1,001.

32. — Le diamètre intérieur d'un anneau de cuivre est d à t°; celui d'une sphère de fer est d' à la même température. A quelle température la sphère pourra-t-elle passer dans l'anneau ? Coefficients de dilatation linéaire : cuivre, $\alpha = 0,0000017$, fer, $\alpha' = 0,0000126$.

Application numérique : $d = 18^{c.}$; $d' = 18^{c.},05$; $t = 10°$.

R. 646°.

33. — Un pendule se compose d'une tige de platine d'une longueur l à 0°. Sur un renflement de la partie inférieure de la tige, s'appuie une lentille de zinc. Quel doit être à 0° le diamètre de la lentille pour que son centre reste à la même distance du point de suspension, quelle que soit la température ? Coefficient de dilatation : platine, $\alpha = 0,0000088$; zinc, $\alpha' = 0,0000294$.

R. $\frac{2l}{D} = \frac{\alpha'}{\alpha} = \frac{147}{44}$.

34. — On a un carré en tôle de fer de 3 mètres de côté à 0° ; on porte sa température à 64°. Calculer ce que devient sa surface, le coefficient de dilatation linéaire du fer étant 0,0000122. *(Paris, 1853.)*

R. $9^{mc},0140$.

35. — Un tube capillaire cylindrique, ouvert aux deux bouts, renferme une colonne de mercure dont la longueur à 10° est de 125^{mm}. Quelle sera la longueur de cette colonne à 0° ? Coefficients de dilatation : verre, $\frac{1}{38700}$; mercure $\frac{1}{5550}$. *(Grenoble, 1884.)*

R. $123^{mm},24$

36. — Un thermomètre à mercure contient 127gr.,192 de ce liquide. Quelle doit être la section intérieure de la tige de ce thermomètre pour que la longueur de 1° centigrade soit exactement de 1 centimètre ? Densité du mercure : 13,596; coefficient de dilatation apparente du mercure 0,00015. *(Paris, 1883.)*

R. 0cq,0003.

37. — On a mesuré dans un tube capillaire la longueur occupée par 1gr.,5 de mercure à 0°. Cette longueur est de 30 divisions. Le tube en compte 150. On soude à l'extrémité du tube un réservoir sphérique. Quel doit être à 0° le volume de ce réservoir pour que la première et la dernière division du tube correspondent à 0° et à 100° centigrades? Coefficient de dilatation du mercure, $\frac{1}{5550}$; densité de ce métal, 13,6; coefficient de dilatation cubique du verre, $\frac{1}{38700}$. *(Lyon, 1876.)*

R. 30cc,686.

38. — On remplace dans un thermomètre à mercure, à échelle centigrade, le mercure par un liquide dont le coefficient de dilatation absolue est $\frac{1}{2400}$, et qui, à 0°, remplit le réservoir et la tige jusqu'au zéro de la graduation. A quelle division s'arrêtera le niveau du liquide à 20°? Le coefficient de dilatation apparente du mercure dans le verre du thermomètre est $\frac{1}{6480}$, et le coefficient de dilatation de ce verre est $\frac{1}{38700}$. *(Toulouse, 1885.)*

R. 54.

39. — La tige d'un gros thermomètre porte des divisions dont chacune représente la cent millième partie du réservoir. Ce thermomètre contient de l'eau à 0° qui s'élève

dans la tige à la division 50. A quelle division s'élèvera l'eau quand on portera le thermomètre à 40°? Densité de l'eau à 0°, 0,99987 et à 40°, 0,99243 ; coefficient de dilatation cubique du verre, $\frac{1}{38700}$. *(Paris, 1883.)*

R. 693.

40. — On introduit, dans un tube cylindrique partagé en parties d'égale capacité, 1gr.,355 de mercure, et, à 20°, ce liquide remplit exactement 100 divisions du tube. Calculer le volume d'une division du tube à zéro sachant que le coefficient de dilatation cubique du verre est $\frac{1}{38700}$, le coefficient de dilatation absolue du mercure, $\frac{1}{5550}$ et la densité de ce métal, 13,6. *(Paris, 1884.)*

R. 1mmc.

41. — Un vase de verre, exactement rempli à 0°, contient un poids P de mercure; chauffé à une température x, il n'en contient plus que P'. On demande à quelle température il a été chauffé.

Application numérique : $P = 3^k$; $P' = 2^k,8655$; coefficient de dilatation du verre, 0,00003; coefficient de dilatation du mercure, 0,00018, *(Lille, 1885.)*

R. 312°.

42. — Un tube de verre pesait vide 15gr., puis 347gr. plein de mercure à 0°. On le chauffe dans un bain d'huile jusqu'à une certaine température. Il laisse échapper 12gr. de mercure. Quelle est la température du bain? La dilatation apparente du mercure dans le verre est $\frac{1}{6480}$ pour 1°. *(Besançon, 1885.)*

R. 243°.

43. — Un cylindre droit en fer flotte verticalement à la surface d'un bain de mercure. On demande quelle épais-

seur sort du mercure : 1° à zéro ; 2° à 300 degrés. *Données :* hauteur du cylindre à zéro, $0^{m},50$; densité du mercure à zéro, 13,7 ; densité du fer à zéro, 7,7 ; coefficients de dilatation : mercure, 0,000180 ; fer, 0,000012.

(Alger, 1885.)

R. { 1° 21,7,
2° 20,3.

44. — Une masse de platine pesant $1^{kg.}$ dans le vide est immergée à 20° dans le mercure. Quel sera son poids apparent dans le mercure ? Densités : platine, 22 ; mercure, 13,6. Coefficient de dilatation linéaire du platine, 0,000008 ; coefficient de dilatation du mercure, $\frac{1}{5550}$.

(Paris, 1883.)

R. $0^{k},384$.

45. — La hauteur de l'eau dans l'une des branches d'un siphon est $h = 1,55$; dans l'autre branche, la hauteur du liquide qui fait équilibre à l'eau est $h' = 3,17$. On demande : 1° La densité de ce liquide par rapport à l'eau, à 10° température de l'expérience ; 2° Quelle serait la hauteur du deuxième liquide si la température était 25°, celle de l'eau restant égale à 10°. Coefficient de dilatation cubique du liquide, $\frac{1}{6000}$.

(Lyon, 1876.)

R. { 1° 0,49,
2° $3^{c.}$, 181.

46. — La capacité d'un ballon est telle que l'eau qui le remplit à 4° pèse 1 kilog. On demande le volume de mercure à 45° qu'il faut introduire dans ce ballon pour qu'il flotte dans l'eau à moitié immergé. Poids du ballon, $25^{gr.}$; coefficient de dilatation du mercure, $\frac{1}{5550}$; densité de ce métal, 13,6.

(Lyon, 1882.)

R. $35^{cc},062$.

47. — Quel est le rapport des poids de mercure et de platine qu'il faut introduire à 0° dans un vase de fer, pour que dans ce cas la dilatation apparente soit nulle de 0° à à une température quelconque? Densités : mercure, 13,6; platine, 21. Coefficients de dilatation cubique : mercure, $\frac{1}{5550}$; platine, $\frac{1}{35700}$; fer, $\frac{1}{28200}$.

R. 1,185.

48. — Calculer à un milligramme près le poids de mercure que contient à 20° un vase en verre dont la capacité à 0° est de 10cc. Coefficient de dilatation linéaire du verre, 0,000009; coefficient de dilatation cubique du mercure, 0,00018; densité de ce corps 13,596.

(Poitiers, 1885.)

R. 135gr.,538.

49. — Un mètre cube d'air à la pression de 0m,75 et à 20° est soumis à une pression de 6 atmosphères et refroidi à zéro. On demande ce que deviendra le volume. Coefficient de dilatation de l'air, 0,00367. *(Paris, 1884.)*

R. 153 litres.

50. — Un baromètre à cuvette extrêmement large contient un peu d'air au-dessus du mercure. On observe que la température étant 0° et la pression 760mm, ce baromètre indique seulement 740mm et la chambre barométrique à 0m,26 de longueur. Quelle sera la pression atmosphérique quand la température étant 30°, le mercure s'élèvera à une hauteur de 760mm? On négligera la dilatation du mercure et celle du verre dont le baromètre est formé. Le coefficient de dilatation de l'air est 0,00366. *(Paris, 1884.)*

R. 784mm.

51. — A quelle température faut-il porter un litre d'air pris à la température de 15° et à la pression 760mm, pour

que son volume devienne égal à 2 litres, sans changement de pression ? Coefficient de dilatation de l'air, 0,00367.

(Bastia, 1885.)

R. 302°.

52. — Un litre d'air renfermé dans un vase à parois inextensibles est à 10° et à 760mm. On le chauffe de manière à doubler sa pression. On demande de trouver à quelle température il a été porté. Coefficient de dilatation, 0,00367. *(Ajaccio, 1885.)*

R. 273°.

53. — A quelle pression faut-il soumettre 121 litres d'air sec pris à 12° et 750mm pour que le volume se réduise à 95 litres, à la température 13°? *(Lyon, 1885.)*

R. 979mm.

54. — Dans un ballon de 10 litres maintenu à zéro, on introduit 3 litres d'azote à 10° et sous la pression de 3 atmosphères, et 4 litres d'acide carbonique à 15° sous la pression de 2 atmosphères. Quelle est la pression du mélange ? Coefficient de dilatation des gaz, $\frac{1}{273}$.

(Paris, 1884.)

R. 1atm.,607.

55. — Un vase cylindrique de verre a pour longueur 1 mètre, et pour section 1cq. à 0°. Maintenu dans une position verticale, on y verse une colonne de mercure dont la longueur doit être telle que la distance de l'extrémité supérieure du tube, au centre de gravité de la colonne de mercure soit invariable quand la température s'élève. Calculer cette longueur. Coefficient de dilatation cubique du verre, $\frac{1}{38700}$; du mercure, $\frac{1}{5550}$. *(Paris, 1885.)*

R. (V. Probl. 26).

56. — Un vase plein d'air à la pression extérieure 760^{mm} est fermé par une soupape de $20^{cq.}$ de section et chargée d'un poids de 20 kilog. A quelle température faut-il porter ce vase pour que la soupape soit soulevée ? On ne tiendra pas compte de la dilatation du vase. Coefficient de dilatation de l'air, 0,00366. *(Paris, 1885.)*

R. $263°,4$.

57. — Un ballon de verre de 10 litres de capacité renferme de l'air sec à la température zéro et communique avec un tube deux fois recourbé, ouvert à son extrémité libre et contenant dans sa courbure du mercure, qui s'élève au même niveau dans les deux branches. La pression atmosphérique est 760^{mm}, et le volume intérieur du tube est supposé négligeable par rapport à celui du ballon. On demande de calculer en millimètres le changement de niveau de mercure qui se produira dans le tube en portant la température du ballon et de l'air qu'il renferme à 100°. On admet, d'ailleurs, que la dilatation du ballon, pour cette élévation de température, est négligeable. Coefficient de dilatation de l'air, $\alpha = \frac{1}{273}$. *(Marseille, 1885.)*

R. $278^{mm},4$.

58. — Quelle valeur aurait le coefficient de dilatation des gaz si on avait employé le thermomètre Farenheit pour la mesure des températures? La valeur de ce coefficient trouvée avec le thermomètre centigrade est $\frac{1}{273}$.

R. $\frac{5}{2297}$.

59. — Dans un ballon de 10 litres de capacité, maintenu à 0°, on introduit d'une part 4 litres d'air à 10°, sous la pression 760^{mm}, d'autre part, 5 litres d'air à 15° et à la pression 748^{mm}. Calculer la pression du mélange. Coefficient de dilatation de l'air, 0,00366. *(Paris, 1882.)*

R. 647^{mm}.

60. — On introduit dans un ballon de 10 litres, maintenu à 0°, 3 litres d'azote mesurés à 10° et à 3 atmosphères, et 4 litres d'acide carbonique, mesurés à 15° et à 2 atmosphères. Quelle est la pression du mélange ? Coefficient de dilatation, $\frac{1}{273}$. *(Paris, 1884.)*

R. 1$^{at.}$,6.

61. — On a 3 litres d'azote à 60° et à la pression 700^{mm}, 2 litres d'oxygène à 47° et à une pression de 700^{mm} × 2. On mélange les deux masses gazeuses. La température du mélange est 0° et sa force élastique 700^{mm} × 3. On demande son volume. Coefficient de dilatation des gaz, $\frac{1}{273}$. *(E. S. Lyon, 1885.)*

R. 2^{l},7.

62. — Un litre d'air à 10° et à 760^{mm} de pression est porté à 25° et à 650^{mm}. Que devient son volume ? Coefficient de dilatation des gaz, 0,00367. *(Lyon, 1883.)*

R. 1^{l},231.

63. — Deux hauteurs barométriques ont été observées, l'une de 737^{mm} à — 10°, l'autre de 763^{mm} à + 15°. On demande quelles corrections il faut leur faire subir pour les ramener à ce qu'elles eussent été à 0°. *(Paris, 1884.)*

R. { 1° 728^{mm},3, 2° 760^{mm},9.

64. — Une vessie imperméable, pleine d'air, a un volume de 1 litre à 10° et à 760. Que deviendra ce volume à 25 mètres de profondeur dans la mer à 0° ? Densités : mercure, 13,6 ; eau de mer, 1,026. *(Lyon, 1879.)*

R. 429^{cc},61.

65. — Un baromètre marque 737^{mm},8 à zéro. On demande quelle sera la température lorsqu'il indiquera

741^{mm},2, la pression atmosphérique n'ayant pas varié. On négligera la dilatation de l'échelle. Coefficient de dilatation absolue du mercure $\frac{1}{5550}$. *(Clermont, 1885.)*

R. 22°,9.

66. — Un ballon de 250$^{cc.}$ de capacité termine un manomètre à air libre formé par un tube recourbé. On a placé dans le ballon un corps qui pèse 195$^{gr.}$ Le niveau du mercure étant le même dans les deux branches de la courbure, la température est 0°, et la pression 760^{mm}. On porte la température à 25°, et on verse assez de mercure dans le manomètre pour réduire à 200$^{cc.}$ le volume occupé par l'air et par le corps. La différence des niveaux devient 1 mètre. On demande le poids spécifique du corps. Coefficient de dilatation de l'air 0,00366. *(Rennes, 1885).*

R. 1,021.

SECTION II

POIDS DES GAZ ET DES VAPEURS

Les densités des gaz et des vapeurs sont prises, non par rapport à l'eau comme lorsqu'il s'agit des solides et des liquides, mais par rapport à un autre gaz, l'air, par exemple (*). On élimine ainsi l'influence de la pression, et les résultats qu'on obtient sont indépendants du lieu d'observation. Le poids d'un volume donné de gaz dépend, en effet, de la

---

(*) Il eût été préférable, à plusieurs points de vue, de prendre la densité des gaz, par rapport à l'hydrogène.

pression à laquelle il est soumis; et cette pression, mesurée par le *poids absolu* d'une colonne de mercure, dépend elle-même de l'intensité de la pesanteur, qui varie, comme on le sait, avec l'altitude et la latitude.

Le poids normal du litre d'air, à Paris, est, d'après les recherches corrigées de Regnault, de 1gr.,293.

Problème 67. — *Connaissant le volume* V *d'un gaz, sa densité* δ, *sa température* t *et sa pression* H, *on demande de calculer son poids. Le poids normal de l'unité de volume d'air est* a, *et le coefficient de dilatation des gaz,* $\alpha = 0{,}00367$.

Solution. — Soit a' le poids normal de l'unité de volume du gaz considéré; on a, par définition,

$$\frac{a'}{a} = \delta;$$

d'où l'on tire

$$a' = a\delta.$$

Or, ce poids a' est celui de l'unité de volume à 0° et à 760mm; à t° et à la pression H, il devient

$$a' \frac{H}{760} \times \frac{1}{1 + \alpha t},$$

ou

$$a\delta \frac{H}{760} \times \frac{1}{1 + \alpha t}.$$

Le poids du volume V est, dès lors,

$$P = Va\delta \frac{H}{760} \times \frac{1}{1 + \alpha t}.$$

Application numérique : V = 10l ; H = 740mm ; $\delta = 1{,}5$; $t = 20°$. On sait que $a = $ 1gr.,293.

$$P = \frac{10 \times 1^{gr.}293 \times 1{,}5 \times 740}{760\,(1 + 0{,}00367 \times 20)} = 17^{gr.},593.$$

Problème 68. — *On demande le poids d'oxygène qui occupe 9 litres, à 86° Farenheit, et à 550ᵐᵐ de pression. Densité de l'oxygène* 1,105 ; *poids normal du litre d'air,* 1,293 ; $\alpha = \frac{1}{273}$. (Lyon, 1881.)

Solution. — 86° Farenheit valent

$$(86 - 32) \times \frac{5}{9} = 30^\circ \text{ C.}$$

Le poids demandé est, d'après la formule précédente,

$$\frac{9 \times 1{,}293 \times 1{,}105 \times 550}{760\left(1 + \frac{30}{273}\right)}$$

$$= \frac{9 \times 1^{gr.}293 \times 1{,}105 \times 550 \times 273}{760 \times 303} = 8^{gr.},385.$$

Problème 69. — *A quelle température* 1 *kilogramme d'air sec occupera-t-il un volume de* 1 *mètre cube sous la pression d'une colonne d'acide sulfurique de* 5 *mètres de hauteur. La densité de l'acide sulfurique est* 1,841 ; *le coefficient de dilatation des gaz*, 0,00367. (Paris, 1884.)

Solution. — La colonne de mercure équivalente à la colonne d'acide sulfurique qui mesure la pression du gaz est donnée par la relation

$$\frac{H}{5} = \frac{1{,}841}{13{,}6},$$

et la température demandée par

$$1 = 1{,}293 \times \frac{5 \times 1{,}841}{13{,}6 \times 760} \times \frac{1}{1 + 0{,}00367t},$$

de laquelle on tire

$$t = 42^\circ.$$

Problème 70. — *Quelle pression se produirait à l'intérieur d'un vase plein d'oxygène liquide à la température de* — 130° *si on élevait la température à* 500° *? Dans ces* *conditions, la totalité de l'oxygène passe à l'état gazeux. La densité de l'oxygène liquide à* — 130° est 1,051 *par rapport à l'eau. La densité de l'oxygène gazeux par rapport à l'air est* 1,1056. *Le coefficient de dilatation des gaz est* $\frac{1}{273}$. *On négligera la dilatation du gaz.*

(Paris, 1884.)

Solution. — En désignant par V le volume du vase, le poids de l'oxygène liquide est

$$V \times 1{,}051\,;$$

d'autre part, à l'état gazeux, ce poids, qui n'a pas varié, est exprimé par

$$V \times 1{,}293 \times 1{,}1056 \times \frac{x}{760} \times \frac{1}{1 + \frac{500}{273}}.$$

En égalant les deux expressions, V s'élimine, et l'on obtient

$$x = \frac{1{,}051 \times (500 + 273) \times 760}{1{,}293 \times 1{,}056 \times 273}.$$

En prenant l'atmosphère pour unité de pression, on trouve pour valeur de x

$$x = \frac{1{,}051\,(500 + 273)}{1{,}293 \times 1{,}1056 \times 273} = 2{,}081^{\text{atm.}},7.$$

Problème 71. — *Un flacon hermétiquement fermé pèse:* P_1 *lorsqu'il est plein d'air, dans les conditions normales de température et de pression;* P_2 *lorsqu'il contient du chlore dans les mêmes conditions;* ϖ, *plein d'eau distillée à zéro. Calculer : 1° le volume du flacon à zéro; 2° la densité du chlore, en admettant que le poids normal du litre d'air soit* $a = 1^{\text{gr.}},3$, *et que la densité de l'eau à zéro soit* $\delta = 0{,}9998$. (Nancy, 1885.)

Application numérique : $P_1 = 100^{\text{gr.}}$; $P_2 = 103^{\text{gr.}},64$; $\varpi = 2094{,}4$.

Solution. — Soient V la capacité du flacon, p son poids lorsqu'il est vide, x la densité du chlore ; on a les relations :

$$(1) \qquad p + Va = P_1,$$
$$(2) \qquad p + Vax = P_2,$$
$$(3) \qquad p + V \times \delta = \varpi.$$

En retranchant successivement l'équation (1), des équations (3) et (2) il vient

$$(4) \qquad V(\delta - a) = \varpi - P_1,$$
$$(5) \qquad Va(x - 1) = P_2 - P_1.$$

L'équation (4) donne

$$V = \frac{\varpi - P_1}{\delta - a},$$

et cette valeur de V portée dans (5) fournit

$$\frac{\varpi - P_1}{\delta - a} . a(x - 1) = P_2 - P_1,$$

de laquelle on tire

$$x = \frac{(P_2 - P_1)(\delta - a)}{(\varpi - P_1)a} + 1.$$

Application numérique :

$$V = \frac{2094{,}4 - 100}{999{,}8 - 1{,}3} = 1^l{,}997.$$

$$x = \frac{(103{,}64 - 100)(999{,}8 - 1{,}3)}{(2094{,}4 - 100) \times 1{,}3} + 1 = 2{,}402.$$

Problème 72. — *Un tube de verre très résistant est effilé à l'une de ses extrémités. On y introduit de l'éther que l'on fait bouillir, de manière à expulser l'air complètement ; puis on ferme à la lampe. Le poids d'éther contenu dans le tube est alors de* 10gr. *On porte l'appareil à* 300°. *On demande en atmosphères la pression développée à l'intérieur du tube. La capacité du tube à* 300° *est exactement* 100cc. ; *la densité de la vapeur d'éther est* 2,586 ;

l'éther est complètement volatilisé dans le tube à 300°; le poids normal du litre d'air est 1gr.,293 et le coefficient de dilatation des gaz est 0,00367. (Paris, 1883.)

Solution.—Soit H la pression demandée en atmosphères; le poids de la vapeur d'éther contenue dans le tube est

$$10^{gr.} = 0,100 \times 1,293 \times 2,586 \times H \times \frac{1}{1 + 0,00367 \times 300}.$$

On en déduit

$$H = \frac{10 \times 2,201}{0,100 \times 1,293 \times 2,586} = 62^{atm.},8.$$

Problème 73. — *A quelle température x l'oxygène sous la pression 380mm a-t-il la même densité que l'hydrogène à 0° et à 760? Densités : oxygène,* 1,105; *hydrogène,* 0,069; *coefficient de dilatation des gaz,* 0,00367.

(Lyon, 1881.)

Solution. — Si l'on prend le litre d'air à 0° et à 760mm pour unité de poids, le poids de l'unité de volume d'oxygène est, dans les conditions énoncées,

$$1,105 \times \frac{380}{760} \times \frac{1}{1 + 0,00367\,x}.$$

A 0° et à 760, dans cette même hypothèse, l'unité de volume d'hydrogène pèse 0,069 ; on a donc

$$1,105 \times \frac{380}{760} \times \frac{1}{1 + 0,00367\,x} = 0,069,$$

et, par suite,

$$x = \frac{1,105 - 0,138}{0,138 \times 0,00367} = 1896°.$$

Problème 74. — 6l,543 *d'une vapeur mesurée à* 130° *et sous la pression de* 746mm *de mercure pèsent* 15gr.,225. *Quel est le poids spécifique de cette vapeur par rapport à l'air? Le poids normal du litre d'air est* 1gr.,293 *et le coefficient de dilatation des gaz,* 0,00367.

(Paris, 1883.)

Solution. — Soit δ la densité de cette vapeur; on a

$$15^{gr},225 = 6,543 \times 1^{gr},293 \times \delta \times \frac{746}{760} \times \frac{1}{1 + 0,00367 \times 130},$$

et, par suite,

$$\delta = \frac{15,525 \times 760 \times (1 + 0,00367 \times 130)}{6,543 \times 1,293 \times 746} = 2,7.$$

Problème 75. — *Dans l'appareil qui a servi à Dalton pour déterminer la tension de la vapeur d'eau, on introduit dans l'un des tubes un poids* p *de liquide qui se vaporise complètement; il en résulte une dépression* h. *La température extérieure est* t *et la vapeur occupe un volume* V. *On demande la densité de la vapeur par rapport à l'air. Coefficient de dilatation : mercure,* δ; *gaz,* α; *poids normal du litre d'air,* 1,293. (Lyon, 1877.)

Solution. — A $t°$, la colonne de mercure de hauteur h mesure la tension de la vapeur dans le tube; ramenée à 0°, la hauteur de cette colonne se réduit à $\frac{h}{1 + \delta t}$. En désignant par d la densité de la vapeur par rapport à l'air, le poids p s'exprime par la relation

$$p = V \times 1,293 \times d \times \frac{h}{(1 + \delta t)\, 760} \times \frac{1}{1 + \alpha t},$$

de laquelle on déduit

$$d = \frac{p\,(1 + \delta t)\,(1 + \alpha t) \times 760}{V \times 1,293 \times h}.$$

Problème 76. — *Comment sait-on que la densité vraie de l'oxygène est exactement* 16 *fois celle de l'hydrogène?* (Lyon, 1881.)

Solution. — Les poids d'oxygène et d'hydrogène qui se combinent pour former de l'eau sont entre eux comme les nombres 8 et 1. D'ailleurs, le volume de l'hydrogène est double de celui de l'oxygène; ce dernier gaz, à volume égal, pèse donc $8 \times 2 = 16$ fois autant que l'hydrogène.

Problème 77. — *Quel est le rapport des volumes occupés à 1000° et à 440° par un même poids de vapeur de soufre? La densité de cette vapeur est de 6,6 à 440° et 2,2 à 1000°.* (Paris, 1883.)

Solution. — Soient V et V' les volumes occupés par la vapeur de soufre aux températures indiquées. On a, en désignant par P le poids de cette vapeur,

$$P = V \times 1,293 \times 6,6 \times \frac{H}{760} \times \frac{1}{1 + 0,00367 \times 1000},$$

$$P = V' \times 1,293 \times 2,2 \times \frac{H}{760} \times \frac{1}{1 + 0,00367 \times 440}.$$

On en déduit, en divisant membre à membre,

$$\frac{V'}{V} = \frac{6,6 \times (1 + 0,00367 \times 440)}{2,2 \times (1 + 0,00367 \times 1000)} = 8,6.$$

Problème 78. — *Le gaz contenu dans un ballon de volume* V *invariable est primitivement à la température* t° *et à la pression* H. *On élève la température à* T°, *et on ouvre le ballon dans une atmosphère dont la pression est* H'. *On demande de calculer le poids du gaz qui s'échappe. On connaît* : a, *poids normal du litre d'air* ; δ, *densité du gaz*; α, *son coefficient de dilatation.*

Solution. — Le poids demandé est évidemment la différence entre le poids du gaz contenu d'abord dans le ballon et le poids qui reste. Soient P et p ces deux poids ; on a :

$$P = Va\delta \frac{H}{760} \times \frac{1}{1 + \alpha t},$$

$$p = Va\delta \frac{H'}{760} \times \frac{1}{1 + \alpha T}.$$

Il en résulte

$$P - p = \frac{Va\delta}{760}\left(\frac{H}{1 + \alpha t} - \frac{H'}{1 + \alpha T}\right).$$

Discussion. — Si l'on a

$$\frac{H}{1 + \alpha t} > \frac{H'}{1 + \alpha T}$$

ou

$$\frac{H}{H'} > \frac{1+\alpha t}{1+\alpha T},$$

$P-p$ est positif; une certaine quantité de gaz s'échappe du ballon.

Si, au contraire, on avait

$$\frac{H}{H'} < \frac{1+\alpha t}{1+\alpha T},$$

le gaz extérieur pénétrerait dans le ballon.

Enfin si la condition

$$\frac{H}{H'} - \frac{1+\alpha t}{1+\alpha T} = 0$$

est satisfaite, l'équilibre n'est pas troublé.

Problème 79. — *L'air contenu dans une chambre en maçonnerie dont les dimensions sont 6 mètres, 5 mètres et 4 mètres est primitivement à 0° et à 760^mm. On demande de calculer le poids d'air qui s'échappera par une ouverture pratiquée dans la paroi, si, la température étant portée à 30°, la pression extérieure tombe à 720^mm. Coefficient de dilatation des gaz,* $\frac{1}{273}$. (Paris, 1884.)

Solution. — Pour que l'air s'échappe, il faut qu'on ait

$$760 > \frac{720}{1+30\times\frac{1}{273}};$$

cette condition est évidemment satisfaite.

Le poids ϖ de gaz qui sort est donné par

$$\varpi = \frac{120 \times 1^k,293}{760}\left(760 - \frac{720}{1+\frac{30}{273}}\right)$$

$$= 120 \times 1^k,293\left(1 - \frac{720}{760}\times\frac{273}{303}\right)$$

$$= 120 \times 1^k,293\left(\frac{19\times 101 - 18\times 91}{19\times 101}\right) = 22^k,720.$$

PROBLÈMES PROPOSÉS

80. — A quelle température 1 litre d'air pèse-t-il 1gr. sous la pression 77cent. ? Coefficient de dilatation des gaz, 0,00366 ; poids normal du litre d'air, 1gr.,293.

(Paris, 1884.)

R. 84°,7.

81. — Quel est le poids d'un litre d'acide carbonique à 100°, sous la pression 740 ? Densité de l'acide carbonique, 1,529 ; poids normal du litre d'air, 1,3 ; coefficient de dilatation des gaz, 0,00367. (*Lille, 1885.*)

R. 1gr.,416.

82. — Quel est le poids, en kilogrammes, de 1 mètre cube d'hydrogène sec, sous la pression de 3 atmosphères et à la température de 50°? On sait : 1° que l'hydrogène est 14 fois $\frac{1}{2}$ plus léger que l'air ; 2° que l'air sec, dans les conditions normales de température et de pression, pèse 773 fois moins que l'eau à 4°. Le coefficient de dilatation des gaz est $\frac{1}{273}$. *(Paris, 1883.)*

R. 0k,226.

83. — Quel est le poids de 8 litres d'air sec à 20° et 74c. de pression ? Poids normal du litre d'air, 1gr.,29. Coefficient de dilatation des gaz, 0,00367. (*Marseille, 1885.*)

R. 9gr.,382.

84. — Un flacon renferme un volume de 20 litres d'hydrogène, à la température 80° et sous la pression 720mm ; calculer le poids de ce gaz sachant que la densité de l'hydrogène est 0,069, et que le coefficient de dilatation des gaz est 0,00367.

(*Certificat d'aptitude pédagogique. Clermont, 1885.*)

R. 1gr.,3.

85. — Un ballon renferme 10 litres d'air sec à 10° et sous la pression de 3 atmosphères. Calculer le poids d'oxygène et le poids d'azote qu'il renferme. La densité de l'oxygène est 1,1056 ; celle de l'azote, 0,972. Le poids normal du litre d'air est 1gr.,3 et le coefficient de dilatation des gaz, $\frac{1}{273}$. (*Paris, Toulouse, 1885.*)

R. { 8gr.,32.
29gr.,26.

86. — On demande la température à laquelle il faut élever l'air d'un ballon à air chaud, du poids de 130 kilog. et dont le volume est 200mc. pour qu'il reste en équilibre dans l'air sec à 10°. Coefficient de dilatation des gaz, $\frac{11}{3000}$; densité de l'air à 0°, $\frac{1}{770}$. (*Lyon, 1876.*)

R. 180°,7.

87. — Un ballon de verre, de 5 litres de capacité à 0°, est rempli d'acide carbonique pur et sec, à 0° et à 760mm. On chauffe le ballon à 100° et on l'ouvre. Quel est le poids du gaz qui s'échappe ? Poids normal du litre d'air, 1gr.293 ; densité de l'acide carbonique, 1,529. Coefficients de dilatation : acide carbonique, 0,00371 ; verre, 0,0000276. (*Lyon, 1882.*)

R. 2gr.,632.

88. — Un mélange gazeux renferme des poids égaux d'oxygène et d'hydrogène. On demande : 1° le volume occupé par 10gr. de ce mélange à 0° et à 760mm ; 2° à quelle pression il faudrait soumettre ces 10gr. pour qu'à 100° leur volume fût 10 litres. Densités : hydrogène, 0,069 ; oxygène, 1,106. Coefficient de dilatation des gaz, $\frac{1}{273}$; poids normal du centimètre cube d'air, 0gr.,001293. (*Paris, 1885.*)

R. { 1° 50l.,539.
2° 618,57.

MÉLANGE DES GAZ ET DES VAPEURS. — HYGROMÉTRIE

Dans les calculs relatifs aux vapeurs, on admet que les lois de Mariotte et de Gay-Lussac sont applicables à ces fluides tant qu'il n'y a pas saturation. Toute vapeur non saturante est traitée comme un gaz.

Quand la vapeur se trouve mélangée à un gaz, et qu'il s'agit d'évaluer les variations de volume qui correspondent à une variation donnée de température ou de pression, il est, en général, plus simple d'opérer sur le gaz sec, dont la pression dans le mélange est égale, d'après la loi de Dalton, à la pression totale, diminuée de la tension propre à la vapeur.

Si l'on veut calculer le poids d'un mélange de gaz et de vapeur, on applique la loi de Dalton, et l'on calcule séparément le poids du gaz et de la vapeur, en attribuant à chaque fluide la pression qu'il aurait s'il occupait seul tout le volume. On doit remarquer que la tension d'une vapeur saturante est indépendante du volume et ne varie qu'avec la température.

L'*humidité absolue* de l'air est mesurée à un instant donné par le poids de vapeur que contient l'unité de volume d'air.

L'*humidité relative* ou *état hygrométrique* est le rapport du poids de la vapeur contenue actuellement dans un certain volume d'air, au poids de la vapeur qui serait nécessaire pour saturer ce volume à la même température. C'est encore, d'après la loi de Mariotte, le rapport de la tension actuelle de la vapeur d'eau dans l'air, à la tension qu'aurait cette vapeur si l'air était saturé.

En désignant par E l'état hygrométrique, on a

$$E = \frac{p}{P} = \frac{f}{F};$$

il en résulte

$$p = PE \quad \text{et} \quad f = FE.$$

PROBLÈMES RÉSOLUS

Problème 89. — *De l'air humide à t^o, à l'état hygrométrique E occupe un volume V. On demande le poids de vapeur qu'il contient. Poids normal du litre d'air,* 1gr.,293 ; *densité de la vapeur d'eau,* $\frac{5}{8}$; *tension maximum à* 20°, F.

Application numérique : $V = 500^l$; $t = 20°$; $E = 0{,}3$; $F = 17^{mm},4$. (Lyon, 1883.)

Solution. — D'après la loi de Dalton, la vapeur occuperait seule le volume V sous la pression qu'elle possède dans le mélange, pression qui est donnée par la relation

$$f = FE.$$

En traitant cette vapeur comme un gaz, on trouve pour expression de son poids

$$P = V \times 1^{gr.},293 \times \frac{5}{8} \times \frac{FE}{760} \times \frac{1}{1 + \alpha t}.$$

Application numérique :

$$P = 500 \times 1^{gr.}293 \times \frac{5}{8} \times \frac{17{,}4 \times 0{,}3}{760} \times \frac{1}{1 + 0{,}00367 \times 20} = 2^{gr.}585.$$

Problème 90. — *Un ballon de verre fermé contient de l'air saturé d'humidité à* 20° *et à* 750mm. *On demande :* 1° *la densité de l'air humide;* 2° *la pression intérieure à* 10°. *Densité de l'air sec,* $\frac{1}{770}$; *densité de la vapeur d'eau,* 0,622 ; *coefficient de dilatation des gaz* $\frac{11}{3000}$; *tensions maxima de la vapeur : à* 20°, 19mm; *à* 10°,9mm.

(Lyon, 1885.)

Solution. — 1° Le poids p d'un litre du mélange se compose évidemment du poids de l'air sec augmenté du poids de la vapeur.

Soient H la pression totale, F la tension de la vapeur; H — F représente la tension de l'air sec; le poids d'air sec contenu dans un litre du mélange est, dès lors,

$$\frac{1}{770} \times \frac{H-FE}{760} \times \frac{1}{1+\alpha t},$$

α désignant le coefficient de dilatation du gaz, et t la température.

D'autre part, 0,622 étant la densité de la vapeur d'eau, le poids de cette vapeur contenu dans 1 litre du mélange est

$$\frac{0{,}622}{770} \times \frac{F}{760} \times \frac{1}{1+\alpha t}.$$

La densité demandée est, par conséquent,

$$\frac{1}{770} \times \frac{H-F}{760} \times \frac{1}{1+\alpha t} + \frac{0{,}622}{770} \times \frac{F}{760} \times \frac{1}{1+\alpha t}$$
$$= \frac{1}{770} \times \frac{1}{1+\alpha t} \times \frac{H-F(1-0{,}622)}{760}.$$

En remplaçant par les nombres donnés, il vient

$$\frac{1}{770} \times \frac{1}{1+0{,}00367 \times 20} \times \frac{750-19(1-0{,}622)}{760},$$

ou

$$\frac{742{,}8}{770 \times 760 \times 1{,}0734} = 0^{k.}{,}0012.$$

2° La tension du mélange à 10° se compose de la tension de l'air sec augmentée de la tension maximum de la vapeur d'eau à cette température; elle est, par conséquent,

$$(750^{mm} - 7^{mm}{,}18)\frac{1+0{,}00367 \times 10}{1+0{,}00367 \times 20} + 9^{mm} = 735^{mm}{,}7.$$

Problème 91. — *On introduit de l'eau dans la chambre d'un baromètre à la température* θ. *Comment peut-on reconnaître que l'espace est saturé? Le mercure ayant baissé de la quantité* h, *en déduire la tension maximum à* θ.

Application numérique : $\theta = 20°$; $h = 17^{mm}$; coefficient de dilatation du mercure, $\alpha = 0{,}00018$. (Lille, 1885.)

Solution. — On reconnaît que l'espace est saturé s'il reste un excès d'eau dans la chambre barométrique. Dans ce cas, la dépression observée h, ramenée à 0°, mesure la tension maximum F de la vapeur à la température θ.

On a ainsi

$$F = \frac{h}{1 + \alpha\theta}.$$

Application numérique :

$$F = \frac{17}{1 + 0{,}00018 \times 20} = 16^{mm},95.$$

Problème 92. — *Étant données quelques déterminations de la tension maximum de la vapeur à diverses températures, comment peut-on tracer la table de ces tensions pour toutes les températures intermédiaires?* (Lille, 1885.)

Solution. — Dans un intervalle peu étendu, et pour des température équidistantes, on remarque que la force élastique de la vapeur croît à peu près en progression géométrique.

Dans ces conditions, Biot a proposé d'exprimer la tension f de la vapeur d'eau à une température t par la formule empirique

$$\text{Log}\,\frac{f}{760} = a + b\alpha^t + c\beta^t + \ldots$$

dans laquelle a, b, c, α, β... représentent des constantes, à déterminer par l'expérience.

On peut se borner à trois termes, l'expérience montrant que le quatrième est très petit.

Il est clair qu'une fois connues, ces constantes permettront de construire la table demandée.

Supposons, que les tensions observées soient au nombre de cinq, comme les constantes qu'il s'agit de déterminer, et correspondent à des températures formant une progression arithmétique dont le premier terme est 0° et dont la raison est une variation arbitraire de la température que l'on prendra pour unité.

Posons

$$\operatorname{Log} \frac{f}{760} = \Phi,$$

et désignons par $\Phi_0, \Phi_1, \Phi_2, \Phi_3, \Phi_4$, les valeurs que prend la quantité Φ quand, dans la formule, on remplace successivement f par les cinq valeurs de la tension de la vapeur fournies par l'expérience.

On a évidemment, en appliquant la formule de Biot :

$$\begin{aligned}
\Phi_0 &= a + b + c, \\
\Phi_1 &= a + b\alpha + c\beta, \\
\Phi_2 &= a + b\alpha^2 + c\beta^2, \\
\Phi_3 &= a + b\alpha^3 + c\beta^3, \\
\Phi_4 &= a + b\alpha^4 + c\beta^4.
\end{aligned}$$

Pour éliminer a, b, c, α, β, entre ces cinq relations, Bravais a donné une méthode élégante que nous allons appliquer.

En retranchant chaque équation de celle qui la suit, on obtient le système :

$$\begin{aligned}
\Phi_1 - \Phi_0 &= b(\alpha - 1) + c(\beta - 1), \\
\Phi_2 - \Phi_1 &= b(\alpha - 1)\alpha + c(\beta - 1)\beta, \\
\Phi_3 - \Phi_2 &= b(\alpha - 1)\alpha^2 + c(\beta - 1)\beta^2, \\
\Phi_4 - \Phi_3 &= b(\alpha - 1)\alpha^3 + c(\beta - 1)\beta^3.
\end{aligned}$$

Posons

$$b(\alpha - 1) = b', \quad c(\beta - 1) = c'$$

et substituons, il vient :

$$\begin{aligned}
\Phi_1 - \Phi_0 &= b' + c', \\
\Phi_2 - \Phi_1 &= b'\alpha + c'\beta, \\
\Phi_3 - \Phi_2 &= b'\alpha^2 + c'\beta^2, \\
\Phi_4 - \Phi_3 &= b'\alpha^3 + c'\beta^3.
\end{aligned}$$

On en déduit comme précédemment :

$$\begin{aligned}
\Phi_2 - \Phi_1 - \alpha(\Phi_1 - \Phi_0) &= c'(\beta - \alpha), \\
\Phi_3 - \Phi_2 - \alpha(\Phi_2 - \Phi_1) &= c'(\beta - \alpha)\beta, \\
\Phi_4 - \Phi_3 - \alpha(\Phi_3 - \Phi_2) &= c'(\beta - \alpha)\beta^2;
\end{aligned}$$

et, en posant

$$c'(\beta - \alpha) = c'',$$

on trouve

$$\Phi_2 - \Phi_1 - \alpha(\Phi_1 - \Phi_2) = c'',$$
$$\Phi_3 - \Phi_2 - \alpha(\Phi_2 - \Phi_1) = c''\beta,$$
$$\Phi_4 - \Phi_3 - \alpha(\Phi_3 - \Phi_2) = c''\beta_2.$$

Il en résulte

$$\Phi_3 - \Phi_2 - \alpha(\Phi_2 - \Phi_1) - \beta[\Phi_2 - \Phi_1 - \alpha(\Phi_1 - \Phi_2)] = 0,$$
$$\Phi_4 - \Phi_3 - \alpha(\Phi_3 - \Phi_2) - \beta[\Phi_3 - \Phi_2 - \alpha(\Phi_2 - \Phi_1)] = 0,$$

et, par suite,

$$\Phi_3 - \Phi_2 - (\alpha + \beta)(\Phi_2 - \Phi_1) + \alpha\beta(\Phi_1 - \Phi_2) = 0.$$
$$\Phi_4 - \Phi_3 - (\alpha + \beta)(\Phi_3 - \Phi_2) + \alpha\beta(\Phi_2 - \Phi_1) = 0.$$

Ce dernier système fournit les valeurs de $\alpha + \beta$ et de $\alpha\beta$, et permet de calculer ces quantités. Posons, en effet,

$$\alpha + \beta = A,$$
$$\alpha\beta = B;$$

α et β sont les racines de l'équation

$$X^2 - AX + B = 0.$$

Connaissant α et β, on trouve aisément a, b, c; il ne reste plus qu'à remplacer t par la valeur convenable dans la formule de Biot, pour obtenir les tensions demandées.

Problème 93. — *Un mètre cube d'air humide traversant des tubes desséchants abandonne* 5gr. *d'eau à* 20°. *On demande l'état hygrométrique.* F *à* 20° = 17,4 ; *poids normal du litre d'air* 1gr.293 ; *densité de la vapeur d'eau,* $\frac{5}{8}$; *coefficient de dilatation des gaz,* 0,00367.

(Besançon, 1885.)

Solution. — On peut écrire immédiatement

$$5^{gr.} = 1000 \times 1^{gr.},293 \times \frac{5}{8} \times \frac{17,4 \times E}{760} \times \frac{1}{1 + 0,00367 \times 20},$$

et en déduire

$$E = \frac{5 \times 8 \times 760 \times (1 + 0,0734)}{1000 \times 1,293 \times 5 \times 17,4} = \frac{8 \times 760 \times (1,0734)}{1293 \times 17,4} = 0,29.$$

Problème 94. — *On demande de calculer le volume d'air à 20°, à l'état hygrométrique 0,8, qui contient 1 kilogramme de vapeur d'eau. Tension maximum à 20°, 17^mm,3; poids normal du litre d'air 1gr.,293; coefficient de dilatation des gaz, 0,00367.* (Dijon, 1885.)

Solution. — On a

$$1^{k} = V \times 1^{k},293 \times \frac{17,3 \times 0,8}{760} \times \frac{1}{1 + 0,00367 \times 20},$$

et, par suite,

$$V = \frac{760 \times 1,0734}{1,293 \times 17,3 \times 0,8} = 7^{m.c.},362.$$

Problème 95. — *Un mètre cube d'air à la pression 760^mm est saturé de vapeur d'eau à 11°. On demande de calculer le poids de vapeur d'eau et le poids d'air sec qui s'y trouvent contenus.* A 11°, F = 9^mm,8; *densité de la vapeur d'eau,* $\frac{5}{8}$; *poids normal du litre d'air,* 1gr.,293; *coefficient de dilatation des gaz,* 0,00367. (Paris, 1883.)

Solution. — Le poids de vapeur est donné par

$$1000 \times 1^{gr.},293 \times \frac{5}{8} \times \frac{9,8}{760} \times \frac{1}{1 + 0,00367 \times 11} = 10^{gr.},06,$$

et le poids de l'air sec, par

$$1000 \times 1^{gr.},293 \times \frac{760 - 9,8}{760} \times \frac{1}{1 + 0,00367 \times 11} = 1232^{gr.},6.$$

Problème 96. — *Un gaz saturé d'humidité occupe un volume de 10 litres à 30° et à la pression 774^mm. Quel serait le volume de ce gaz mesuré sec à 0° et à 760? La tension maximum à 30° est 31,55, le coefficient de dilatation des gaz,* 0,00367. (Paris, 1884.)

Solution. — La pression à 30° du gaz sec est

$$774^{mm} - 31^{mm},55,$$

sous le volume de 10 litres; à 0°, sous le même volume, cette pression est

$$\frac{774^{mm} - 31^{mm},5}{1 + 0,00367 \times 30}.$$

Soit x le volume de ce même gaz à 0° et à 760; la loi de Mariotte donne

$$10 \times \frac{774 - 31,5}{1 + 0,00367 \times 30} = x \times 760;$$

il en résulte

$$x = \frac{760(1 + 0,00367 \times 30)}{10(774 - 31,5)} = 8^l,8.$$

Problème 97. — *Une éprouvette renversée sur la cuve à mercure renferme un volume* V *d'air sec, et le mercure est au même niveau dans le tube et dans la cuve. On introduit de l'eau dans l'éprouvette de manière qu'il reste un petit excès de liquide, et, lorsque le gaz est saturé, on rétablit l'égalité des niveaux. Quel sera le nouveau volume* x *du mélange, en supposant : 1° que la température ne change pas; 2° qu'elle s'abaisse à 0°?*

On donne : la pression extérieure, H; F *et* f, *tensions maxima de la vapeur d'eau à* t° *et à* 0°; α *coefficient de dilatation des gaz.*

Application numérique : $V = 100^{cc}$; $t = 20°$; $H = 760^{mm}$; $F = 17,39$; $f = 4^{mm},6$; $\alpha = \frac{1}{273}$.

(École normale de Cluny, 1885.)

Solution. — 1° En désignant par x le volume demandé, on a, d'après la loi de Dalton,

$$xH = VH + xF,$$

et, par snite,

$$x = \frac{VH}{H - F}.$$

2° La température étant devenue 0°, l'air se réduit au volume $\frac{V}{1 + \alpha t}$, et F, à f; la même loi donne

$$yH = \frac{V}{1 + \alpha t} H + yf.$$

et, par suite,

$$y = \frac{VH}{(1+\alpha t)(H-f)}.$$

Application numérique :

$$x = \frac{100 \times 760}{760 - 17{,}39} = 102^{cc},341.$$

$$y = \frac{100 \times 760}{\left(1 + \frac{20}{273}\right)(760 - 4{,}6)} = 93^{cc},741.$$

Problème 98. — *La chambre barométrique d'un baromètre à cuvette a une section* s *et une hauteur* l. *La hauteur du mercure est* H *et la température* t°. *On introduit dans la chambre barométrique un volume* v *d'eau. De combien baissera le mercure? On donne* F, *tension maximum de la vapeur d'eau à* t°; a, *poids normal du litre d'air;* δ, *densité de la vapeur.*

Application numérique : $s = 3^{cq}$; $l = 20^{c}$; $H = 760^{mm}$; $t = 20°$; $\delta = \frac{5}{8}$; $v = 1^{cc}$. (Paris, 1883.)

Solution. — Si la quantité d'eau introduite pouvait saturer la chambre barométrique, le mercure baisserait de F, et le volume occupé par la vapeur serait

$$s(l + F).$$

Saturé, ce volume contiendrait un poids de vapeur donné par

$$s(l+F)\,a\delta\,\frac{F}{760} \times \frac{1}{1+\alpha t},$$

ou, en remplaçant par les valeurs numériques,

$$3(20+1{,}74) \times 0{,}001293 \times \frac{5}{8} \times \frac{17{,}4}{760} \times \frac{1}{1+0{,}00367 \times 20} \times \frac{7{,}374}{6748},$$

quantité supérieure à $0^{gr},001$. Le volume d'eau introduit ne peut donc saturer la chambre barométrique.

Soit f la tension actuelle de la vapeur ; le mercure a été refoulé de la quantité f, et la vapeur est répandue dans l'espace $s(l+f)$; on a, dès lors,

$$v = s(l+f)\,a\delta\,\frac{f}{760} \times \frac{1}{1+\alpha t},$$

et, en ordonnnant,

$$f^2 + lf - \frac{v(1+\alpha t) \times 760}{sa\delta} = 0.$$

La racine négative de cette équation doit être rejetée.

Application numérique :

$$f = -\frac{20}{2} + \sqrt{\frac{400}{4} + \frac{(1+0{,}00367 \times 20) \times 760}{3 \times 1{,}293 \times \frac{5}{8}}} = 0^{mm},162.$$

Problème 99. — *Une masse d'air humide, sous la pression initiale* H, *acquiert, quand on réduit son volume à* $\frac{1}{n}$, *une pression* H'. *On demande l'état hygrométrique initial. Tension maximum de la vapeur d'eau à la température de l'expérience,* F.

Application numérique : $H = 730^{mm}$; $n = 2$; $H' = 1380^{mm}$; $F = 80^{mm}$. (Paris, 1883.)

Solution. — Si l'air n'était pas saturé à la fin de l'expérience, on aurait,

$$nH = H'.$$

Or, n étant égal à 2, H, à 730^{mm}, H', à 1380^{mm}, on a

$$730 \times 2 > 1380;$$

une certaine quantité de vapeur s'est donc condensée, et l'air est saturé.

Au début de l'expérience, la tension de l'air sec est $H - f$, f désignant la tension actuelle de la vapeur; à la fin, la pression de ce même air sec est $H' - F$; d'après la loi de Mariotte, on a,

$$n(H - f) = H' - F$$

On en déduit pour l'état hygrométrique demandé

$$\frac{f}{F}=\frac{nH-H'+F}{nF}.$$

Si l'on avait

$$nH-H'+F<nF,$$

l'air n'était point saturé.

Il l'est, au contraire, si l'on a

$$f=F \quad \text{ou} \quad nH-H'+F=nF.$$

Cette dernière condition peut s'écrire

$$nH-H'=(n-1)F.$$

Application numérique : On trouve

$$2\times 730^{mm}-1380^{mm}=80^{mm};$$

l'air était donc saturé au début comme à la fin de l'expérience.

Problème 100. — *Quel est le poids d'un litre d'air saturé de vapeur d'éther à 20° et sous la pression 720^mm. La force élastique de la vapeur d'éther est 433^mm à 20° ; sa densité, 2,56 ; le poids normal du litre d'air est 1,3 ; et le coefficient de dilatation des gaz, $\frac{1}{273}$.* (Paris, 1884.)

Solution. — Le poids demandé se compose du poids de l'air et du poids de la vapeur : calculons séparément ces deux poids.

Pour l'air, on trouve,

$$p_1=1,3\times\frac{720-433}{760}\times\frac{1}{1+\frac{20}{273}},$$

et pour la vapeur,

$$p_2=1,3\times 2,56\frac{433}{760}\times\frac{1}{1+\frac{20}{273}}.$$

En additionnant, il vient :

$$p_1 + p_2 = 1,3 \times \frac{1}{1 + \frac{20}{273}} \times \frac{720 - 433 + 433 \times 2,56}{760}$$

$$= \frac{1,3 \times 273}{293} \times \frac{1395,5}{760} = 2^{gr.},224.$$

Problème 101. — *On mélange un volume* V *de gaz saturé à* t°, *sous la pression* H, *avec un volume* V′ *d'un autre gaz saturé à* t′° *et sous la pression* H′. *On demande le volume du mélange mesuré sur la cuve à eau à* T *sous la pression* h. *On donne les tensions maxima* F_1, F_2, F_3, *à* t°, t′° *et* T; *α, coefficient de dilatation des gaz.*

Application numérique : $V = 7500^{m.c.}$; $V' = 6200^{m.c.}$; $H = 760^{mm}$; $H' = 700^{mm}$; $h = 750^{mm}$; $t = 25°$; $t' = 30°$; $T = 50°$; $F_1 = 23^{mm}$; $F_2 = 31^{mm}$; $F_3 = 92^{mm}$; $\alpha = 0,00367$.
(Caen, 1884.)

Solution. — L'air sec résultant du mélange sera sous la pression $h - F_3$ dans le volume final; sous le même volume et à 0°, la pression serait

$$\frac{h - F_3}{1 + \alpha T}.$$

D'ailleurs à 0°, les volumes d'air contenus dans les masses de gaz mélangées seraient

$$\frac{H - F_1}{1 + \alpha t} \quad \text{et} \quad \frac{H' - F_2}{1 + \alpha t'},$$

sous les volumes respectifs V et V′. La loi de Mariotte et la loi de Dalton donnent, en désignant par x le volume final,

$$x \cdot \frac{h - F_3}{1 + \alpha T} = V \cdot \frac{H - F_1}{1 + \alpha t} + V' \cdot \frac{H' - F_2}{1 + \alpha t'},$$

et, par suite,

$$x = \left(V \cdot \frac{H - F_1}{1 + \alpha t} + V' \cdot \frac{H' - F_2}{1 + \alpha t'} \right) \frac{1 + \alpha T}{h - F_3}.$$

Application numérique :

$$x = \left[\frac{7500 \times (760 - 23)}{1 + 0{,}00367 \times 25} + \frac{6200 \times (700 - 31)}{1 + 0{,}00367 \times 30}\right] \frac{1 + 0{,}00367 \times 50}{750 - 92}$$

$$= \left(\frac{7500 \times 737}{1{,}09175} + \frac{6200 \times 669}{1{,}1101}\right) \frac{1{,}1835}{658}$$

$$= \frac{(7500 \times 737 \times 1{,}1101 + 6200 \times 669 \times 1{,}09175)1{,}1835}{1{,}09175 \times 1{,}1101 \times 658} = 15834^{l},38.$$

Problème 102. — *Un espace V contient un mélange d'air et de vapeur d'eau à t° sous la pression* H. *La vapeur n'est pas saturante et possède une tension* f. *On demande de calculer la pression* x *du mélange à* t'°, *et sous le volume* V'. *On distinguera le cas où il y aura condensation et celui où ce phénomène ne se produira pas. On donne* F, *tension maximum de la vapeur à* t'°, *et* α, *coefficient de dilatation des gaz.*

(Ecole centrale, 1884, 1re Session.)

Solution. — La tension f suit la loi de Mariotte et varie proportionnellement aux binômes de dilatation. On a donc pour valeur de cette tension à t'° sous le volume V',

$$f' = f\frac{V}{V'} \times \frac{1 + \alpha t'}{1 + \alpha t}.$$

Il peut se présenter deux cas :

$$f' < F,$$
$$f' \geqq F.$$

1° $f' < F$. La vapeur n'est pas saturante ; le mélange se comporte comme un gaz, et sa pression, dans les conditions indiquées, est donnée par

$$x = H \times \frac{V}{V'} \times \frac{1 + \alpha t'}{1 + \alpha t}.$$

2° $f' \geqq F$. La vapeur est devenue saturante. La pression finale est celle de l'air sec, dans les conditions données de pression et de température, augmentée de F. On a alors

$$x = (H - f)\frac{V}{V'} \times \frac{1 + \alpha t'}{1 + \alpha t} + F.$$

PROBLÈMES PROPOSÉS

103. Calculer le poids de vapeur d'eau contenue dans un mètre cube d'air à 15°, à l'état hygrométrique 0,62. Densité de la vapeur d'eau, $\frac{5}{8}$; coefficient de dilatation des gaz, 0,00367; tension maximum de la vapeur d'eau à 15°, $12^{mm},7$. *(Montpellier, 1885.)*

R. $7^{gr},933$.

104. — La pression d'un mélange de gaz et de vapeur d'eau dont la température est 20°, est $782^{mm},8$, et l'état hygrométrique, $\frac{2}{3}$. Calculer le rapport du poids de la vapeur d'eau qui s'y trouve contenue, au poids de l'air sec. Tension maximum à 20°, $17^{mm},4$; densité de la vapeur d'eau, $\frac{5}{8}$. *(Paris, 1885.)*

R. $\frac{145}{15424}$.

105. — Un liquide qui bout à 35° a pour densité 0,735. Sa vapeur a pour densité 2,96. Quel est le rapport des volumes occupés à 35° par un certain poids de vapeur et par le même poids de liquide? On ne tiendra pas compte de la dilatation du liquide. *(Paris, 1885.)*

R. 216,66.

106. — 1° Calculer : 1° le poids de vapeur contenue dans 1^{mc} d'air à 20° et à l'état hygrométrique 0,3; 2° le poids de cet air humide, sachant que la pression totale est 756^{mm}. Tension maximum de la vapeur à 20°, $17^{mm},4$; densité de la vapeur, $\frac{5}{8}$; coefficient de dilatation des gaz, 0,00367. *(Lille, 1885.)*

R. 1° $5^{gr},17$,
2° $1^{k},195$.

107. — Un ballon dont le volume est 3 litres contient de l'air sec à 30° et à la pression 760mm. On introduit dans ce ballon un poids *p* d'eau contenu dans une ampoule de verre, qu'on brise en agitant le ballon. Calculer la valeur minimum de *p* par la condition que l'atmosphère du ballon soit saturée. On déterminera la pression du mélange lorsque l'équilibre est établi. A 30°, tension de la vapeur d'eau, 31mm ; densité de cette vapeur, $\frac{5}{8}$; poids normal du litre d'air, 1gr.,293 ; coefficient de dilatation des gaz, 0,00367.

(Paris, 1884.)

R. { 1° 0gr.,089,
2° 791mm.

108. — Dans une masse d'air sec, pesant 1 kilog., on introduit 10gr. d'eau. La pression du mélange est 76c. à 30°. On demande de déterminer le degré hygrométrique de la masse d'air humide. Densité de la vapeur, 0,622 ; poids normal du mètre cube d'air, 1k.,293 ; coefficient de dilatation des gaz, $\frac{1}{273}$; tension maximum de la vapeur d'eau à 30°, 31mm,75.

(Paris, 1883.)

R. 0,37.

109. — A 0°, un ballon de 5 litres, fermé à la lampe, et qui contient 5cc. d'eau, a une pression intérieure de 768mm,6. On plonge ce ballon dans de l'eau à 100° et l'on demande ce que devient la pression intérieure. Coefficient de dilatation de l'air, 0,00366 ; tension maximum de la vapeur à 0°, 4mm,6. On négligera la dilatation du verre et de l'eau.

(Grenoble, 1885.)

R. 1803mm,6.

110. — Quel est le poids d'un litre d'air sous la pression H, à la température *t* et à l'état hygrométrique *e* ?

Expliquer complètement la formule. Tension maximum, F.

(*Besançon, 1885.*)

$$R.\quad 1^{gr.},293 \times \frac{H - \frac{3}{8}\,Fe}{760} \times \frac{1}{1 + \alpha t}.$$

111. — On mélange $100^{mc.}$ d'air saturé d'humidité à 15° avec un même volume d'air saturé à 0°. Le volume du mélange est $200^{mc.}$, à 7°,5. Calculer le poids de la vapeur condensée. Tensions maxima de la vapeur : à 15°, $12^{mm},7$; à 7°,5, $7^{mm},8$; à 0°, $4^{mm},6$. Densité de la vapeur d'eau, $\frac{5}{8}$; coefficient de dilatation des gaz , 0,00367.

(*Montpellier, 1884.*)

R. $111^{gr.}$

112. — Un ballon à parois élastiques et imperméables contient un mètre cube d'hydrogène sec à 30° et à la pression 760^{mm}. On y introduit assez d'eau pour saturer l'atmosphère d'hydrogène. La température et la pression étant demeurées constantes, on demande : 1° l'augmentation de volume du ballon ; 2° le poids d'eau nécessaire pour produire la saturation. Tension maximum à 30°, $31^{mm},5$; densité de la vapeur, 0,622 ; coefficient de dilatation des gaz, 0,00366.

(*Agrégation, enseignement des jeunes filles, 1885.*)

R. 1° $1043^{l},24$,
2° $18^{gr.},295$.

113. — On demande le poids de $592^{cc.}$ d'air à 150° sous la pression 740 et à l'état hygrométrique 0,84, la tension maximum de la vapeur d'eau à 15° étant $12^{mm},7$. On calculera, en outre, le volume que prendrait cette masse d'air, dans les mêmes conditions de température et de pression si on la desséchait complètement. Coefficient de dilatation des gaz, 0,00367. (*Lyon, 1884.*)

R. 1° $0^{gr.}702$.
2° $0^{l},497$.

114. — Calculer le volume de vapeur à 100° que peuvent fournir 5 kilog. d'eau pure. Densité de la vapeur, $\frac{5}{8}$; poids normal du litre d'air, 1gr.,293. *(Paris, 1882.)*

R. 8412l.

115. — La cloche d'une machine pneumatique contient 3 litres d'air humide à la pression totale 750mm, celle de la vapeur étant 20mm. On demande : 1° la tension de la vapeur dans la cloche lorsque la pression est réduite à 100mm ; 2°, le poids de l'air humide enlevé. La température reste constamment égale à 27°, et le coefficient de dilatation des gaz est $\frac{1}{273}$. *(Nancy, 1885.)*

R. { 1° 2mm,66. / 2° 2gr.,985.

116. — Quelle est la perte de poids subie dans l'air par un ballon de cuivre de 1 litre de capacité à 0° ? La pression actuelle est de 759mm, la température 27°,3 et la tension de la vapeur d'eau 24mm. Coefficients de dilatation : cuivre, 0,0000172 (linéaire) ; gaz, $\frac{1}{273}$. Poids normal du litre d'air, 1gr.,293 ; densité de la vapeur d'eau, $\frac{5}{8}$.

(Marseille, 1885.)

R. 1gr.,161.

117. — A quelle température x faudrait-il élever de l'air parfaitement sec sous la pression 760mm, pour qu'à la même pression sa densité fût la même que celle de l'air humide à 20° et à l'état hygrométrique $\frac{8}{9}$? Tension maximum de la vapeur à 20°, 17mm, 4 ; poids normal du litre d'air, 1,293. Coefficient de dilatation des gaz, $\frac{1}{273}$; densité de la vapeur d'eau, $\frac{5}{8}$. *(Lille, 1885.)*

R. 22°,25.

SECTION III

I. — CALORIMÉTRIE. — CHALEURS SPÉCIFIQUES

En général, on obtient l'équation des problèmes qui se rattachent à cette section, en écrivant que la quantité de chaleur cédée par l'un des corps est égale à la quantité de chaleur gagnée par l'autre corps, lorsque l'équilibre de température est établi.

La quantité de chaleur perdue ou gagnée par un corps s'obtient en multipliant la chaleur spécifique de ce corps par son poids, exprimé en kilogrammes, et par la variation de température, exprimée en degrés centigrades.

PROBLÈMES RÉSOLUS

Problème 118. — *On mélange un poids* p *d'un liquide* A *dont la température est* t, *avec un poids* p′ *d'un liquide* B *à* T°; *la température finale est* θ. *Il s'est perdu* n *calories par rayonnement et par conductibilité durant l'expérience. On demande quelle est la chaleur spécifique du liquide* A, *celle du liquide* B *étant* c.

Application numérique : $p = 0^k{,}600$, $p' = 3^k$; $t = 35°$; $T = 120°$; $\theta = 85°$; $n = 3$; $c = 0{,}427$. (Paris, 1885.)

Solution. — L'équation du problème est la suivante :

$$p'c(T - \theta) = px(\theta - t) + n;$$

on en tire

$$x = \frac{p'c(T - \theta) - n}{p(\theta - t)}.$$

Application numérique :

$$x = \frac{3 \times 0{,}427 \times 35 - 3}{0{,}6 \times 50} = 1{,}40.$$

Problème 119. — *Pour déterminer la température d'un four de boulanger, on y place un anneau de fer de poids* p. *On porte ensuite cet anneau dans un calorimètre contenant un poids* P *d'eau. La température s'est élevée de* t° *à* T°. *On demande la température du four, sachant que* c *est la chaleur spécifique du fer. On ne tiendra pas compte de la chaleur gagnée par le métal du calorimètre.*

Application numérique : $p = 80^{gr.}$; $P = 1^k,500$; $t = 14°$; $T = 15°,9$; $c = 0,12$. (Clermont, 1885.)

Solution. — On peut écrire

$$pc(x - T) = P(T - t);$$

on en déduit

$$x = T + \frac{P}{pc}(T - t).$$

Application numérique :

$$x = 15°,9 + \frac{1^k5 \times 1,9}{0,080 \times 0,12} = 312°,8.$$

Problème 120. — *Dans un vase fermé, d'une capacité* V, *et dont les parois sont imperméables à la chaleur, se trouve de l'air sec à* 0° *et à* 760^{mm}. *On y introduit un poids* p *de mercure à la température* t, *et l'on demande la pression finale dans le vase. On donne la chaleur spécifique,* c = 0,16, *de l'air, le poids du litre d'air,* $0^k,00129$, *la chaleur spécifique du mercure,* c′ = 0,03. *On négligera la dilatation du vase, et on supposera constante la chaleur spécifique de l'air.*

Application numérique : V = 1 litre; $p = 5^{gr.}$; $t = 18°$.

(Nancy, 1885.)

Solution. — 1° La température finale est donnée par la relation

$$V \times 0,00129 \times c \times x = pc'(t - x),$$

de laquelle on tire

$$x = \frac{pc't}{V \times 0,00129 \times c + pc'}.$$

Application numérique :

$$x = \frac{0{,}005 \times 0{,}03 \times 18}{0{,}00129 \times 0{,}16 + 0{,}005 \times 0{,}03} = 7^{\circ},61.$$

2° Si l'on néglige l'espace occupé par le mercure introduit, la pression finale est celle d'une masse d'air dont la température s'est élevée de 7°,61, sans changement de volume. Elle est donnée par

$$760\,(1 + 0{,}00367 \times 7{,}61) = 781^{mm},28.$$

PROBLÈMES PROPOSÉS

121. Pour déterminer la température d'un foyer, on y met un morceau de platine pesant 100gr., que l'on plonge ensuite dans 950gr. d'eau à 0°. La température finale est 5°. Calculer la température du foyer sachant que la chaleur spécifique moyenne du platine est 0,0317. (*Lyon, 1882.*)

R. 300°,7.

122. Un vase de laiton pesant 30gr. contient un poids inconnu d'eau à 20°. On y plonge 40gr. de fer à 100°, et la température finale du mélange est 20°,716. On demande quel est le poids d'eau renfermé dans le vase. Chaleurs spécifiques : fer, 0,1137 ; laiton, 0,0939. (*Besançon, 1885.*)

R. 512gr.,5.

123. 100gr. de cuivre à 100°, plongés dans 500gr. d'eau à 5°,1, ont élevé la température de cette eau à 6°,8 ; la même expérience étant répétée avec 800gr. d'essence de térébenthine, la température de l'essence s'est élevée à 8°,5. On demande de calculer la chaleur spécifique de l'essence de térébenthine. (*Concours général, 1859.*)

R. 0,307.

124. Un vase dont le poids est de $527^{gr.}$ contient 28^{k} d'eau à 7°. On ajoute 8^{k} de mercure à 80 degrés, et l'on demande la température finale du mélange. Chaleurs spécifiques : 1° du vase, 0,03 ; 2° du mercure, 0,08. (*Lyon, 1878.*)

R. 11°,9.

II. — CHALEUR DE FUSION ET CHALEUR DE VAPORISATION

Les expériences de Regnault ont montré qu'il faut 537 calories pour transformer en vapeur, à 100°, 1 kilogramme d'eau porté à cette température.

On a quelquefois besoin d'employer la *chaleur totale de vaporisation* de l'eau à une température donnée T. C'est la quantité de chaleur nécessaire pour porter 1 kilogramme d'eau de 0° à T et pour le vaporiser à cette température. Cette chaleur est donnée par la formule empirique

$$\lambda = a + bT,$$

dans laquelle les constantes a et b, déterminées par l'expérience, ont pour valeurs respectives 606,5 et 0,305 ; de sorte qu'on a

$$\lambda = 606,5 + 0,305\,T.$$

Problème 125. — *Quel poids d'eau à 20° faut-il mélanger avec* $100^{gr.}$ *de mercure solide à* — 40° *pour que la température finale du mélange soit* 10° ? *Chaleur de fusion du mercure,* 2,83 ; *chaleur spécifique de ce métal :* 1° *à l'état solide* 0,0314 ; 2° *à l'état liquide,* 0,033.

(Toulouse, 1885.)

Solution. — Soit x le poids d'eau demandé : en écrivant que la quantité de chaleur cédée par l'eau est égale à la quantité de chaleur gagnée par le mercure pour se liquéfier et passer ensuite de 39°,5, son point de fusion, à + 10°, on obtient

$$x(20-10) = 0^k,100 \times 0{,}0314\,(40-39{,}5) + 0^k,100 \times 2{,}83 + 0^k,100 \times 0{,}033 \times (39{,}5+10).$$

On en déduit

$$x = \frac{3{,}14 \times 0{,}5 + 283 + 3{,}3 \times 49{,}5}{10} = 44^k,635.$$

Problème 126. — *Sur un espace de 1 hectare se trouve répandue une couche de neige de 3^cm d'épaisseur. Quel serait le poids d'eau à 15° tombant sous forme de pluie qui serait nécessaire pour fondre cette neige et l'amener à + 2°? Densité de la neige, 0,78; chaleur de fusion de la glace, 80.* (Paris, 1884.)

Solution. — Le volume de cette neige est, en décimètres cubes,

$$1{,}000{,}000 \times 0{,}3,$$

l'hectare valant 1,000,000 de décimètres carrés.

Son poids exprimé en kilogrammes est, dès lors,

$$1{,}000{,}000 \times 0{,}3 \times 0{,}78$$

Pour fondre, cette glace demande un nombre de calories exprimé par

$$1{,}000{,}000 \times 0{,}3 \times 0{,}78 \times 80\,;$$

et pour passer ensuite de 0° à + 2°,

$$1{,}000{,}000 \times 0{,}3 \times 0{,}78 \times 2\,;$$

en tout

$$1{,}000{,}000 \times 0{,}3 \times 0{,}78 \times (80+2)$$

calories.

Le poids x d'eau nécessaire pour fondre cette neige, cède, en passant de 15° à 2°, 13 x calories; on peut donc écrire

$$13\,x = 1{,}000{,}000 \times 0{,}3 \times 0{,}78 \times 82$$

et, par suite,

$$x = \frac{1{,}000{,}000 \times 0{,}3 \times 0{,}78 \times 82}{13} = 1{,}476{,}000^k.$$

Problème 127. — *Dans un même vase imperméable à la chaleur, on verse* 2k,325 *de mercure à* 60°, 3k,835 *d'eau à* 50° *et* 1k,700 *de glace à* 0°. *On demande de trouver la température finale sachant:* 1° *que, quand on mêle poids égaux de mercure à* 100° *et d'eau à* 0°, *la température finale est* 3°,83; 2° *que, quand on introduit* 100gr. *de glace à* 0° *dans* 1k *d'eau à* 15°, *la température finale est* 6°,37.

(Paris, 1883.)

Solution. — La chaleur spécifique du mercure est fournie par la relation

$$\gamma(100 - 3,83) = 3,83,$$

de laquelle on tire

$$\gamma = \frac{96,17}{3,83}.$$

La chaleur de fusion de la glace, δ, satisfait à l'équation

$$0,100 \times \delta + 0,100 \times 6,37 = 15 - 6,37,$$

qui fournit

$$\delta = \frac{8,63 - 0,637}{0,1} = 79,93.$$

D'autre part, x, désignant la température demandée, on obtient, en écrivant que la chaleur cédée d'un côté est égale à la chaleur absorbée de l'autre,

$$2,325\,\gamma \times (60 - x) + 3,835\,(50 - x) = 1,700\,(\delta - x)$$

En remplaçant, dans cette dernière relation, γ et δ par les valeurs qui résultent des deux premières équations, et en résolvant par rapport à x, on trouve successivement :

$$x = \frac{2,325 \times \left(\dfrac{3,83 \times 60}{96,17} + 50\right) - 1,700 \times 79,93}{2,325 \times \dfrac{3,83}{96,17} + 3,835 - 1,700}$$

$$= \frac{2,325 \times (3,83 \times 60 + 50 \times 96,17) - 1,700 \times 79,93 \times 96,17}{2,325 \times 3,83 + (3,835 - 1,700)\,96,17} = 11°.$$

Problème 128. — *Combien faudrait-il condenser de litres de vapeur d'eau à 100° et à la pression 760mm pour élever de 15° à 70° la température d'une cuve en fer pesant 320k et contenant 2 mètres cubes d'eau? Chaleur spécifique du fer, 0,11; chaleur de vaporisation de l'eau à 100°, 537 calories; densité de la vapeur d'eau, $\frac{5}{8}$; poids normal du litre d'air, 1,293; coefficient de dilatation des gaz, 0,00367.* (Montpellier, 1885.)

Solution. — La chaleur gagnée par la cuve et l'eau qu'elle contient est donnée par

$$(320 \times 0,11 + 2000)(70 - 15).$$

D'autre part, soit x, en mètres cubes, le volume de vapeur demandé; ce nombre x représente un poids de

$$x \times 1,293 \times \frac{5}{8} \times \frac{1}{1 + 0,00367 \times 100},$$

qui, en se condensant, et en se refroidissant de 100° à 70°, dégage successivement

$$x \times 1,293 \times \frac{5}{8} \times \frac{1}{1 + 0,00367 \times 100} \times 537 \text{ calories}$$

et

$$x \times 1,293 \times \frac{5}{8} \times \frac{1}{1 + 0,00367 \times 100} \times 30 \text{ calories.}$$

En écrivant que la chaleur cédée est égale à la chaleur gagnée, on obtient la relation

$$(320 \times 0,11 + 2000)(70 - 15) = x \times 1,293 \times \frac{5}{8}$$
$$\times \frac{1}{1 + 0,00367 \times 100}(537 + 30),$$

de laquelle on tire

$$x = \frac{(320 \times 0,11 + 2000) \times 55 \times 8 \times 1,367}{1,293 \times 5 \times 567} = 144^{l},3.$$

Problème 129. — *Un vase de cuivre pesant 1k contient 2k d'eau dans laquelle plonge entièrement un thermomètre dont le mercure pèse 200gr. et le verre 100gr. La température initiale est 0°. On fait arriver 100gr. de vapeur d'eau à 100°, qui se condensent. On demande de calculer la température finale. Chaleur de vaporisation de l'eau, 537 calories; chaleur spécifique du cuivre, 0,095; du mercure, 0,033; du verre, 0,177.* (Nancy, 1884.)

Solution. — La température finale se déduit de l'équation

$$0^{k},160 \times [537 + (100 - x)] = 2 + 0,95 + 0,2 \times 0,033$$
$$+ 0,1 \times 0,177)x,$$

qui exprime que la quantité de chaleur cédée par la vapeur et l'eau condensée a été gagnée par le vase en cuivre, l'eau qu'il contient, le verre et le mercure du thermomètre qui s'y trouve plongé.

On en déduit

$$63,7 - 0,1x = (2,95 + 0,0066 + 0,0177)x$$

et, par suite,

$$x = \frac{63,7}{3,07} = 26°,02.$$

Surfusion.

Problème 130. — *Du phosphore étant maintenu en surfusion, on demande de calculer de combien de degrés, au-dessous de son point de fusion, il faut refroidir le liquide, pour que sa solidification brusque et complète le ramène au point de fusion. La chaleur de fusion du phosphore est 5,4, et sa chaleur spécifique dans le voisinage du point de fusion est 0,20.* (Dijon, 1885.)

Solution. — Soient P le poids de phosphore soumis à l'expérience, x le nombre de degrés demandés, comptés au-dessous du point de fusion. En écrivant que la quantité de chaleur dégagée par la solidification est capable d'élever de x° la température du phosphore, on obtient

$$P \times 5{,}4 = P.x \times 0{,}20.$$

Cette relation, naturellement indépendante de P, donne

$$x = \frac{5{,}4}{0{,}20} = 27^{\circ}.$$

Problème 131. — *On abaisse du phosphore liquide jusqu'à une température de 30°, et à ce moment on détermine la solidification. Sera-t-elle complète? Si non, quelle sera la fraction du poids total qui se solidifiera? Point de fusion du phosphore,* 44°,2; *chaleur de fusion,* 5,4; *chaleur spécifique dans le voisinage du point de fusion,* 0,20.

(Paris, 1867,)

Solution. — Désignons par P le poids de phosphore soumis à l'expérience, et par x le poids de la partie solidifiée. Exprimons que la quantité de chaleur dégagée est employée à ramener à 44°,2 le phosphore solidifié, et celui qui reste liquide; il vient

$$x \times 5{,}4 = 0{,}20 \times x \times 14{,}2 + (P - x) \times 0{,}20 \times 14{,}2.$$

On en déduit

$$x = P \times \frac{71}{135}.$$

Ainsi la solidification ne portera que sur les $\frac{71}{135}$ du poids de phosphore employé.

PROBLÈMES PROPOSÉS

132. — Un vase en cuivre, dont le poids est 320gr., et la chaleur spécifique 0,095, contient 250gr. d'eau; leur température commune est 52°. On demande quel poids de

glace fondante il faudra employer pour amener la température du mélange à 12°. *Bordeaux, 1885.*

R. $0^k,120$.

133.— Dans un calorimètre en laiton, du poids de $150^{gr.}$, on introduit $1300^{gr.}$ d'un liquide dont la chaleur spécifique est 0,785 ; la température initiale est de 12°. On introduit ensuite $800^{gr.}$ de glace à 0°, et l'on demande : 1° Quelle sera la température finale ; 2° Quel sera le poids de la glace fondue. Chaleur de fusion de la glace, 80 ; chaleur spécifique du laiton, 0,08. (*Paris, 1885.*)

R. { 1° 0°,
2° $155^{gr.},5$.

134. — La quantité de chaleur que la terre reçoit du soleil à midi est de 0,00003 calories par centimètre carré de surface et par seconde. Calculer, d'après cela, quelle épaisseur de glace la chaleur solaire pourrait fondre en 1 heure à la surface du globe. Densité de la glace, 0,917 ; chaleur de fusion de la glace, 80. (*Paris, 1885.*)

R. $1^{cent.},47$.

135.— Calculer la chaleur spécifique du mercure sachant que 30^k de ce métal à 100°, mélangés à 1^k de glace à 0° déterminent la fusion complète de cette glace, et portent l'eau de fusion à 10°. Chaleur de fusion de la glace, 80.

(*Paris, 1883.*)

R. 0,033.

136. — Un corps qui fond à 80° a pour chaleur spécifique à l'état solide 0,343, et à l'état liquide 0,845. On sait, en outre, que 1^k de ce corps à 100° peut fondre 1^k de glace à 0°, en se refroidissant jusqu'à cette température. Calculer la chaleur de fusion de ce corps. On sait que celle de la glace est 80. (*Paris, 1883.*)

R. 35,6.

137. — On mélange 500gr. de glace à — 20° avec 300gr. d'eau à 40°. Sachant que la chaleur spécifique de la glace est 0,5, on demande : 1° si toute la glace pourra fondre; 2° ce qu'il résultera du mélange. La chaleur de fusion de la glace est 80. *(Lille, 1885.)*

R. 412gr.,5 de glace, et 387gr.,5 d'eau à 0°.

138. — Combien faut-il condenser de vapeur d'eau à 100° dans 150k d'eau à 12°, pour en élever la température à 35°? Chaleur de vaporisation de l'eau, 537 calories. On ne tiendra pas compte de la chaleur absorbée par le vase. *(Clermont, 1885.)*

R. 5k,731.

138. — Dans une machine à vapeur, on suppose la vapeur à 140°, l'eau froide injectée à 14°, et l'eau de mélange à 38°. On demande le poids d'eau nécessaire pour condenser 10k de cette vapeur. On admet que la chaleur totale est constante et égale à 550 calories. *(Toulouse, 1885.)*

R. 229k,166.

139. — On détermine la température d'un four au moyen de l'expérience suivante : un morceau de cuivre pesant 50gr., pris à la température du four, est plongé dans un calorimètre à glace. Le poids de l'eau fondue est 30gr.. Quelle est la température du four? Chaleur de fusion de la glace, 80; chaleur spécifique du cuivre, 0,095.

(Toulouse, 1884.)

R. 505°,3.

140. — Un kilogramme de charbon donne, en brûlant, 8000 calories. Quelle quantité de combustible faudra-t-il employer pour échauffer de 15° à 100° et vaporiser à cette dernière température 1250gr. d'eau contenue dans un vase en fer du poids de 750gr. ? La chaleur spécifique du fer est 0,11 et la chaleur de vaporisation de l'eau à 100° est 537 calories. *(Dijon, 1885.)*

R. 0k,098.

141. — On fait condenser 5^{kg} de vapeur d'eau à 760^{mm} dans une masse d'eau dont la température s'élève de 25°. On demande le poids de cette eau. Chaleur latente de vaporisation de l'eau, 537 calories. *(Paris, 1885.)*

R. $107^{k},4$.

142. — Quelle est la quantité de chaleur que peut dégager un mètre cube de vapeur d'eau saturée à 100°, condensée et refroidie jusqu'à 0° ? Chaleur de vaporisation de l'eau, 537 calories ; densité de la vapeur, 0,622 ; coefficient de dilatation des gaz, 0,00367. *(Paris, 1884.)*

R. $374^{c.},8$.

143. — Quel volume de vapeur d'eau à 100° et à 760^{mm} faudrait-il diriger sur un glaçon de 1 mètre cube pour le transformer en eau à 0° ? On sait que la chaleur totale de vaporisation de l'eau à 100° est de 365 calories. Chaleur de fusion de la glace, 79,25 ; densité de la glace, 0,917, de la vapeur d'eau, 0,622 ; coefficient de dilatation des gaz, 0,00367. *(Paris, 1883.)*

R. $193^{mc},257$.

144. — Dans un poids x d'essence de térébenthine à 3°, on plonge $65^{gr.},5$ de glace à — 20°. La chaleur spécifique de l'essence est de 0,4 ; le vase qui la contient pèse $25^{gr.}$ et sa chaleur spécifique est 0,1 ; la chaleur spécifique de la glace 0,5. Calculer la valeur de x, sachant que la température finale du mélange est — 1°.

(Concours général, 1867.)

R. $3^{k},559$.

145. — Le phosphore fond à 44°,2. Dans le voisinage de son point de fusion, il a pour chaleur spécifique 0,20, à l'état liquide aussi bien qu'à l'état solide. 40 gr. de phosphore liquide, contenus dans un vase de laiton pesant 10 gr., et recouverts d'une couche d'eau pesant 15 gr., sont en surfusion à 30°. A cette température, on agite le vase. Quelle sera la température finale quand la solidification

sera aussi complète que possible ? Chaleur spécifique du laiton, 0,093 ; chaleur de fusion du phosphore, 5,4.

(Concours général, 1857.)

R. 39°,7.

146. — On refroidit de l'eau à 20° au-dessous de 0°, et on détermine la solidification brusque. On demande quelle est la fraction du poids total qui se solidifie, en admettant que la chaleur spécifique de la glace soit 0.5.

R. 0,224.

LIVRE III

ACOUSTIQUE ET OPTIQUE

PREMIÈRE SECTION

ACOUSTIQUE

I. — HAUTEUR DES SONS. — GAMMES ET INTERVALLES MUSICAUX. — LOIS DES VIBRATIONS TRANSVERSALES DES CORDES. TUYAUX SONORES.

La *hauteur* d'un son dépend uniquement du nombre de vibrations exécutées par le corps sonore dans l'unité de temps.

On appelle *longueur d'onde*, dans un mouvement vibratoire, la distance de deux points qui, au même instant, sont dans le même état vibratoire.

V désignant la vitesse de propagation du son, λ la longueur d'onde, et N le nombre de vibrations effectuées en une seconde, on a évidemment

$$V = N\lambda.$$

Ainsi, on peut calculer la vitesse du son si on connaît N et λ, ou λ si l'on connaît V et N.

L'intervalle musical de deux sons est défini par le

rapport des nombres de vibrations qui caractérisent ces sons. Les intervalles consonnants sont les suivants :

Tierce mineure	Tierce majeure	Quarte	Quinte	Sixte
$\frac{5}{6}$	$\frac{4}{5}$	$\frac{3}{4}$	$\frac{2}{3}$	$\frac{3}{5}$

L'intervalle d'octave, $\frac{1}{2}$, est tellement consonnant qu'il ne forme pas un accord proprement dit.

On peut superposer plus de deux notes et produire ainsi un accord multiple ; les deux plus remarquables sont : l'*accord parfait majeur* et l'*accord parfait mineur*. Les sons 4, 5, 6, 8 caractérisent le premier, et les sons 10, 12, 15, 20, le second.

Voici les noms et les intervalles des sept sons de la *gamme* :

Ut.	Ré.	Mi.	Fa.	Sol.	La.	Si.	Ut_2.
1	$\frac{9}{8}$	$\frac{5}{4}$	$\frac{4}{3}$	$\frac{3}{2}$	$\frac{5}{3}$	$\frac{15}{8}$	2

Les *intervalles de seconde* ont trois valeurs différentes :

$$\textit{Ton majeur}, \ \frac{9}{8},$$

$$\textit{Ton mineur}, \ \frac{10}{9} = \frac{9}{8} \times \frac{80}{81},$$

$$\textit{Demi-ton majeur}, \ \frac{16}{15} = \frac{10}{9} \times \frac{24}{25}.$$

Le ton mineur diffère du ton majeur de l'intervalle $\frac{80}{81}$, ou *comma*, que l'on néglige, en général.

La valeur du demi-ton majeur, $\frac{10}{9} \times \frac{24}{25} = \frac{16}{15}$, montre que le ton mineur, $\frac{10}{9} = \frac{16}{15} \times \frac{25}{24}$, peut se décomposer en deux intervalles, $\frac{16}{15}$ et $\frac{25}{24}$; ce dernier prend le nom de *demi-ton mineur*.

Les *tierces* sont *majeures* ou *mineures ;* les majeures valent $\frac{5}{4}$, les mineures, $\frac{6}{5}=\frac{5}{4}\times\frac{24}{25}$.

L'intervalle de *quarte* est caractérisé par $\frac{4}{3}$, excepté l'intervalle de *si* à *fa* qui vaut $\frac{3}{4}\times\frac{24}{25}$.

Toutes les quintes valent $\frac{3}{2}$.

Comme les tierces, les *sixtes* sont majeures ou mineures et valent $\frac{5}{3}$ ou $\frac{8}{5}$.

Les *septièmes* sont majeures et valent $\frac{9}{5}$, sauf deux qui valent $\frac{15}{8}$.

Diéser ou *bémoliser* une note, c'est l'élever ou l'abaisser d'un demi-ton mineur. Ainsi $ut\sharp = ut \times \frac{25}{24}$; $ré^{\flat} = ré \times \frac{24}{25}$.

Le *diapason normal* rend un son caractérisé par 870 vibrations simples par seconde ; c'est le la_3 de l'échelle musicale.

Vibrations des cordes. — Le nombre n de vibrations transversales simples exécutées par une corde est donné par la formule.

$$n=\frac{1}{rl}\sqrt{\frac{gP}{\pi d}},$$

dans laquelle r et l représentent le rayon et la longueur de la corde ; g, l'intensité de la pesanteur; P, la force de tension de la corde, évaluée en kilogrammes ; d, la densité de la substance de la corde ; π, le rapport de la circonférence au diamètre.

Tuyaux sonores. — Les *tuyaux sonores* sont *ouverts* ou *fermés* à l'extrémité opposée à l'embouchure.

1° *Tuyaux fermés.* λ désignant la longueur d'onde, L la longueur du tuyau, on démontre que L doit contenir un nombre impair de fois la distance d'un nœud à un ventre, c'est-à-dire un multiple impair de $\frac{\lambda}{4}$; on a, par conséquent,

$$L = (2n-1)\frac{\lambda}{4},$$

ou

$$L = (2n-1)\frac{V}{4N};$$

d'où il résulte

$$N = \frac{(2n-1)V}{4L}.$$

Le tuyau peut donc rendre les sons caractérisés par les nombres de vibrations

$$\frac{V}{4L}, \frac{3V}{4L}, \frac{5V}{4L} \cdots \frac{(2n-1)V}{4L}$$

Le son $\frac{V}{4L}$ est le son fondamental; les autres sont les harmoniques impairs de celui-ci.

2° *Tuyaux ouverts.* On a, dans ce cas,

$$L = \frac{n\lambda}{2} = \frac{nV}{2N},$$

et, par suite,

$$N = \frac{nV}{2L}.$$

Les sons que peut donner un même tuyau ouvert sont donc les harmoniques successifs.

Lois. — 1° Qu'il s'agisse d'un tuyau ouvert ou fermé, la hauteur du son est en raison inverse de la longueur du tuyau;

2° Un tuyau ouvert a pour son fondamental l'octave aiguë du son fondamental d'un tuyau fermé de même longueur.

Remarque. — v_0 désignant la vitesse à 0° dans l'air, et v, cette vitesse à une température t, on a, d'après Newton,

$$v = v_0\sqrt{1 + \alpha t},$$

α représentant le coefficient de dilatation de l'air.

PROBLÈMES RÉSOLUS

Problème 1. — *Une sirène dont chaque plateau porte 8 trous fait 700 tours en deux minutes. On demande de calculer le nombre de vibrations du son produit, et la longueur d'onde de ce son. La vitesse du son est 340 mètres par seconde.* (Paris, 1885.)

Solution. — A chaque tour du plateau, l'air s'échappe 8 fois de la caisse cylindrique; il se produit donc 8 vibrations doubles; pendant les 800 tours, il s'est produit

$$8 \times 800 = 6400$$

vibrations doubles; le son rendu par l'instrument est donc caractérisé par

$$\frac{6400}{60 \times 2} = 53^{v},33.$$

par seconde.

La longueur d'onde est donnée par la formule

$$\lambda = \frac{V}{N},$$

qui donne, en y remplaçant V par 340 mètres, et N par 53,33,

$$\lambda = \frac{340}{53,33} = 6^{m},375.$$

Problème 2. — *L'interrupteur à marteau de la machine de Ruhmkorff fait 348 vibrations simples par seconde. On demande : 1° quelle note de l'échelle musicale on entendra; 2° la longueur d'onde qui lui correspond; 3° la longueur de la corde qui rendra ce son. On sait que la longueur de* $0^{m},50$ *de la même corde, avec la même tension, donne le* la *normal.* (Bordeaux, 1877.)

Solution. — 1° On sait que le *la* normal correspond à 870 vibrations simples ; l'intervalle de la note demandée au *la* normal est

$$\frac{348}{870}=\frac{2}{5}=\frac{1}{2}\times\frac{4}{5}.$$

Si l'on considère le son situé à un intervalle de tierce majeure au-dessous de *la* normal, la note dont il s'agit est à une octave au-dessous.

2° La vitesse du son étant d'environ 340 mètres par seconde, la formule $V = N\lambda$ donne,

$$\lambda=\frac{340}{174}=1^{m},177.$$

3° On a, par hypothèse,

$$870=\frac{1}{r\times 0,5}\sqrt{\frac{gP}{\pi d}}$$

et

$$348=\frac{1}{r\times x}\sqrt{\frac{gP}{\pi d}}.$$

En divisant membre à membre, on trouve

$$\frac{870}{348}=\frac{x}{0,5}$$

et, par suite,

$$x=\frac{1}{2}\times\frac{5}{2}=1^{m},25.$$

Problème 3. — *Deux cordes de même section et formées avec la même substance ont des longueurs* l *et* l'. *L'une d'elles est tendue par un poids* P ; *on demande quelles doivent être les tensions de la seconde pour que le son rendu soit : 1° à l'unisson, 2° à l'octave aiguë, 3° à la quinte de l'octave aiguë du son rendu par la première.*

(Lille, 1885.)

Application numérique : $l = 1^{m}$; $l' = 2^{m}$; $P = 1^{k}$.

Solution. — On a, en désignant par n et n' les nombres de vibrations, par seconde, de la première et de la seconde corde :

$$n = \frac{1}{rl}\sqrt{\frac{gP}{\pi d}},$$

$$n' = \frac{1}{rl'}\sqrt{\frac{gP'}{\pi d}}.$$

En divisant membre à membre, il vient

$$\frac{n}{n'} = \frac{l'}{l}\frac{\sqrt{P}}{\sqrt{P'}}.$$

1° $n = n'$, on a alors

$$l'\sqrt{P} = l\sqrt{P'}$$

et, par suite,

$$P'\frac{l'^2}{l^2} = P.$$

2° $n' = 2n$.

$$2l'\sqrt{P} = l\sqrt{P'}$$

et

$$P' = 4\frac{l'^2}{l^2}P;$$

on doit quadrupler la première valeur de P'.

3° $n' = 2n \times \frac{3}{2} = 3n$.

$$3l'\sqrt{P} = l\sqrt{P'},$$

et

$$P' = 9\frac{l'^2}{l^2}P.$$

Le troisième poids tenseur vaut 9 fois le premier.

Application numérique : 4^k, 16^k, 36^k.

Problème 4. — *Un tuyau ouvert et un tuyau fermé ont même longueur,* $2^m,60$. *On demande : 1° le rapport musical de leurs quatrièmes harmoniques ; 2° le nombre absolu de vibrations correspondant à ces harmoniques. La température de l'expérience est 25° ; le coefficient de dilatation de l'air est 0,00367, et la vitesse du son dans l'air à 0° est 333 mètres.*

Solution. — Les harmoniques que l'on demande de comparer valent respectivement 7 pour le tuyau fermé et 4 pour le tuyau ouvert.

D'ailleurs, les deux tuyaux considérés ayant même longueur, un harmonique d'ordre quelconque du tuyau ouvert est à l'octave aiguë de l'harmonique de même ordre du tuyau fermé. Le rapport demandé est, par conséquent,

$$\frac{7}{4 \times 2} = \frac{7}{8}.$$

Le quatrième harmonique du tuyau ouvert est caractérisé par le nombre de vibrations

$$N = \frac{nV}{2L};$$

on doit remplacer, dans cette expression, n par 4, V par la vitesse du son à 25° et L par 2,60. On trouve ainsi

$$N = \frac{4 \times 333\sqrt{1 + 0,00367 \times 25}}{2 \times 2,60} = 265^{v},4.$$

La formule

$$N = \frac{(2n - 1)\,V}{4L},$$

appliquée au tuyau fermé, donne

$$N = \frac{7 \times 333\sqrt{1 + 0,00367 \times 25}}{4 \times 2,60} = 232^{v.},2.$$

Le rapport $\frac{232.2}{265,4}$ est bien égal à $\frac{7}{8}$.

PROBLÈMES PROPOSÉS

5. — Une corde métallique exécute 500 vibrations par seconde lorsqu'elle est tendue par un poids de $25^{kg.}$. Quel son rendra-t-elle sous une tension de 49^{k}? (*Paris, 1885.*)

R. $700^{v.}$

6. — Deux cordes rendent un son : l'une d'elles est en cuivre ; son rayon et sa longueur sont respectivement 3^{mm}

et 2 mètres; l'autre est en acier, son rayon est de 4^{mm} et sa longueur de 3 mètres. Dans quel rapport se trouvent les poids qui tendent ces cordes, sachant que la corde en acier donne l'octave grave du son rendu par la corde de cuivre? Densités : cuivre, 8,87; acier, 7,8. (*Nancy, 1885.*)

R. $\frac{887}{780}$.

7. — Une corde tendue par un poids de 25^{kg} rend un certain son. Quelle devrait être la tension pour que cette corde rendît la tierce majeure du son primitif?

(*Lyon, 1885.*)

R. $39^{k},0625$.

8.— Deux cordes de cuivre A et B, tendues sur un même sonomètre, ont des longueurs égales; mais le diamètre de A est double de celui de B. La corde A, tendue par un poids de $500^{gr.}$, donne le *la* normal (la_3), quand elle vibre dans toute sa longueur. Quelle tension faut-il donner à B pour qu'elle donne le mi_4? (*Lyon, 1879.*)

R. $281^{gr.},25$.

9. — La vitesse du son dans l'air à 10° est 337^{m}; on demande de calculer à cette température la longueur d'onde du *la* normal, qui correspond, comme on le sait, à 870 vibrations.

R. $0^{m},77$.

10. — Un tuyau fermé donne le *la* normal (870 vibrations simples) lorsqu'on y insuffle de l'air à 0°. On demande quelle devrait être la température de l'air pour que le tuyau rendît la tierce mineure du premier son. (Intervalle de tierce mineure, $\frac{6}{5}$.)

R. 119°,9.

11. — Un tuyau ouvert donne pour troisième harmonique $ré_3$. Quelle est la longueur de ce tuyau en mètres, la température de l'air étant 10°?

R. $2^{m},295$.

SECTION II

OPTIQUE GÉOMÉTRIQUE

I. — PHOTOMÉTRIE

Principes. — I. *L'intensité de la lumière émise par une source lumineuse varie en raison inverse du carré de la distance.*

II. *L'intensité de la lumière reçue sur une surface donnée est proportionnelle au cosinus de l'angle que font les rayons incidents avec la normale à la surface.*

III. *L'intensité de la lumière émise par une source suivant une direction donnée est proportionnelle au cosinus de l'angle que fait cette direction avec la normale à la surface.*

Remarque. — Ces trois lois s'appliquent à la chaleur rayonnante.

Problème 12. — *Trouver sur une droite de longueur donnée* l, *qui unit deux points lumineux, un point également éclairé, sachant que les intensités des deux sources sont respectivement* a *et* b.

Application numérique : $l = 4^{m}$; $a = 5$; $b = 1$.

(Nancy, 1884.)

Solution. — Supposons $a > b$ et désignons par x la distance de l'écran à la source d'intensité a ; l'autre distance est $l - x$; l'équation du problème peut s'écrire

$$\frac{a}{x^2} = \frac{b}{(l - x)^2},$$

ou en chassant les dénominateurs et en ordonnant,

$$(a - b)x^2 - 2alx + al^2 = 0.$$

Cette équation admet les deux racines réelles et positives

$$x = \frac{al \pm \sqrt{a^2 l^2 - (a-b)al^2}}{a-b},$$

qu'on peut mettre sous la forme

$$x = \frac{l\sqrt{a}\sqrt{a} \pm \sqrt{a}\sqrt{b}}{(\sqrt{a}+\sqrt{b})(\sqrt{a}-\sqrt{b})} = \frac{l\sqrt{a}(\sqrt{a} \pm \sqrt{b})}{(\sqrt{a}+\sqrt{b})(\sqrt{a}-\sqrt{b})}.$$

En prenant successivement le signe + et le signe —, on trouve :

$$x_1 = \frac{l\sqrt{a}}{\sqrt{a}-\sqrt{b}},$$

$$x_2 = \frac{l\sqrt{a}}{\sqrt{a}+\sqrt{b}}.$$

Remarques. I. Ces deux solutions, l'une plus petite et l'autre plus grande que l, pouvaient être prévues. Lorsque b tend vers a, x_1 tend vers l'infini, et x_2 vers $\frac{l}{2}$.

II. On peut généraliser la question et se proposer de trouver le lieu des points d'un plan passant par les deux points lumineux, ou le lieu des points de l'espace également éclairés par les deux sources.

La relation $\frac{a}{x^2} = \frac{b}{(l-x)^2}$ peut s'écrire

$$\frac{\sqrt{a}}{\sqrt{b}} = \frac{x}{l-x};$$

le rapport $\frac{x}{l-x}$ étant constant, le premier lieu est un cercle dont le centre est sur le milieu de la droite unissant les points conjugués qui partagent la distance l dans le rapport $\frac{\sqrt{a}}{\sqrt{b}}$.

Le deuxième lieu demandé est la sphère engendrée par la révolution de ce cercle autour de l'un de ses diamètres.

III. Enfin, l'on peut se proposer de trouver sur une surface donnée le lieu des points également éclairés par les deux sources lumineuses. Ce lieu, intersection de la surface avec la sphère précédente, peut se réduire au point de contact de ces surfaces, ou ne pas exister, si ces surfaces ne se rencontrent pas.

Application numérique :

$$x_1 = \frac{4 \times \sqrt{5}}{\sqrt{5} - 1} = \frac{4\sqrt{5}(\sqrt{5} + 1)}{5 - 1} = 5 + \sqrt{5} = 7^{m},24$$

$$x_2 = \frac{4 \times \sqrt{5}}{\sqrt{5} + 1} = \frac{4\sqrt{5}(\sqrt{5} - 1)}{5 - 1} = 5 - \sqrt{5} = 2^{m},76.$$

Problème 13. — *Avec le photomètre de Rumford, on trouve qu'une lampe Carcel, à* $4^{m},50$ *de l'écran, donne une ombre de même intensité qu'une bougie située à* $1^{m},82$. *On prend la lumière de la lampe pour unité, et l'on demande d'exprimer le pouvoir éclairant de la bougie avec cette unité.* (Nancy, 1885.)

Solution. — En désignant par x le pouvoir éclairant de la bougie à l'unité de distance, celui de la lampe étant pris pour unité, on a

$$\frac{1}{(4,50)^2} = \frac{x}{(1,82)^2}$$

et, par suite,

$$x = \frac{(1,82)^2}{(4,50)^2} = \frac{33124}{202500} = 0,114.$$

Problème 14. — *Une surface plane couverte de noir de fumée envoie une quantité* Q *de chaleur sur un corps* *éloigné. A la distance* d *du corps, on avait* $Q=1$. *Quand la surface sera à la distance* d' *et inclinée de l'angle* α, *quelle sera la quantité de chaleur reçue par le corps?*

(Lyon, 1883.)

Application numérique : $d=10^m$, $d'=25^m$, $\alpha=45°$.

Solution. — Q désignant la quantité de chaleur demandée, on a, en appliquant les lois connues

$$Q=\frac{1\times d^2}{d'^2}\cos\alpha.$$

Application numérique :

$$Q=\frac{100}{625}\times 0{,}7071=0{,}113.$$

Problème 15. — *Deux sources constantes* S *et* S' *agissent sur les deux faces d'une pile thermo-électrique à des distances* α *et* β *et laissent l'aiguille du galvanomètre au zéro. Entre la pile et la source* S *on interpose une lame diathermane, et l'on constate que pour maintenir au zéro l'aiguille du galvanomètre, il faut rapprocher la pile de la source* S *de la quantité* k. *Déduire de ces données le pouvoir diathermane de la lame.* (Grenoble, 1885.)

Solution. — En désignant par I et I' les intensités des deux sources S et S', on a

$$\text{(1)}\qquad \frac{I}{\alpha^2}=\frac{I'}{\beta^2}.$$

Soit I'' l'intensité du faisceau calorifique qui traverse la lame diathermane ; on peut écrire

$$\text{(2)}\qquad \frac{I''}{(\alpha-k)^2}=\frac{I'}{(\beta+k)^2}.$$

En divisant (1) et (2) membre à membre, il vient

$$\frac{I''}{I}\,\frac{\alpha^2}{(\alpha-k)}=\frac{\beta^2}{(\beta+k)^2}.$$

Le rapport $\frac{I''}{I}$, donné par $\frac{(\alpha-k)^2}{(\beta+k)^2}\times\frac{\beta^2}{\alpha^2}$, est le pouvoir diathermane demandé.

II. — RÉFLEXION DE LA LUMIÈRE. — MIROIRS

Lois de la réflexion : 1° *Le rayon réfléchi reste dans le plan d'incidence.*

2° *L'angle d'incidence est égal à l'angle de réflexion.*

Miroirs plans.

Principe de l'homocentricité. — Les rayons lumineux qui passent par un même point vont, après s'être réfléchis sur un miroir plan, concourir en un même autre point.

Cette conservation de l'homocentricité, conséquence des lois de la réflexion, est indispensable à la formation des images.

Image d'un point réel. — Soient P un point lumineux, et MN un miroir. Les rayons tels que PA et PB, réfléchis par le miroir et reçus par l'œil, impressionnent cet organe

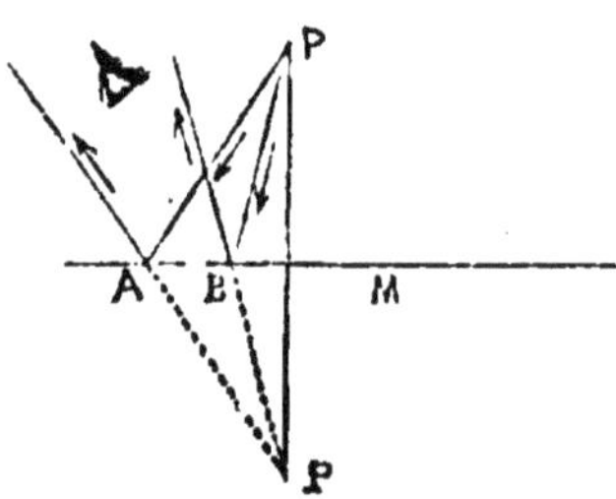

Fig. 22.

comme s'ils venaient du point P' symétrique de P; P' est l'image virtuelle du point lumineux réel P.

Image d'un point virtuel. — Si les rayons lumineux, suivant une marche inverse, tombent sur le miroir en convergeant vers un point P' situé derrière la surface réfléchissante, ils vont concourir en P et y donnent une image réelle, symétrique de P'. On dit que P est l'image réelle du point virtuel P'.

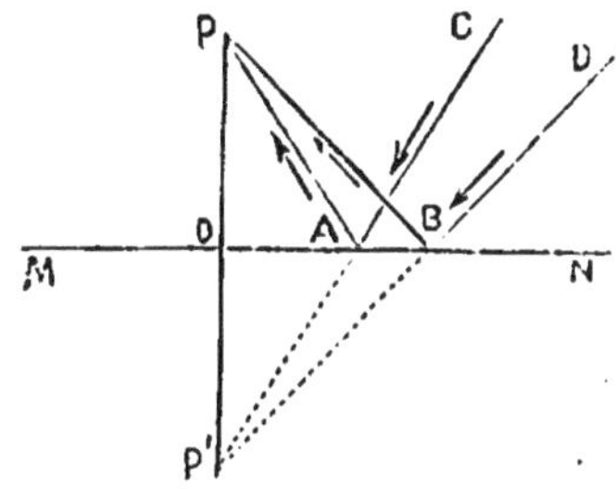

Fig. 23.

Principe du retour inverse. — Un rayon lumineux se propageant suivant PA se réfléchit suivant AC, conformément aux lois connues. Réciproquement un rayon arrivant suivant CA se réfléchit suivant AP.

Champ. — Le *champ de visibilité* d'un objet par

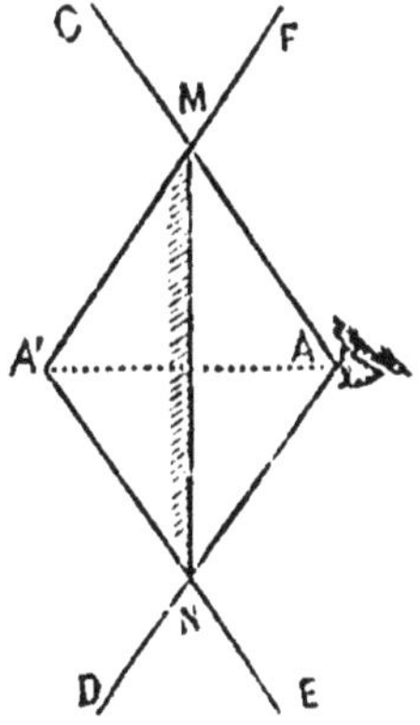

Fig. 24.

rapport à un miroir plan, est l'espace où l'œil peut se déplacer sans cesser de voir l'objet ; le *champ de vision* est l'espace où se trouvent compris tous les objets que l'œil peut apercevoir lorsqu'il occupe une position donnée. On démontre facilement que FMNE est le champ de vision de l'œil supposé en A, et que CMND est le champ de visibilité de l'objet A'.

Remarque. — Si l'œil de l'observateur est en même temps l'objet, les deux champs sont confondus.

PROBLÈMES RÉSOLUS

Problème 16. — *Un observateur dont la taille est* h *se place en face d'un miroir plan vertical dont le bord inférieur se trouve à la distance* a *du plan horizontal qui passe par les pieds de l'observateur. Cet observateur se verra-t-il en entier dans toutes les positions qu'il peut prendre en face du miroir? Ou bien y a-t-il une position déterminée par une distance à calculer, en deçà de laquelle l'observateur ne verra plus qu'une partie de son corps?*

Application numérique : $h = 1^m,60$; $a = 0^m,80$.

(Lyon, 1875.)

Solution. — Supposons le miroir en MN et l'œil de l'observateur en O, à une distance x de ce miroir.

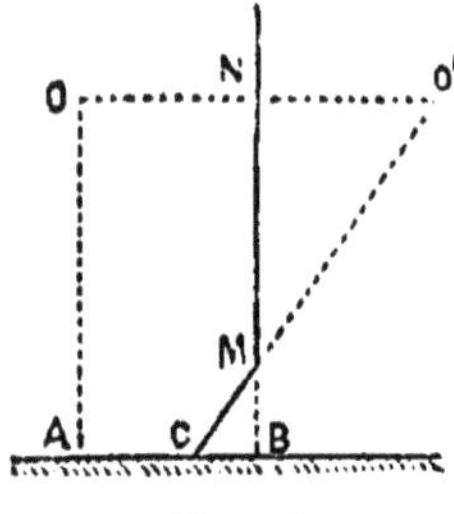

Fig. 25.

Le champ de vision est limité, vers le bas, par O'C. Pour que l'observateur se voie tout entier, il faut que l'on aie

$$x \geqq CB.$$

Les triangles semblables NMO' et BMC donnent

$$\frac{x}{\overline{CB}}=\frac{OA-MB}{MB},$$

ou, en remplaçant,

$$\frac{x}{\overline{CB}}=\frac{h-a}{a};$$

ce qui fournit

$$x=\overline{CB}.\frac{h-a}{a}.$$

Pour que l'observateur se voie tout entier, on doit avoir

$$\frac{h-a}{a}\geqq 1,$$

ou

$$h\geqq 2a.$$

Remarque. — Pour $h=2a$, on obtient

$$CB=x,$$

et l'observateur se voit tout entier dans toute position.

Application numérique : Les données numériques du problème satisfont à la condition $h=2a$; on a, en effet,

$$1,60=0,80\times 2.$$

L'observateur se verra donc dans toute position.

Problème 17. — *Un miroir plan tourne d'un angle α autour d'un certain axe passant par son plan. Dans un plan perpendiculaire à cet axe, on considère un rayon dont la direction n'a pas varié, et l'on demande de calculer la déviation angulaire de ce rayon résultant de la rotation du miroir.* (Lyon, 1881.)

Solution.—Soit OI' la nouvelle position du miroir; la normale I'N' fait avec la normale IN un angle qui est précisé-

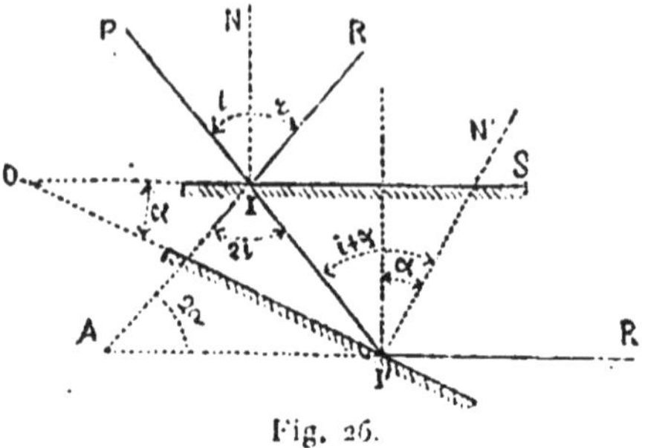

Fig. 26.

ment égal à α, et l'angle A est l'angle qu'il s'agit de calculer.

Le triangle IAI' donne la relation

$$2(i+\alpha) = A + 2i,$$

de laquelle on tire

$$A = 2\alpha.$$

Problème 18. — *Une lunette astronomique, mobile autour du point* O, *est pointée de telle façon que l'image d'une étoile donnée par réflexion sur un miroir plan* MN *se forme à la croisée des fils du réticule. Le miroir* MN *ayant tourné d'un angle* ω *autour d'un axe perpendiculaire au plan de l'étoile et de la lunette, on demande de quel angle doit tourner celle-ci pour que l'image de l'étoile continue à se trouver à la croisée des fils du réticule.*

(Grenoble, 1885.)

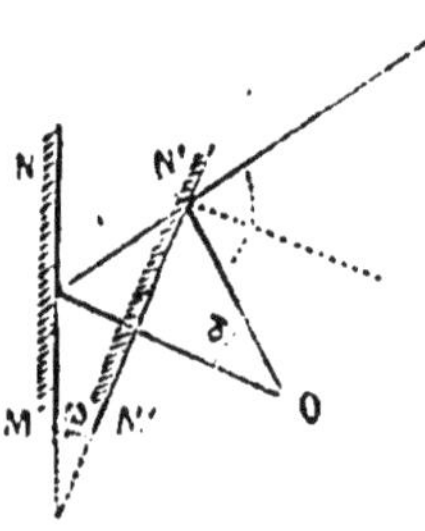

Fig. 27.

Solution. — Comme dans le problème précédent, l'angle δ, dont doit tourner la lunette, est égal à 2ω.

Problème 19. — *Deux miroirs plans parallèles sont distants d'une quantité* a. *Un point lumineux* A, *situé à une distance* AB $=\delta$ *de l'un des miroirs, envoie des rayons dans tous les sens. On considère le rayon qui, parti de* A, *vient passer en* O, *après s'être réfléchi une fois sur l'un et sur l'autre miroir, et l'on demande de calculer les distances* CL *et* BH. *On sait que le point* O *se trouve sur une parallèle aux miroirs menée par le point* A, *et à une distance* d *de ce point.* (Grenoble, 1885.)

Solution. — Les deux triangles ALF et FHO sont iso-

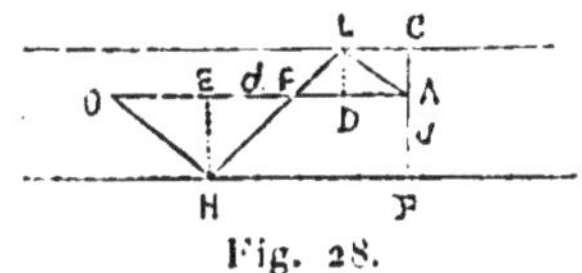

Fig. 28.

cèles et semblables; en désignant FD par x et FE par y, on a :

$$\frac{x}{a-\delta}=\frac{y}{\delta},$$

et, par suite,

$$\frac{2x}{a-\delta}=\frac{2y}{\delta}=\frac{2(x+y)}{a}=\frac{d}{a}.$$

On en tire

$$LC=x=\frac{d(a-\delta)}{2a}$$

$$y=\frac{d\delta}{2a}.$$

La distance BH, qui vaut $2x+y$, est donnée par

$$\frac{d(a-\delta)}{a}+\frac{d\delta}{2a}=d\left(1-\frac{\delta}{2a}\right).$$

Miroirs courbes.

Les miroirs courbes les plus usités sont les miroirs sphériques : ils peuvent être *concaves* ou *convexes*. Théoriquement, on suppose les miroirs sphériques constitués par une portion de la surface de la sphère assez petite pour se confondre sensiblement avec le plan tangent à son sommet. Cette condition étant remplie, soient :

p, la distance d'un objet lumineux au miroir ;
p', — de l'image au miroir;
y, la grandeur de l'objet;
y', — de l'image;
f, la distance focale principale;

on a les relations :

$$1^\circ \quad \begin{cases} \dfrac{1}{p} + \dfrac{1}{p'} = \dfrac{1}{f}, \\ \dfrac{y'}{y} = \dfrac{p'}{p} = \dfrac{f}{p-f}, \end{cases}$$

$$2^\circ \quad \begin{cases} \dfrac{1}{p'} - \dfrac{1}{p} = \dfrac{1}{f}, \\ \dfrac{y'}{y} = \dfrac{p'}{p} = \dfrac{f}{p+f}, \end{cases}$$

suivant que le miroir est concave ou convexe.

Ces relations, indépendantes de l'incidence du rayon considéré, montrent que les miroirs sphériques, d'amplitude extrêmement faible, conservent l'homocentricité des rayons. Il n'en est plus tout à fait ainsi, lorsque l'amplitude du miroir cesse d'être négligeable ; alors les rayons ne viennent plus converger vers un centre unique, et les images sont déformées.

Discussion. — Dans le cas du miroir concave, si l'on

fait varier p depuis l'infini jusqu'à zéro, p' et le rapport $\frac{y'}{y}$ varient eux-mêmes comme l'indique le tableau ci-dessous:

Valeurs de p	Valeurs correspondantes 1° de p'	2° de $\frac{y'}{y}$
$p = \infty$	$p' = f$	$\frac{y'}{y} = 0$
p diminue	p' augmente	$\frac{y'}{y}$ augmente
$p = 2f$	$p' = 2f$	$\frac{y'}{y} = 1$
$2f > p > f$	$p' > 2f$	$\frac{y'}{y} > 1$
$p = f$	$p' = \infty$	$\frac{y'}{y} = \infty$
$p < f$	$p' < 0$	$\frac{y'}{y} > 1$
$p = 0.$	$p' = 0.$	$\frac{y'}{y} = 1.$

Pour le miroir convexe, les résultats sont les suivants :

Valeurs de p	Valeurs correspondantes 1° de p'	2° de $\frac{y'}{y}$
$p = \infty$	$p' = f$	$\frac{y'}{y} = 0$
p diminue	p' diminue	$\frac{y'}{y}$ augmente
$p = 0$	$p' = 0$	$\frac{y'}{y} = 1$

Problème 20. — *Le miroir convexe peut-il donner une image réelle?*

Solution. — Considérons deux miroirs PQ et pq, l'un concave et l'autre convexe, centrés sur un même axe. Si le miroir convexe n'existait pas, le miroir PQ donnerait en A'B' l'image réelle et renversée d'un objet extérieur. Parmi les rayons qui viendraient concourir en A', il en est un sur lequel le miroir convexe ne produit aucune déviation ; c'est le rayon CC' qui, normal à ce miroir, est réfléchi suivant la

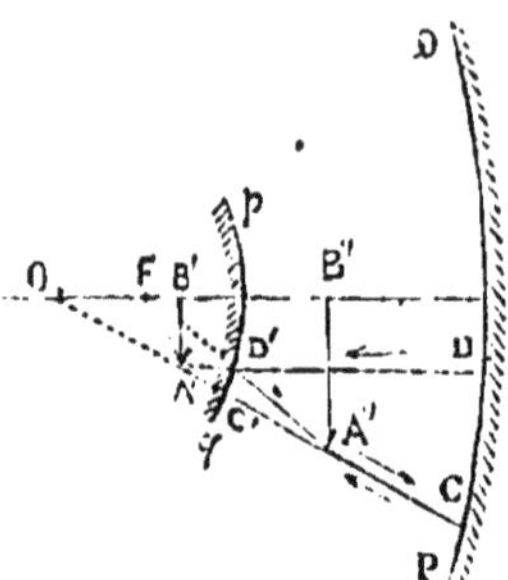

Fig. 29.

direction C'C. En second lieu, le rayon A'D parallèle à l'axe commun est réfléchi suivant FD', et vient couper en A'' le rayon CC'. Il résulte de la conservation de l'homocentricité que tous les autres rayons partis de A' viennent passer par le point A'', qui est ainsi l'image réelle du foyer virtuel A'. On observera donc en A''B'' une image réelle.

Les rayons FD' et CC' pourront se rencontrer, si la distance OF est plus grande que la distance D'A', c'est-à-dire, si l'objet virtuel A'B' se trouve compris entre le foyer F et le miroir pq. Si l'on avait OF = A'D', l'image réelle se formerait à l'infini : et pour A'D' > OF, l'image serait virtuelle.

Ainsi l'objet étant virtuel, le miroir convexe donne des images réelles dans les conditions mêmes où le miroir concave donnerait des images virtuelles, l'objet étant réel.

Formules simplifiées. — En exprimant les quantités p et p' en fonction des distances q et q' de l'objet et de son image au foyer principal du miroir, les formules précédentes deviennent, quel que soit le cas considéré,

$$\begin{cases} qq' = f^2, \\ \dfrac{y'}{y} = \dfrac{f}{q} = \dfrac{q'}{f}. \end{cases}$$

La discussion de ces dernières formules conduit d'ailleurs aux résultats déjà obtenus.

Problème 21. — *Le point* P' *étant l'image du point* P *donnée par un miroir de foyer* F, *on demande de calculer* P'F *en fonction de* PF *et de la distance focale* f.

(Poitiers, 1885.)

Solution. — P'F et PF sont les quantités q et q' des

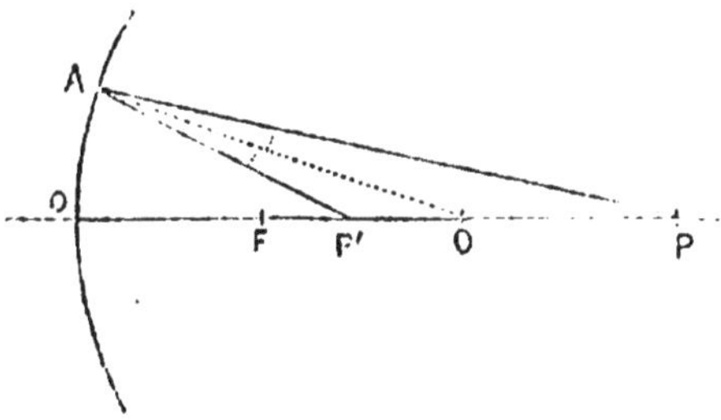

Fig. 30.

formules simplifiées; on a, par conséquent,

$$f^2 = \text{PF} \times \text{P'F}$$

et.

$$\text{P'F} = \frac{f^2}{\text{PF}}.$$

Problème 22. — *Un miroir sphérique concave de rayon* R *est placé devant un écran situé à la distance* d *du miroir. Calculer : 1° à quelle distance du miroir il faut placer une droite lumineuse perpendiculaire à l'axe pour que* *l'image de cette droite se projette sur l'écran; 2° la grandeur y' de l'image, celle de l'objet étant y.*

Application numérique : $R = 1^m$; $d = 25^m$; $y = 0^m,05$.
(Caen, 1885.)

Solution. — Soit x la distance demandée ; on a

$$(1) \qquad \frac{1}{x} + \frac{1}{d} = \frac{1}{f},$$

$$(2) \qquad \frac{y'}{y} = \frac{f}{x - f}.$$

L'équation (1) fournit

$$x = \frac{fd}{d - f}$$

et l'équation (2),

$$\frac{y'}{y} = \frac{f}{\frac{fd}{d-f} - f} = \frac{d - f}{f},$$

$$y' = y \cdot \frac{d - f}{f}.$$

Application numérique :

$$x = \frac{0,50 \times 25}{25 - 0,50} = 0^m,51,$$

$$y' = 0^m,05 \times \frac{25 - 0,50}{0,50} = 2^m,45.$$

Problème 23. — *Deux miroirs sphériques concaves, centrés sur un même axe, ont leurs surfaces réfléchissantes en regard l'une de l'autre. On demande en quel point de l'axe il faut placer une droite lumineuse de longueur y, pour que les images soient réelles et égales. On donne les distances focales f_1 et f_2 des deux miroirs, et la distance d de leurs foyers.*

Solution. — Soit x la distance demandée, comptée à partir du foyer de l'un des miroirs. La formule du grossissement donne, en désignant par y' et y'' les grandeurs des images :

$$\frac{y'}{y} = \frac{f_1}{x},$$

$$\frac{y''}{y} = \frac{f_2}{d - x},$$

et, puisque les deux images doivent être égales,

$$\frac{f_1}{x} = \frac{f_2}{d - x}$$

On en déduit

$$x = \frac{f_1 d}{f_1 + f_2}.$$

Le problème est toujours possible.

Remarque : Pour $f_1 = f_2$, $x = \frac{d}{2}$, ce qu'on pouvait prévoir.

PROBLÈMES PROPOSÉS

24. — Une lampe et une bougie sont situées à une distance de $4^m,15$ l'une de l'autre. A quelle distance de la lampe faut-il placer un écran pour qu'il reçoive la même quantité de lumière des deux sources? On sait que la lampe éclaire autant que 6 bougies. *(Dijon, 1885.)*

R. { 1° $2^m,95$; 2° $6^m,01$.

25. — On a deux points lumineux, situés à $0^m,42$ l'un de l'autre et dans un même plan horizontal ; ils sont en regard de deux miroirs inclinés l'un sur l'autre et à des distances respectives de $0^m,20$ et de $0^m,30$. Quelle doit être l'inclinaison des miroirs pour que les images de ces points coïncident ?

R. 44°,17'.

26. — Une ligne droite lumineuse de $10^{cent.}$ est placée perpendiculairement à l'axe principal d'un miroir sphéri-

rique concave et à 2 mètres du sommet. Le rayon de courbure de ce miroir est 1 mètre. Déterminer en centimètres la grandeur de l'image. *(Lyon, 1882.)*

R. $y' = 3^c,33...$

27. — Un miroir sphérique concave de $1^m,26$ de rayon est placé $0^m,75$ d'un objet linéaire de $0^m,05$. Quelle sera la position de l'image ? Sera-t-elle droite ou renversée ? Quelle sera sa longueur ? *(Paris, 1883.)*

R. { 1° Réelle et renversée,
2° $0^m,26$.

28. — Un objet se trouve placé à une distance telle d'un miroir convexe, que l'image virtuelle que l'on observe est égale à la moitié de l'objet. A quelle distance *d* l'objet se trouve-t-il du miroir ?

R. $d = f$.

29. — Une droite lumineuse de 1 centimètre est placée perpendiculairement à l'axe principal d'un miroir concave de 40 cent. de rayon et à 25 cent. du miroir. On demande : 1° à quelle distance du miroir il faudra placer un écran pour que l'image de l'objet s'y projette nettement ; 2° quelle sera la grandeur de l'image. *(Grenoble, 1885.)*

R. { 1° 1 mètre.
2° 4 cent.

30. — Une feuille de papier portant en son centre une tache d'huile est placée verticalement dans un cadre. De chaque côté, sur une droite perpendiculaire à la feuille de papier et menée par *x* le centre de la tache, on place deux sources lumineuses M et N. M est à $0^m,35$ de la tache ; on place N par tâtonnement de manière que la tache disparaisse ; N est alors à $0^m,48$ de la tache. Expliquer pourquoi la tache a disparu, et dire quelle est l'intensité de N par rapport à M. *(Marseille, 1886.)*

R. { 1° (V. théorie du photomètre de Bunsen)
2° $\frac{N}{M} = 1,88$.

II. — RÉFRACTION

Lames à faces parallèles.

Tout rayon lumineux qui passe d'un milieu dans un autre milieu isotrope est *réfracté*. Les lois du phénomène sont les suivantes :

1° *Le rayon réfracté reste dans le plan d'incidence* ;

2° *Le rapport des sinus des angles d'incidence et de réfraction est constant pour deux mêmes milieux, et l'on a*

$$\frac{\sin i}{\sin r} = n.$$

La constante n est l'indice relatif du second milieu par rapport au premier, et le rapport $\frac{\sin i}{\sin r}$ est choisi de telle façon que i soit plus grand que r, de sorte que n est plus grand l'unité.

Les lois de la réfraction contiennent implicitement la loi du retour *inverse des rayons.*

L'indice d'une substance par rapport au vide est *l'indice absolu* de cette substance.

PROBLÈMES RÉSOLUS

Problème 31. — *Connaissant l'indice relatif de deux milieux séparés par une surface plane, et l'angle d'incidence* i *d'un rayon lumineux qui se propage du milieu le moins réfringent vers le milieu le plus réfringent, construire géométriquement le rayon réfracté.*

Solution. — Soient MN la surface de séparation des deux milieux et SI le rayon incident. Du point d'incidence comme centre, avec les rayons IA et IB, respectivement

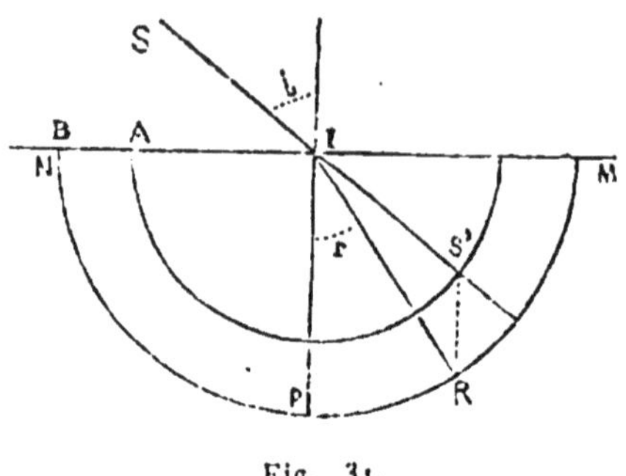

Fig. 31.

égaux à l'unité de longueur et à n, décrivons des demi-circonférences; du point S', où SI coupe la demi-circonférence de rayon AI, menons S'R parallèle à IP et traçons IR; cette direction est celle du rayon réfracté.

En effet, le triangle RIS' donne

$$\frac{\text{IS}'}{\sin \text{IRS}'} = \frac{\text{IR}}{\sin i}$$

et par suite,

$$\frac{\sin i}{\sin \text{IRS}'} = n.$$

L'angle PIR, qui est égal à l'angle IRS', est donc bien l'angle de réfraction.

Angle limite. — Lorsque la lumière passe du milieu le plus réfringent dans le milieu le moins réfringent, le rayon n'émerge que s'il fait avec la normale un angle moindre que l'*angle limite*, défini par la relation

$$\sin \text{L} = \frac{1}{n}.$$

Problème 32. — *Un rayon* SA *tombe sur une lame à faces parallèles sous l'incidence* i. *Démontrer que le rayon émergent* BR *sort parallèlement à* SA, *et calculer le déplacement latéral* x *que subit ce rayon. On envisagera le cas où* x = 0. (Lyon, 1877.)

Solution. — 1° On a, en effet :

$$\frac{\sin i}{\sin r} = n,$$

$$\frac{\sin r'}{\sin i'} = \frac{1}{n}.$$

Or, les angles r et r' sont égaux comme alternes-internes ;

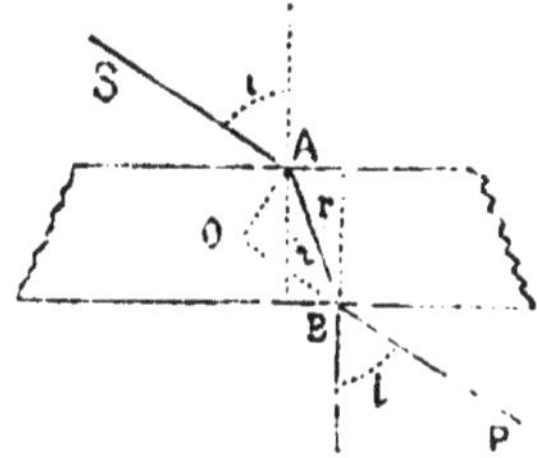

Fig. 32.

si l'on multiplie membre à membre ces deux relations, il vient

$$\frac{\sin i}{\sin i'} = 1,$$

d'où il résulte

$$i = i' ;$$

le rayon BR est donc bien parallèle à SA.

2° En désignant par e l'épaisseur de la lame, et par x, la distance inconnue AO, on a

$$x = \text{AB} \sin (i - r);$$

d'ailleurs $\text{AB} = \frac{e}{\cos r}$; par conséquent,

$$x = \frac{e}{\cos r} \sin (i - r)$$

ou, en développant,

$$x = \frac{e(\sin i \cos r - \sin r \cos i)}{\cos r}.$$

Mais $\sin i$ et $\sin r$ sont liés par la relation $\frac{\sin i}{\sin r} = n$, et l'on peut exprimer $\cos r$ et $\cos i$ en fonction de $\sin i$ et de $\sin r$; on obtient, après transformation,

$$x = e \sin i \left(1 - \sqrt{\frac{1 - \sin^2 i}{n^2 - \sin^2 i}}\right).$$

Pour une incidence autre que 90°, on ne peut avoir $x = 0$ que pour $e = 0$.

Problème 33. — *Soit* ACDE *la section droite et verticale d'une auge parallélipipédique reposant sur un plan horizontal. L'œil se trouvant placé sur le prolongement de la diagonale* AD *de cette section, on remplit complètement d'eau cette cuve. Le rayon visuel aboutit alors au point* B *situé à la distance* δ *du point* A. *On donne* n, *indice de réfraction de l'eau, et l'on demande la profondeur de la cuve,* CD = x. (Dijon, 1885.)

Solution. — L'angle d'incidence est $ADC = i$ et l'angle

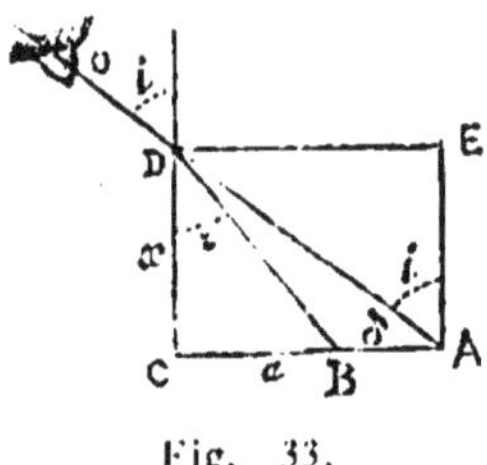

Fig. 33.

de réfraction, $BDC = r$. En désignant par a la longueur AC et par x la longueur demandée DC, on a :

(1) $$a = x \operatorname{tg} i,$$

(2) $$a - \delta = x \operatorname{tg} r,$$

et, par suite,

$$(3) \qquad \frac{a}{a-\delta} = \frac{\operatorname{tg} i}{\operatorname{tg} r}.$$

La relation $\frac{\sin i}{\sin r} = n$ devient en exprimant les sinus en fonction des tangentes,

$$\frac{\operatorname{tg} i}{\operatorname{tg} r} = \sqrt{n^2 + (n^2 - 1)\operatorname{tg}^2 i}.$$

En reportant cette valeur de $\frac{\operatorname{tg} i}{\operatorname{tg} r}$ dans l'équation (3), on obtient, après avoir élevé au carré,

$$\frac{a^2}{(a-\delta)^2} = n^2 + (n^2 - 1)\operatorname{tg}^2 i,$$

et, par suite,

$$\operatorname{tg} i = \frac{1}{a-\delta}\sqrt{\frac{a^2 - n^2(a-\delta)^2}{n^2 - 1}}.$$

L'équation (1) fournit, dès lors,

$$x = \frac{a(a-\delta)\sqrt{n^2 - 1}}{\sqrt{a^2 - n^2(a-\delta)^2}}.$$

Prismes.

Déviation. — L'angle Δ que fait le rayon émergent avec le rayon incident est donné par la relation

$$\Delta = i + i' - (r + r'),$$

qui peut s'écrire encore

$$(1) \qquad \Delta = i + i' - A,$$

en remarquant que la somme $r + r'$ est égale à l'angle de réfringence.

Remarque. — Si l'incidence est très faible, les arcs se confondent sensiblement avec les sinus, et la somme $i + i'$ devient $n(r + r')$, c'est-à-dire, nA. La formule (1) peut alors s'écrire

$$\Delta = (n - 1)\,A.$$

Déviation minimum. L'expérience montre que Δ passe par un minimum quand on a $i = i'$ et, par suite, $r = r'$.

L'existence de ce minimum peut d'ailleurs se déduire mathématiquement des lois de la réflexion.

Problème 34. — *Trouver la condition pour laquelle un rayon de lumière qui traverse un prisme éprouve la déviation minimum.*

Solution. — On a d'abord les relations :

$$\Delta = i + i' - A,$$

$$r + r' = A,$$

$$\frac{\sin i}{\sin r} = n,$$

et

$$\frac{\sin i'}{\sin r'} = n,$$

d'après le principe du retour inverse des rayons.

Ces deux dernières fournissent

$$\sin i + \sin i' = n\,(\sin r + \sin r'),$$

ou

$$\sin\frac{i+i'}{2}\cos\frac{i-i'}{2} = n\sin\frac{r+r'}{2}\cos\frac{r-r'}{2}.$$

Or, $i + i' = \Delta + A$, et $r + r' = A$; on peut donc écrire

$$\sin\frac{\Delta + A}{2} = n\sin\frac{A}{2}\,\frac{\cos\frac{r-r'}{2}}{\cos\frac{i-i'}{2}}.$$

L'angle A étant constant, Δ est minimum dans les mêmes conditions que sin $\frac{\Delta+A}{2}$, puisque $\frac{\Delta+A}{2}=\frac{i+i'}{2}$ est nécessairement compris entre o et $\frac{\pi}{2}$. La question revient ainsi à chercher le minimum de

$$\frac{\cos\frac{r-r'}{2}}{\cos\frac{i-i'}{2}}.$$

Supposons $i>i'$; les rapports $\frac{\sin i}{\sin r}$ et $\frac{\sin i'}{\sin r'}$ étant supérieurs à l'unité et constamment égaux entre eux, la condition $i>i'$ entraîne les deux suivantes :

$$\sin i > \sin i',$$
$$\sin r > \sin r';$$

en outre, on a nécessairement

$$\sin i - \sin r > \sin i' - \sin r',$$

et *a fortiori*

$$i-r>i'-r'$$

ou

$$i-i'>r-r'.$$

Par conséquent, $\cos(r-r')$ est plus grand que $\cos(i-i')$, et l'on a effectivement

$$\frac{\cos\frac{r-r'}{2}}{\cos\frac{i-i'}{2}} \geqq 1.$$

Le minimum de ce rapport et, par suite, le minimum de Δ a lieu pour

$$r-r'=0$$
$$i-i'=0.$$

Remarques. — I. Un changement de signe sur les arcs n'ayant pas d'influence sur les cosinus, le cas de $i<i'$ se ramènerait au précédent.

II. La déviation minimum fournit un moyen pratique de déterminer les indices de réfraction.

La relation $\frac{\sin i}{\sin r} = n$ devient, dans ce cas,

$$\frac{\sin \frac{\Delta + A}{2}}{\sin \frac{A}{2}} = n;$$

le goniomètre permet de mesurer Δ et A.

Problème 35. — *Construire géométriquement le rayon réfracté par un prisme, connaissant l'indice* n, *l'angle d'incidence* i *et l'angle de réfringence* A. (Caen, 1885.)

Solution. — Soit BAB' l'angle de réfringence du prisme. Du point d'incidence O, comme centre, décrivons les cercles de rayon n et 1. Du point C, où le rayon incident prolongé coupe la circonférence de rayon 1, menons à la normale

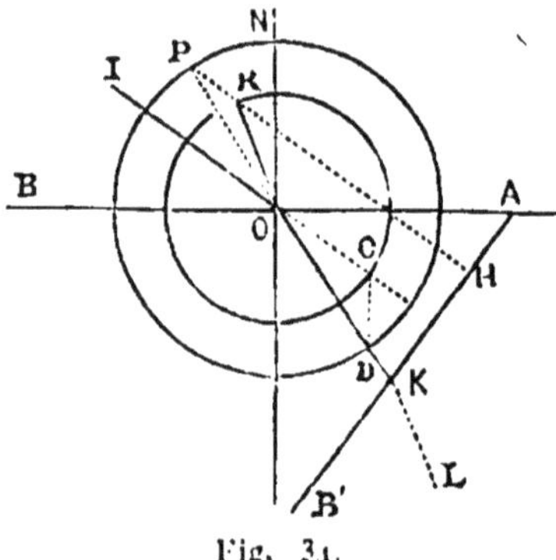

Fig. 34.

ON la parallèle CD, et traçons OD, dont le prolongement coupe en P la circonférence de rayon n. OD est la direction du rayon qui traverse le prisme. Abaissons du point P, sur AB', la perpendiculaire PH, et traçons OR; il est facile de voir que cette droite est parallèle au rayon émergent; pour achever la construction, il suffit donc de mener par le point K une parallèle à OR.

Problème 36. — *Déterminer l'angle de réfringence d'un prisme, dont l'indice* n *est connu, par la condition qu'il réfléchisse totalement tout rayon qui y pénètre.*

Solution. — Considérons un prisme dont l'angle de réfringence A (*fig.*) est égal à 2L, L représentant l'angle limite qui correspond à l'indice n, et un rayon SI tombant au

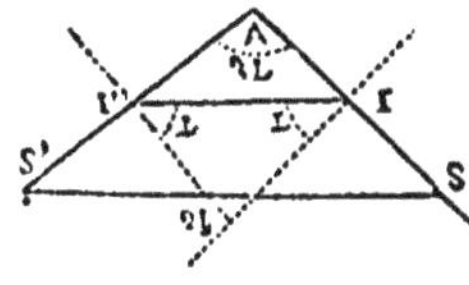

Fig. 35.

point I sous une incidence de 90°. Ce rayon se réfracte suivant II', en faisant au point I, avec la normale, un angle L, égal à l'angle limite. Il en résulte que l'angle LI'I est lui-même égal à l'angle limite, et que, par suite, le rayon SI doit émerger suivant I'S'.

Un autre rayon, tombant sous une incidence moindre que 90°, pénètre dans le prisme en faisant, avec la normale, un angle moindre que L; l'incidence sur la seconde face du prisme est, par conséquent, supérieure à L, et le rayon est réfléchi totalement.

La condition $A = 2L$ est donc suffisante pour que tout rayon dont l'incidence est moindre que 90° se réfléchisse totalement; si l'on prend $A > 2L$, le prisme est à réflexion totale pour tous les rayons qui le rencontrent.

Problème 37. — *Un rayon de lumière pénètre dans un tube au fond duquel se trouve un prisme de verre* ABC, *dont l'angle* B *est droit. On demande de déterminer la valeur de l'angle* BAC *par la condition qu'un rayon* PI *qui se propage parallèlement à l'axe du tube ne puisse sortir par l'ouverture opposée. L'indice du verre est* $\frac{3}{2}$.

(Nancy, 1879.)

Solution. — La condition demandée est réalisée, à la limite, si l'on a

$$II'N = L,$$

L désignant l'angle limite correspondant à la substance du prisme.

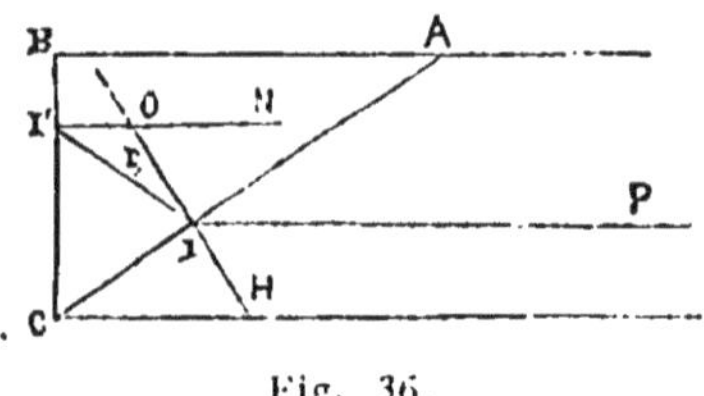

Fig. 36.

L'angle ION est le complément de l'angle demandé A ; on a donc

$$\frac{\pi}{2} - A = r + L$$

et, par suite,

$$\sin r = \cos (A + L).$$

D'autre part, l'angle d'incidence PIH est égal aussi à $\frac{\pi}{2} - A$, et l'on peut écrire

$$\frac{\sin\left(\frac{\pi}{2} - A\right)}{\sin r} = n,$$

d'où il résulte

$$\sin r = \frac{\cos A}{n}.$$

En égalant ces deux valeurs de *sin r*, et en développant, il vient

$$(n \cos L - 1) \cos A = n \sin L \sin A$$

et,

$$\operatorname{tg} A = \frac{n \cos L - 1}{n \sin L}.$$

Application numérique :

$$n=\frac{3}{2},$$

$$\sin L=\frac{2}{3},$$

$$\cos L=\sqrt{1-\frac{4}{9}}=\frac{\sqrt{5}}{3},$$

$$\operatorname{tg} A=\frac{\frac{3}{2}\times\frac{\sqrt{5}}{3}-1}{\frac{3}{2}\times\frac{2}{3}}=\frac{\sqrt{5}}{2}-1,$$

$$A=6^{\circ}\,43'\,55''.$$

Pour A < 6°,43′,55″, le rayon rentre dans l'intérieur du prisme (A étant le complément de l'angle de réfringence).

PROBLÈMES PROPOSÉS

38. — Un rayon de lumière tombe perpendiculairement sur l'une des faces d'un prisme dont l'indice de réfraction est 1,535. On demande de calculer la déviation subie par le rayon, en supposant l'angle de réfringence égal : 1° à 30°, 2° à 60°. *(Clermont, 1885.)*

R. 1° 20°8′, 2° 60°.

39. — Un rayon de lumière homogène tombe sous l'incidence $i = 30°$ sur une lame de verre à faces parallèles d'indice $n=\frac{3}{2}$ et d'épaisseur $e = 0^{m},2$. Calculer la distance du rayon incident au prolongement du rayon émergent. *(Amiens, Lille, 1885.)*

R. $0^{d},22$.

40. — Calculer la valeur de la déviation minimum dans un prisme dont l'angle de réfringence est A et l'indice n.

(Lille, 1885.)

R. $\Delta = 2i - A$.

41. — Pour quelle incidence aura lieu la réflexion totale d'un rayon lumineux qui passe du flint-glass dans l'eau ? Indices : eau, 1,336; flint, 1,60. *(Lyon, 1885.)*

R. 56°37'.

42. — Sur la face d'un prisme tombe normalement un rayon de lumière. Calculer la déviation du rayon en supposant qu'il sorte : 1° dans l'air, 2° dans l'eau.

(Lille, 1885.)

R. 1° $r - A$, $\frac{\sin r}{\sin A} = n$.
2° $r' - A$, $\frac{\sin r'}{\sin A} = \frac{n'}{n}$.

43. — Un rayon lumineux horizontal tombe sur un disque circulaire horizontal en verre et s'y réfracte. Quelle doit être l'incidence pour que le rayon réfracté sorte parallèlement au rayon incident ? *(Nancy, 1884.)*

R. 90°.

44. — L'indice de réfraction du flint qui forme un prisme est 1,6. On demande quelle est la valeur minimum de l'angle réfringent de ce prisme pour laquelle aucun des rayons lumineux tombant sur l'une des faces ne pourra émerger par l'autre.

R. 77°20'.

45. — Un rayon lumineux passe du vide dans l'eau. On demande de calculer le maximum de l'angle de réfraction, sachant que l'indice absolu de l'eau est 1,336.

R. 48°27'40".

Lentilles d'épaisseur négligeable.

Centre optique. — On démontre qu'il existe sur l'axe principal un point, tel que tout rayon qui y passe, après réfraction, n'éprouve qu'une déviation insensible. Ce point est appelé *centre optique*. Les distances x et x' du centre optique aux faces de la lentille sont inversement proportionnelles aux rayons de courbure de ces faces, et l'on a

$$\frac{x}{R'}=\frac{x'}{R}.$$

La propriété du centre optique permet de tracer les axes secondaires des points lumineux situés hors de l'axe principal. Pour $R=R'$, $x=x'$; le centre optique est équidistant des faces de la lentille. Pour $R'=\infty$ (lentille plan-convexe ou plan-concave), $\frac{x'}{R}=0$, et par suite, $x'=0$; le centre optique est au sommet de la face courbe.

Lentilles convergentes ou positives : formules. — Soient R et R' les rayons de courbure des faces d'une lentille, n l'indice de réfraction, p, la distance à la lentille d'un point lumineux pris sur l'axe principal, p', la distance de son image ; on a

$$\frac{1}{p}+\frac{1}{p'}=(n-1)\left(\frac{1}{R}+\frac{1}{R'}\right)\ (*)$$

Ces lentilles conserveront donc l'homocentricité des rayons partis d'un même point de l'axe principal. On démontre qu'il en est de même pour les rayons partis d'un même point pris sur un axe secondaire.

(*) On peut établir cette formule comme il suit :

Considérons une surface sphérique MCN, séparant deux milieux inégalement réfringents, et un point lumineux P, situé sur la droite qui passe par le sommet et par le centre

Foyers principaux. — Pour $p=\infty$, $\frac{1}{p'}=(n-1)\left(\frac{1}{R}+\frac{1}{R'}\right)$ et $p'=f$, en posant $(n-1)\left(\frac{1}{R}+\frac{1}{R'}\right)=\frac{1}{f}$. Le point, situé à la distance $p'=f$ de la lentille, est le *foyer principal ;* il y a évidemment deux foyers principaux, équidistants de la lentille, si celle-ci est plongée dans un milieu homogène. L'expression $(n-1)\left(\frac{1}{R}+\frac{1}{R'}\right)$, symétrique par rapport à R et à R', ne dépend, en effet, que de n.

Ainsi, dans l'air, les lentilles ordinaires sont *équifocales.*

---

de la surface sphérique. Un rayon tel que PI est réfracté suivant PI' et vient couper l'axe au point P'. Les deux trian-

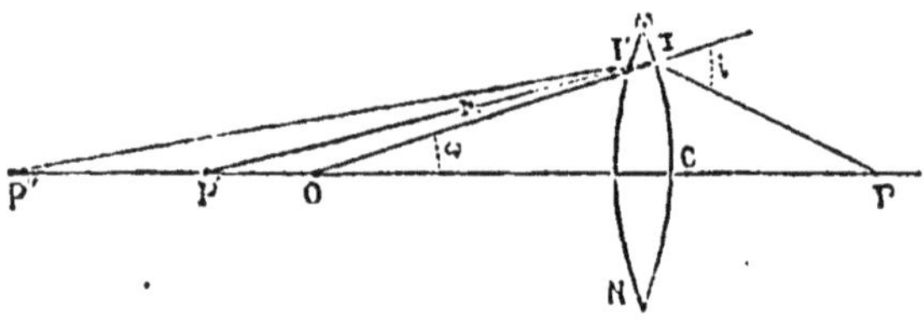

Fig. 37.

gles PIO et P'IO donnent, en posant $PC=p$, $P'C=p''$, et en remarquant que PI et P'I se confondent sensiblement avec PC et P'C, si le rayon considéré tombe tres près du point C,

$$\frac{p}{\sin IOP}=\frac{p+R}{\sin i},$$
$$\frac{p''}{\sin IOP}=\frac{p''-R}{\sin r}.$$

On en tire

$$pp''n-pnR=pp''+p''R,$$

et en divisant par $pp''R$

$$(1)\qquad \frac{1}{p}+\frac{n}{p''}=\frac{n-1}{R}.$$

Limitons le deuxième milieu, que nous avons supposé indé-

Remarque. — Construites en verre ordinaire dont l'indice $n=\frac{3}{2}$, avec des faces de même courbure, les lentilles ont leurs foyers aux centres de courbure de ces faces ; en effet, la formule $\frac{1}{f}=(n-1)\left(\frac{1}{R}+\frac{1}{R'}\right)$ devient alors

$$\frac{1}{f}=\left(\frac{3}{2}-1\right)\frac{2}{R}=\frac{1}{R},$$

et, par suite,

$$f=R.$$

Plan focal. — Les propriétés du foyer principal appartiennent également aux divers points du plan perpendiculaire à l'axe mené par le foyer, si toutefois l'on ne considère que les points de ce plan situés à une très faible distance du foyer principal. Le plan ainsi défini se nomme *plan focal.*

Lentilles divergentes ou négatives. — Un calcul analogue à celui qui a été appliqué aux lentilles convergentes donne ici

$$\frac{1}{p'}-\frac{1}{p}=\frac{1}{f}$$

f représentant la distance focale $(n-1)\left(\frac{1}{R}+\frac{1}{R'}\right)$.

---

fini, par une deuxième surface sphérique de rayon R' ; le rayon IP" est réfracté de nouveau et vient maintenant couper l'axe en P' ; réciproquement un rayon parti de P' serait réfracté en I' de manière que son prolongement vînt passer en P". La relation (1) s'applique donc aux distances des deux points P' et P" à la deuxième surface réfringente, et l'on a, en négligeant l'épaisseur de la lentille, et en remarquant que le signe de p'' a changé,

$$\frac{1}{p'}-\frac{n}{p''}=\frac{n-1}{R'}. \quad (2)$$

En ajoutant (1) et (2) membre à membre, il vient

$$\frac{1}{p}+\frac{1}{p'}=(n-1)\left(\frac{1}{R}+\frac{1}{R'}\right).$$

Grossissement. — Le grossissement, rapport de la grandeur de l'image à celle de l'objet, est donné par

$$\frac{y'}{y}=\frac{p'}{p}=\frac{f}{p-f},$$

quand il s'agit des lentillles convergentes, et par

$$\frac{y'}{y}=\frac{p'}{p}=\frac{f}{p+f},$$

pour les lentilles divergentes.

Formules simplifiées. — On a encore, comme pour les miroirs, et quelle que soit la nature de la lentille, en comptant convenablement les quantités q et q',

$$qq'=f^2,$$
$$\frac{y'}{y}=\frac{f}{q}=\frac{q'}{f}.$$

PROBLÈMES RÉSOLUS

Problème 46. — *Dans quel cas une lentille divergente peut-elle donner une image réelle ?* (Besançon, 1885.)

Solution. — Soit en L une lentille divergente dont les

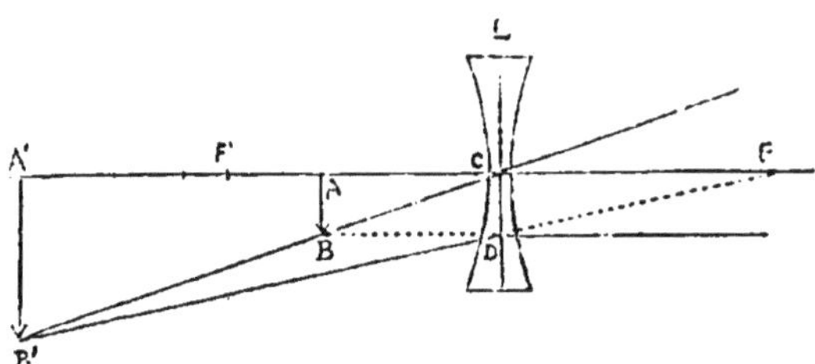

Fig. 38.

foyers virtuels sont F et F'. Imaginons une lentille convergente qui donnerait en AB (si la lentille L n'existait pas), en deçà du foyer F', l'image réelle d'un objet.

De tous les rayons qui iraient concourir en B, il en est un sur lequel la lentille divergente ne produit aucune déviation ; c'est celui qui passe pour son centre optique C. En second lieu, le rayon qui se rendrait en B, en marchant parallèlement à l'axe du système, est réfracté de manière que son prolongement vient passer en F ; BD étant plus petit que CF, ces deux rayons vont se couper en B', et, en vertu de la conservation de l'homocentrité, tous les autres rayons partant de B viennent aussi concourir en B' ; en A'B' se forme donc une image réelle de l'objet.

On voit que la condition de réalité de l'image est

$$\mathrm{CA} < f.$$

Pour

$$\mathrm{CA} = f,$$

l'image est à l'infini, et pour

$$\mathrm{CA} > f,$$

elle est virtuelle (lunette de Galilée).

Problème 47. — *On demande de calculer à quelle distance d'une lentille convergente il faut placer un objet pour que, l'image étant réelle, elle se forme à la distance minimum de l'objet.* (Besançon, 1885.)

Solution. — Soient q et q' les distances respectives de l'objet et de son image aux foyers de la lentille ; les formules simplifiées donnent

$$qq' = f^2.$$

Le produit qq' étant constant, la somme $q + q'$ est minimum pour $q = q'$. On a, dès lors,

$$q^2 = f^2$$

et, par suite,

$$q = f.$$

La distance demandée est donc $2f$; et le minimum de la distance d'un objet à son image est $4f$.

Problème 48. — *Une lentille de foyer f donne l'image d'un objet situé à une distance de la lentille égale à 3 f. On demande de calculer la grandeur et la position de cette image. On demande, en outre, à quelle distance de la première lentille, il faudrait en placer une seconde à distance focale $\frac{f}{4}$, pour qu'elle donne de la première image, une image trois fois plus grande.* (Alger, 1885.)

Solution. — On a les équations :

$$\frac{1}{3f}+\frac{1}{x}=\frac{1}{f},$$

$$\frac{y'}{y}=\frac{x}{3f}.$$

De la première, on tire

$$x=\frac{2}{3}f.$$

Reportée dans la seconde équation, cette valeur de x donne

$$\frac{y'}{y}=\frac{\frac{2f}{3}}{3f}=\frac{2}{9}.$$

2° Soit d la distance de l'image à la deuxième lentille ; on a les deux équations :

$$\frac{1}{d}+\frac{1}{z}=\frac{4}{f}$$

$$\frac{y'}{y}=3=\frac{z}{d}.$$

De cette dernière, on tire $z=3d$, et de la première,

$$\frac{1}{d}+\frac{1}{3d}=\frac{4}{f}$$

$$\frac{4}{3d}=\frac{4}{f}$$

et

$$d=\frac{f}{3}.$$

La distance demandée est, par conséquent,

$$\frac{2}{3}f + \frac{f}{3} = f.$$

Problème 49. — *Une lentille convergente et un miroir sphérique concave sont centrés sur un même axe, et à 34^{cm} l'un de l'autre. Une droite lumineuse de 1^{c} est placée à 32^{c} de la lentille. On demande de déterminer la grandeur et la position de l'image donnée par le système optique ainsi constitué. La distance focale de la lentille est 16^{cm}, et celle du miroir $\frac{20^{cm}}{9}$.* (Nancy, 1885.)

Solution. — L'image réelle donnée par la lentille est égale à l'objet et se forme à 32 centimètres au delà de cette lentille, c'est-à-dire à 2 cent. du miroir. La distance focale de ce miroir étant $\frac{20}{9} = 2^{cm},22...$, la seconde image sera virtuelle et à une distance du miroir donnée par

$$\frac{1}{2} - \frac{1}{x} = \frac{9}{20},$$

$$x = 20^{c}.$$

La relation $\frac{y'}{y} = \frac{p'}{p}$ donne pour la grandeur de cette image

$$y' = \frac{20}{2} = 10^{c}.$$

Problème 50. — *Un point lumineux* P *se trouve placé à la distance* p *d'une lentille convergente de distance focale* f. *A une distance* d *de cette lentille, on place un miroir plan, perpendiculaire à l'axe principal de la lentille, et l'on demande de trouver la position de l'image du point* P. *Cas particulier :* $d = \frac{pf}{p - f}$.

(Nancy, 1885.)

Solution. — Si le miroir plan n'existait pas, les rayons

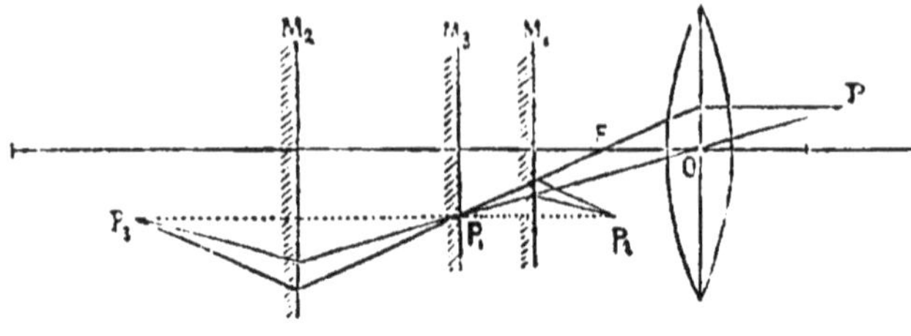

Fig. 39.

issus du point P iraient converger en P_1 à une distance p' du point O, liée à p par la relation

$$\frac{1}{p}+\frac{1}{p'}=\frac{1}{f},$$

de laquelle on tire

$$p'=\frac{pf}{p-f}.$$

Trois cas peuvent se présenter :

1° $d<\frac{pf}{p-f}$. Le point P_1, situé au delà du miroir, joue le rôle d'objet virtuel, et l'image de P se forme en P_2; elle est réelle et située à la distance $2d-\frac{pf}{p-f}$ de la lentille.

2° $d>\frac{pf}{p-f}$. Il se forme d'abord une image réelle de P à une distance du miroir égale à $d-\frac{pf}{p-f}$; les rayons divergents qui partent de cette image sont réfléchis par le miroir et donnent une image virtuelle située à une distance de la lentille égale à $\frac{pf}{p-f}+2\left(d-\frac{pf}{p-f}\right)=2d-\frac{pf}{p-f}$.

3° $d=\frac{pf}{p-f}$. La première image de P se forme sur le miroir plan, et l'image virtuelle qui en résulte coïncide avec la précédente.

Problème 51. — *Un objet lumineux de hauteur* y *est placé verticalement sur l'axe principal d'une lentille convergente de distance focale* f *et à une distance* d *du centre optique de cette lentille. Les rayons lumineux réfractés par la lentille tombent sur un miroir sphérique convexe de rayon* R *et situé à la distance* δ *de la lentille. On demande : 1° de construire géométriquement l'image définitive et d'indiquer si elle est réelle ou virtuelle; 2° si elle est réelle, de calculer à quelle distance de l'objet on devra placer un écran pour qu'elle s'y projette; 3° quelle sera la grandeur de cette image.*

Application numérique : $f = 40^c$; $d = 2^m$; y 10^c ; $R = 6^m$; $\delta = 30^c$. (E. S., Nancy, 1885.)

Solution. — 1° Si le miroir MN n'existait pas, la lentille L donnerait de l'objet AB une image A'B', située au delà de son foyer principal F. D'après les données, A'B

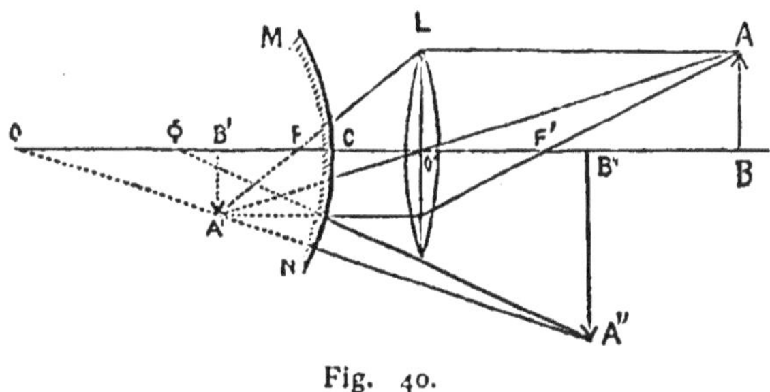

Fig. 40.

devant se trouver entre le miroir et son foyer, le faisceau qui devrait converger en A' est transformé par le miroir en un autre faisceau convergeant en A", et A"B" est l'image définitive. La construction géométrique du point A" s'effectue en considérant A'B' comme un objet virtuel (*).

(*) La figure n'ayant pu être construite conformément aux données numériques du problème, elle n'indique que la marche à suivre pour effectuer les constructions géométriques demandées, sans donner la position relative exacte des trois images.

2° On a

$$(1) \qquad \frac{1}{\overline{CB}} - \frac{1}{\overline{CB'}} = \frac{2}{R},$$

R désignant le rayon de courbure du miroir MN ; on a également

$$(2) \qquad \frac{1}{\overline{BO'}} + \frac{1}{\overline{B'O'}} = \frac{1}{f},$$

f désignant la distance focale de la lentille.

L'équation (2) fournit, en remplaçant BO' par 200^c et f par 40^c,

$$B'O' = \frac{\overline{BO'} \times f}{\overline{BO'} - f} = \frac{200 \times 40}{200 - 40} = 50^c.$$

La distance CB' de l'image $\overline{A'B'}$ au miroir est donc $50 - 30 = 20^c$, et la relation (1) donne

$$\overline{CB'} = \frac{R.\overline{CB'}}{R - 2\,\overline{CB'}} = \frac{600 \times 20}{600 - 40} = 21^c{,}43.$$

La distance demandée BB' vaut, par conséquent,

$$230^c - 21^c{,}43 = 208^c{,}57,$$

et l'image définitive se forme entre le miroir et la lentille.

3° On a :

$$\frac{\overline{AB}}{\overline{A'B'}} = \frac{BO' - f}{f},$$

$$\frac{\overline{A'B'}}{\overline{A''B''}} = \frac{\overline{OB'}}{\overline{OB''}},$$

et en multipliant membre à membre.

$$\frac{\overline{AB}}{\overline{A''B''}} = \frac{(\overline{BO'} - f)\,\overline{OB'}}{f \times \overline{OB''}}.$$

On en tire

$$\overline{A'B'} = \frac{\overline{AB} \times f \times \overline{OB'}}{(BO' - f)\,OB'}$$

et, en remplaçant chaque quantité par sa valeur numérique,

$$A'B' = \frac{10 \times (200 - 40)\,(21,43)}{40 \times 20} = 42^c,86..$$

Problème 52. — *On donne une lentille convergente, d'épaisseur négligeable, dont la distance focale principale est* f. *On la représentera par le plan* MN *perpendiculaire à l'axe et passant par son centre optique. Un objet* AB *de longueur* h *est placé perpendiculairement à l'axe principal et à une distance* $\alpha < f$ *du centre optique. On demande de tracer la marche du rayon qui, parti de* B, *vient couper l'axe principal en* C, *à une distance* β *du centre optique, et de calculer la distance* y, *au centre optique, du point de rencontre de ce rayon avec* MN.

(Grenoble, 1886.)

Solution. — 1° Le faisceau parti du point B et réfracté par la lentille, a son point de convergence virtuel en B'.

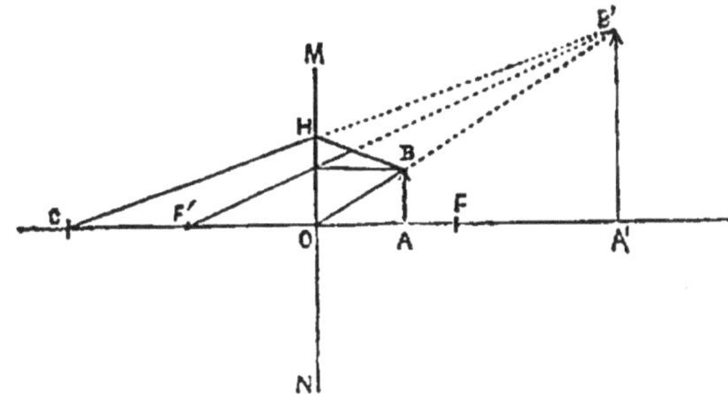

Fig. 41.

Le rayon qui vient couper l'axe en C passe également au point B' et coupe, dès lors, le plan MN au point H, intersection de MN avec la droite B'C.

2° On a les équations :

$$\frac{A'B'}{y}=\frac{\beta+OA'}{\beta},$$

$$\frac{A'B'}{h}=\frac{OA'}{\alpha},$$

$$\frac{1}{\alpha}-\frac{1}{OA'}=\frac{1}{f},$$

desquelles on déduit facilement

$$y=\frac{h}{1-\alpha\left(\frac{1}{f}+\frac{1}{\beta}\right)}.$$

Problème 53.— *On donne une lentille convergente* L *de distance focale* f, *et un miroir plan qui peut tourner autour d'un axe* O *perpendiculaire à l'axe principal de la lentille. Trouver l'angle* α *que fait le miroir avec l'axe et la position d'un point* P *dont on observe l'image en* A *sur la perpendiculaire* OA = h *à l'axe principal. — Discussion.*

(Nancy, 1886.)

Solution. — Désignons par x la distance de l'objet à la lentille et posons OC $=\delta$.

Le point P se trouvant sur l'axe, son image réelle ou

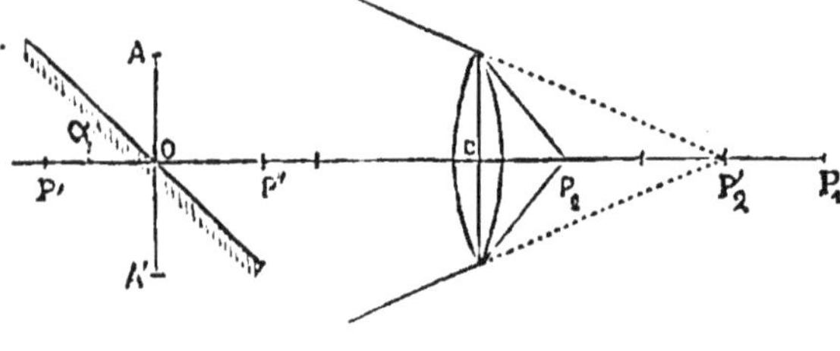

Fig. 42.

virtuelle donnée par la lentille s'y trouve également, et comme l'image définitive doit se former sur une perpendiculaire à l'axe, on voit que, dans toute circonstance, on aura $\alpha = 45°$.

I. *Le point* P *est situé au delà du foyer principal de la lentille.*

Trois circonstances peuvent se présenter :

L'image de P, donnée par la lentille, tend à se former :

1° *En* P' *au delà du miroir plan.*

Dans ce cas, une image réelle et symétrique de P' par rapport à MN, se forme en A, et l'on a

$$\frac{1}{x}+\frac{1}{\delta+h}=\frac{1}{f},$$

et, par suite,

$$x=\frac{f(\delta+h)}{(\delta+h)-f}.$$

2° *Au point* O, *sur le miroir.*

L'image définitive est elle-même réelle en O, et l'objet P est à la distance x donnée par

$$\frac{1}{x}+\frac{1}{\delta}=\frac{1}{f},$$

$$x=\frac{\delta f}{\delta-f};$$

3° *En* P', *en avant du miroir.*

L'image définitive est alors virtuelle en A', h devient négatif, et l'on a

$$\frac{1}{x}+\frac{1}{\delta-h}=\frac{1}{f},$$

$$x=\frac{f(\delta-h)}{\delta-h-f}.$$

II. *Le point* P *est au foyer principal.*

Dans ce cas, l'image définitive est réelle, et h est égal à l'infini.

III. *Le point* P *est en deçà du foyer principal.*

Les rayons qui tombent sur le miroir paraissent venir du point P_1', et l'image est encore réelle ; en désignant par y la distance du point P_1' à la lentille, on a

$$\frac{1}{x}-\frac{1}{y}=\frac{1}{f},$$

$$x=\frac{f(h-\delta)}{f+h-\delta}.$$

Problème 54. — *Deux lentilles convergentes dont les distances focales sont* $f_1 = 0^m,2$, $f_2 = 0^m,3$ *sont centrées sur un même axe, et leurs centres optiques sont situés à une distance* $d = 0^m,5$. *Construire l'image donnée par le système en supposant un objet* AF *au foyer principal de la première lentille.* (Paris, 1879.)

Solution. — Le faisceau divergent parti du point A du premier plan focal de la première lentille est transformé

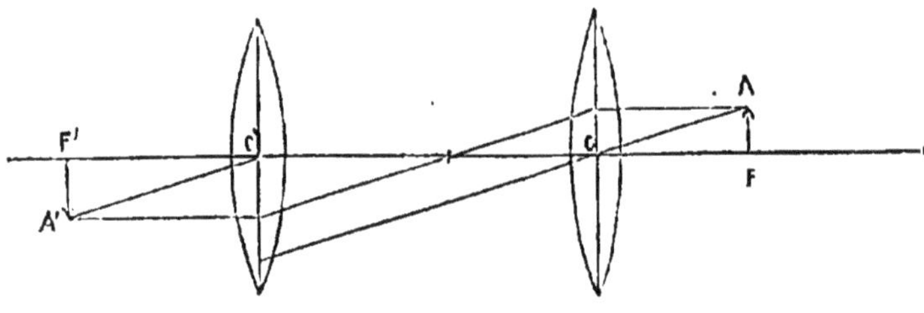

Fig. 43.

en un faisceau cylindrique que la seconde lentille concentre au point A' de son plan focal. L'image donnée par le système est donc A'F'.

Le grossissement $\frac{A'F'}{AF}$ est encore égal à $\frac{C'F'}{CF}$, c'est-à-dire à $\frac{2}{3}$.

PROBLÈMES PROPOSÉS

55. — Une droite placée devant une lentille convergente, perpendiculairement à l'axe principal, donne une image réelle dont les dimensions sont triples de celles de l'objet et qui se trouve à $0^m,60$ de la lentille. On demande : 1° Quelle est la distance focale principale de cette lentille ; 2° Quelle sera la grandeur de l'image relativement à celle de l'objet, et à quelle distance se fera cette image si l'on

transporte l'objet à une distance de la lentille, double de la distance primitive. *(Dijon, 1885.)*

R. $\begin{cases} 1^\circ\ f = 0^{m},075. \\ 2^\circ\ \dfrac{y'}{y} = 6. \end{cases}$

56. — La distance focale d'une lentille étant $0^{m},25$, et un objet de $1^{m},50$ de hauteur se trouvant en face de cette lentille, à quelle distance faut-il placer un écran pour que l'image qui s'y projette ait $0^{m},05$ de hauteur ?

(Dijon, 1885.)

R. $7^{m},75$.

57. — Une lentille convergente projette sur un écran l'image d'un objet. Sur le trajet des rayons réfractés par cette première lentille, on place une lentille divergente de 30^{c} de distance focale. A quelle distance de l'écran doit être placée cette deuxième lentille pour que l'image se forme à $15^{cent.}$ de son centre optique ? Rapport de grandeur de la nouvelle image à l'ancienne.

(Marseille, 1885.)

R. $\begin{cases} 1^\circ\ 30^{c}, \\ 2^\circ\ \dfrac{1}{2}. \end{cases}$

58. — Devant une lentille convergente dont la distance focale est de $0^{m},10$ se trouve une droite lumineuse perpendiculaire à l'axe, que l'on veut projeter sur un écran situé à 2 mètres de la lentille. On demande à quelle distance de la lentille l'objet doit se trouver et quelle sera la grandeur de l'image par rapport à l'objet.

(Saint-Denis, Réunion, *1885*).

R. $\begin{cases} 1^\circ\ 10^{c},52, \\ 2^\circ\ 19,04. \end{cases}$

59. — Une droite de 1 cent. de long, placée en avant d'une lentille, à 30 cent. de son centre optique, donne une

image virtuelle de 1 déc. de long. Quelle est la distance focale de cette lentille? *(Paris, 1885.)*

R. $27^c,27$.

60. — Un objet linéaire de 3 cent. de hauteur, placé à 2 mètres de distance d'une lentille convergente, fournit une image réelle qui a également 3 cent. de hauteur. A quelle distance de la lentille faudra-t-il placer le même objet pour que son image réelle n'ait plus que 3^{mm} de hauteur? *(Paris, 1883.)*

R. $11^{cent.}$

61. — La distance focale d'une lentille est $0^m,23$ et l'angle MFO est triple de l'angle MAO. Calculer la position de l'image du point A, sachant que les angles sont assez petits pour que les arcs et leurs lignes trigonométriques se confondent. *(Lyon, 1878.)*

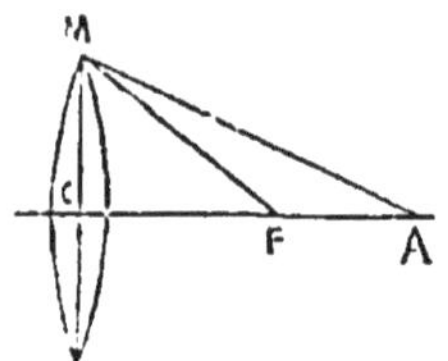

Fig. 44.

R. $\frac{3f}{2}$.

62. — On donne une lentille dont la distance focale est de $0^m,10$ et une droite lumineuse perpendiculaire à l'axe située à 3 mètres de la lentille. On demande : 1° La distance de l'image à la lentille ; 2° A quelle distance de la lentille il faut placer l'objet pour que l'image soit le $\frac{1}{4}$ de cet objet. *(Nancy, 1885.)*

R. { 1° 0,103. 2° $0^m,50$.

63. — Une lentille placée à $50^{cm.}$ d'un écran y projette nettement l'image d'un objet placé à $75^{cent.}$ de la lentille. Si on rapproche la lentille à $40^{cent.}$ de l'écran, à quelle distance de la lentille devra-t-on placer l'objet? Quel sera

dans l'un et dans l'autre cas le rapport de l'image à l'objet ?

(*Marseille, 1885.*)

R. $\left\{ \begin{array}{l} 1^{\circ}\ 1^{m},20, \\ 2^{\circ}\ \frac{2}{3},\ \frac{1}{3}. \end{array} \right.$

64. — Un objet est placé devant une lentille convergente à une distance $p < f$. De l'autre côté de la lentille, à une distance δ se trouve un miroir concave de distance focale φ. On demande de calculer la position de l'image donnée par le système optique ainsi constitué.

(*Nancy, 1886.*)

$$R.\quad x = \frac{1 + \delta\left(\frac{1}{p} - \frac{1}{f}\right)}{\frac{\delta}{\varphi}\left(\frac{1}{p} - \frac{1}{f}\right) + \frac{1}{\varphi} + \frac{1}{f} - \frac{1}{p}}.$$

Mesure du pouvoir dioptrique des lentilles.

On mesure la puissance d'une lentille par la déviation qu'elle imprime aux rayons lumineux qui la traversent.

Théorème. — *Une lentille dévie d'un angle constant tous les rayons lumineux qui la rencontrent à une même distance de l'axe, quelle que soit leur incidence.*

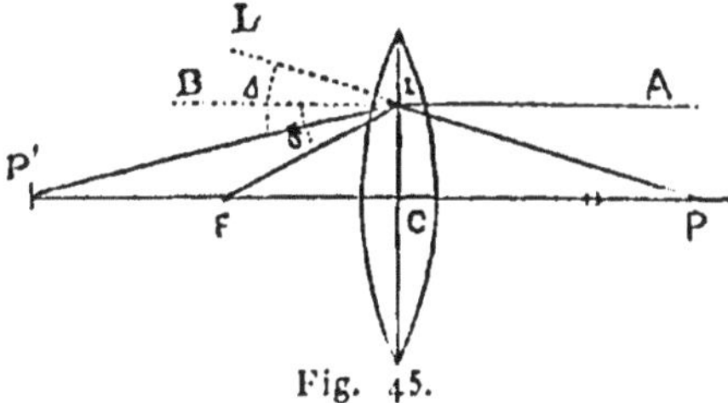

Fig. 45.

Considérons d'abord un rayon parallèle à l'axe, à une distance $CI = y$. La déviation est mesurée par l'angle BIF, égal à l'angle IFC ; ces angles sont assez petits pour se confondre avec leur tangente ; on a donc

$$\delta = BIF = \frac{y}{f}.$$

Soit, en second lieu, un rayon PI, d'incidence quelconque ;

réfracté, il vient couper l'axe en P', et la déviation qu'il subit est mesurée par P'IL = Δ.

Or

$$\Delta = CPI + CP'I,$$

et, en remplaçant ces deux derniers angles par leurs tangentes,

$$\Delta = \frac{y}{CP} + \frac{y}{CP'} = y\left(\frac{1}{CP} + \frac{1}{CP'}\right).$$

D'autre part $\frac{1}{CP} + \frac{1}{CP'} = \frac{1}{f}$; on a donc

$$\Delta = \frac{y}{f},$$

et par suite $\Delta = \delta$.

Ce théorème s'applique aux lentilles divergentes.

Il résulte de là que la quantité $\frac{1}{f}$ caractérise la puissance d'une lentille donnée. Elle en mesure le *pouvoir dioptrique* (*).

Le congrès des ophtalmologistes tenu à Bruxelles, en 1875, a fait choix d'une unité de pouvoir dioptrique : sur l'initiative de M. le professeur Monoyer, l'unité adoptée, la *dioptrie*, est *le pouvoir dioptrique d'une lentille ayant 1 mètre de distance focale.*

Ainsi une lentille dont la distance focale est de $0^m,20$, a un pouvoir dioptrique mesuré par

$$\frac{1}{0,20} = 5 \text{ dioptries.}$$

Avant l'adoption de la dioptrie, le numéro des verres était donné par la valeur en pouces de leur distance focale. Il y avait là un double inconvénient : d'abord, le pouvoir

(*) Monoyer. *Numérotage des verres de lunettes*, etc. Paris, 1872.

dioptrique variant en raison inverse de la distance focale, les numéros les plus forts se trouvaient indiquer les verres les plus faibles; en second lieu, la conservation du pouce, pour unité de longueur, était en contradiction avec l'emploi obligatoire, en France, des mesures appartenant au Système Métrique.

L'Œil et la Vision.

La constitution anatomique de l'œil permet de prévoir que cet organe doit agir à la façon d'une lentille convergente sur les rayons lumineux, pour les concentrer en un point de son axe optique. Si on place, en effet, une bougie en avant d'un œil de bœuf dont la sclérotique a été amincie, on aperçoit une image renversée, très petite, projetée sur le fond de l'œil.

Accommodation. — Le pouvoir dioptrique de l'œil n'est pas constant comme celui d'une lentille, car alors les objets extérieurs ne seraient visibles qu'à une distance déterminée, tandis que l'expérience montre que l'œil peut voir nettement à des distances qui peuvent varier entre le *punctum proximum*, situé à une faible distance de l'œil, et le *punctum remotum*, situé, en général, à une distance beaucoup plus grande. Cette faculté que possède l'œil de s'accommoder à la distance, résulte des changements de courbure que le muscle ciliaire produit spontanément dans les faces du cristallin, principalement dans la face antérieure.

Œil normal ou emmétrope. — Un œil est dit *emmétrope* (ἐν μέτρον, dans la mesure, ὤψ, œil), lorsque le muscle ciliaire étant au repos, cet œil peut voir les objets situés à l'infini. Son *punctum remotum* est situé à une distance infinie, et son foyer principal sur la rétine; il peut voir, en mettant en jeu l'accommodation, depuis l'infini jusqu'au *punctum proximum*, situé à environ 25 centimètres.

Amétropie. — L'œil peut présenter de nombreuses

anomalies dont les deux principales sont la myopie et l'hypermétropie, caractérisées, la première, par une augmentation du diamètre antéro-postérieur de l'œil, la seconde, par un raccourcissement de ce même diamètre.

1° *Myopie.* — La conséquence immédiate d'un excès de longueur dans le diamètre antéro-postérieur est de reporter l'écran rétinien en arrière du foyer principal de l'œil, qui, dès lors, ne peut plus voir les objets éloignés. La myopie est alors caractérisée par une rétrogradation du *punctum remotum* qui, au lieu de se trouver à l'infini, est à une distance très rapprochée de l'œil.

Une myopie est dite *légère*, si le *punctum remotum* est au delà de 33 centimètres, *forte*, s'il est à une distance inférieure à 10 centimètres.

2° *Hypermétropie.* — L'hypermétropie est le défaut opposé à la myopie : le diamètre antéro-postérieur de l'œil, au lieu d'être trop long, est trop court, et les images tendent à se former au delà de la rétine, si le muscle de l'accommodation est au repos. Le *punctum remotum*, c'est-à-dire le foyer conjugué de la rétine, est alors en arrière de l'œil et, par conséquent, virtuel. Si l'objet se rapproche, l'image tend de plus en plus à passer au-delà de la rétine, et ce n'est qu'en faisant intervenir l'accommodation que la vision peut devenir nette. On comprend aisément que le *punctum proximum* se trouve placé, dans l'hypermétropie, à une plus grande distance de l'œil.

Presbytie. — Avec l'âge, le cristallin perd sa souplesse, et ses faces, sous l'action du muscle ciliaire, ne peuvent plus prendre la courbure nécessaire ; le pouvoir dioptrique de l'œil s'affaiblit, le *punctum proximum* recule, et il devient bientôt impossible de distinguer les détails des objets situés près de l'œil.

Pouvoir accommodatif. — La mise en jeu de l'accommodation produit le même effet qu'une lentille convergente qui, placée sur le trajet des rayons lumineux, ramènerait sur la rétine le point de concours des rayons qui tend à passer au delà. Lorsque l'accommodation a atteint sa limite, l'effet produit est alors le même que s'il se trouvait en avant de l'œil une lentille telle qu'un rayon parti du *punctum proximum* semble, pour l'œil, venir du *punctum remotum*. Le pouvoir dioptrique de cette lentille mesure le *pouvoir accommodatif*.

Désignons par f la distance focale d'une telle lentille; par r et p les distances à l'œil du *punctum remotum* et du *punctum proximum*; on a

$$\frac{1}{p} - \frac{1}{r} = \frac{1}{f}.$$

La mesure du pouvoir accommodatif se déduit donc de la connaissance des deux punctums.

Correction de l'amétropie. — La myopie et l'hypermétropie se corrigent en modifiant la réfringence de l'œil par des verres convenablement choisis : on la diminue chez le myope; on l'augmente chez l'hypermétrope. Le pouvoir dioptrique de la lentille correctrice représente l'excès ou le déficit de réfringence de l'œil, et mesure, par suite, le degré de myopie ou d'hypermétropie. Les verres concaves sont employés pour corriger la myopie ; mais il peut arriver que l'on soit obligé de recourir à des verres convergents, si, la myopie étant légère, la presbytie est venue reporter le *punctum proximum* à la distance du *punctum remotum*.

Correction de la presbytie. — La presbytie se corrige avec des verres convergents dont l'effet est de rapprocher le *punctum proximum*. Il importe que le verre choisi ne corrige pas complètement cette affection, afin que l'accommodation continue à intervenir.

Il existe une relation assez nette entre l'âge du sujet et le degré de presbytie; le pouvoir accommodatif A est, en effet, lié à l'âge x par la formule parabolique

$$A = 16 - 0{,}3\,x + 0{,}001\,x^2.$$

Problème 65. — *On demande de calculer le numéro du verre qu'il faut placer devant un œil presbyte pour que* *les rayons venant d'un objet situé en deçà du punctum proximum, paraissent venir d'un point situé au delà, afin que l'emploi d'une partie seulement du pouvoir accommodatif restant, produise la convergence de ces rayons sur la rétine.*

Solution. — L'objet doit se trouver en deçà du foyer F de la lentille employée, afin que l'image soit virtuelle et se forme à une distance plus grande que celle à laquelle se trouve l'objet ; on a donc, en désignant par f la distance focale de la lentille demandée, dont on néglige la distance à l'œil, et par δ et δ' les distances de l'objet et de l'image,

$$\frac{1}{\delta} - \frac{1}{\delta'} = \frac{1}{f}.$$

Désignons par $\frac{1}{a}$ le pouvoir accommodatif qui subsiste dans l'œil donné, et par $\frac{1}{k}$ la fraction de ce pouvoir accommodatif que l'on veut employer pour voir à la distance δ'. Le *punctum remotum*, dans les conditions de vision indiquées, se trouve à la distance δ' ; r désignant la distance du *punctum proximum*, on a, d'après ce qui a été dit,

$$\frac{1}{\delta'} - \frac{1}{r} = \frac{1}{ka}.$$

En ajoutant membre à membre ces deux relations, il vient

$$\frac{1}{\delta} - \frac{1}{r} = \frac{1}{f} + \frac{1}{ka},$$

d'où l'on déduit

$$\frac{1}{f} = \frac{1}{\delta} - \frac{1}{r} - \frac{1}{ka},$$

Il est ensuite facile de passer de la distance focale f au numéro de la lentille, exprimé en dioptries.

Problème 66. — *Le punctum remotum d'un œil myope est à* $0^m,40$ *de cet œil. Quel est le numéro de la lentille capable de corriger cette myopie?*

Solution. — La lentille demandée doit être divergente, pour que les rayons, venant de l'infini, éprouvent, après avoir traversé la lentille, une divergence telle qu'ils paraissent provenir du *punctum remotum*. Ce *punctum* doit donc se trouver au foyer principal de la lentille, et l'on doit avoir

$$f = 0^m,40.$$

Le numéro en dioptries du verre demandé est, par conséquent,

$$\frac{1}{0,40} = 2^d,5.$$

Remarque. — Si l'œil est hypermétrope, le *punctum remotum* est, comme nous l'avons dit, négatif; la lentille correctrice doit donc faire *converger* en ce point les rayons parallèles qui rencontrent l'œil. Comme dans le cas précédent, la distance focale demandée est égale à la distance du *punctum remotum*.

Problème 67. — *Evaluer en dioptries le pouvoir accommodatif d'un œil myope dont le punctum proximum est à* $0^m,10$, *et le punctum remotum à* $0^m,60$.

Solution. — On a, entre les deux punctums et le pouvoir accommodatif, la relation

$$\frac{1}{p} - \frac{1}{r} = \frac{1}{a},$$

de laquelle on tire

$$\frac{1}{a} = \frac{1}{0,10} - \frac{1}{0,70} = 8^d,33...$$

Problème 68. — *Evaluer le pouvoir accommodatif d'un œil normal dont le punctum proximum est à* $0^m,20$.

Solution. — Pour l'œil normal, le *punctum remotum* est à l'infini ; la formule du pouvoir accommodatif devient, dans ce cas,

$$\frac{1}{p} = \frac{1}{a};$$

ce qui donne

$$\frac{1}{a} = \frac{1}{0,20} = 5 \text{ dioptries.}$$

Problème 69. — *Les distances focales de l'objectif et de l'oculaire dans une lunette de Galilée sont respectivement* $F = 20^c$ *et* $f = 4^c$. *On demande quelle distance on devra laisser entre les centres optiques des deux verres pour qu'un œil normal, sans accommodation, puisse, avec l'instrument, observer les objets très éloignés. Quel sera alors le grossissement?* (Dijon, 1885.)

Solution. — L'image virtuelle donnée par l'instrument doit se trouver au *punctum remotum* de l'œil, c'est-à-dire à l'infini. L'image focale fournie par l'objectif doit, dès lors, se trouver au foyer principal de l'oculaire, et par suite, la distance des centres des deux verres est égale à la différence de leurs distances focales, c'est-à-dire, à

$$20^c - 4^c = 16^c.$$

Le grossissement, rapport des diamètres apparents de l'image et de l'objet est égal à

$$\frac{F}{f} = \frac{20}{4} = 5,$$

en remplaçant les angles par les tangentes trigonométriques.

Problème 70. — *Un myope veut regarder dans un instrument d'optique après un presbyte. Doit-il enfoncer ou retirer l'oculaire?* (S. C.)

Solution. — Ainsi posée, la question est indéterminée. Nous supposerons que chacun des yeux met en jeu la totalité du pouvoir accommodatif qui lui est propre ; l'image doit, dès lors, se former, dans les deux cas, au *punctum proximum*.

Soient :

p, la distance du *punctum proximum* du myope,
p' — — du presbyte,
d — à l'oculaire de l'image donnée par l'objectif dans le cas de l'œil myope,
d', la même distance pour l'œil presbyte.

Les rayon lumineux paraissent, dans les deux cas, venir du *punctum proximum ;* on a donc

$$\frac{1}{d} - \frac{1}{p} = \frac{1}{f},$$
$$\frac{1}{d'} - \frac{1}{p'} = \frac{1}{f};$$

et en retranchant membre à membre,

$$\frac{1}{d} - \frac{1}{d'} = \frac{1}{p} - \frac{1}{p'}.$$

Or p est plus petit que p' ; il faut donc que l'on ait $d < d'$. Dès lors, le myope doit rapprocher l'oculaire de l'image donnée par l'objectif, c'est-à-dire, enfoncer cet oculaire.

Remarques. I. Si les deux yeux relâchent l'accommodation, l'image se forme aux *punctums remotums*, et l'on a, en désignant par r et par r' la distance de ces deux points,

$$\frac{1}{d} - \frac{1}{d'} = \frac{1}{r} - \frac{1}{r'}.$$

r est plus petit que r', d doit encore être plus petit que d'.

II. Si le *punctum remotum* de l'œil myope est plus éloigné que le *punctum proximum* de l'œil presbyte, on peut concevoir, de part et d'autre, une accommodation telle que le myope soit obligé de retirer l'oculaire.

Problème 71. — *Sur l'axe principal d'une loupe, dont la distance focale est* $f = 1^c$, *on place un objet. A quelle distance du foyer doit-il se trouver pour un observateur dont l'œil placé contre la loupe, est accommodé pour voir à* 20^c *?* (Paris, 1883.)

Solution. — L'image virtuelle doit se faire à 20^c de la lentille; x désignant la distance demandée, on doit avoir

$$\frac{1}{x} - \frac{1}{20} = \frac{1}{f} = 1.$$

et

$$x = \frac{20}{21}.$$

Le grossissement est sensiblement $\frac{20}{f} = 20$.

LIVRE IV

MAGNÉTISME ET ÉLECTRICITÉ

PREMIÈRE SECTION

MAGNÉTISME

I. — ACTION MUTUELLE DE DEUX MASSES MAGNÉTIQUES

Loi de Coulomb. — *L'action mutuelle qui s'exerce à la distance* r *entre deux pôles magnétiques dont les masses sont* μ *et* μ', *est donnée par la formule*

$$F = \pm \frac{\mu\mu'}{r^2},$$

l'unité de force étant la force qui s'exerce entre deux masses magnétiques égales à l'unité et situées à l'unité de distance.

Lois des oscillations d'une aiguille aimantée. — Imaginons une aiguille aimantée suspendue à un fil sans torsion et oscillant sous l'action de la terre ou sous celle d'un aimant, ou enfin sous ces deux actions combinées.

L'aiguille étant très courte et de masse négligeable, on peut la considérer comme soumise à une force constante en grandeur et en direction ; elle oscille donc à la façon d'un pendule simple, et la formule

$$t = \pi \sqrt{\frac{l}{g}}$$

lui est applicable, en y remplaçant g par la force F qui la sollicite.

Soient $2l$, la longueur totale de l'aiguille ; F, l'action de la terre sur chacun de ses pôles ; N le nombre des oscillations qu'elle accomplit dans le temps T, sous la seule action de la terre ; on a

$$\frac{T}{N} = \pi \sqrt{\frac{l}{F}},$$

et on en déduit

$$(1) \qquad F = \frac{N^2 \pi^2 l}{T^2}.$$

Plaçons maintenant dans le méridien magnétique de l'aiguille le pôle austral d'un barreau aimanté, vertical et d'une très grande longueur, de façon que l'action de l'autre pôle soit négligeable. L'aiguille est maintenant soumise à la force $F + F'$; en désignant par N' le nombre d'oscillations qu'elle exécute dans le temps T', on peut écrire, comme précédemment,

$$\frac{T'}{N'} = \pi \sqrt{\frac{l}{F + F'}} ;$$

on en tire, de même

$$(2) \qquad F + F' = \frac{N'^2 \pi^2 l}{T'^2}.$$

Retranchons (1) de (2), il vient

$$F' = \pi^2 l \left(\frac{N'^2}{T'^2} - \frac{N^2}{T^2} \right).$$

Remarque. Si $T' = T$, la formule se réduit à

$$F' = \frac{\pi^2 l}{T^2}(N'^2 - N^2).$$

Problème 1. — *Une aiguille aimantée fait, sous l'influence du globe seul,* 50 *oscillations par minute; sous l'influence combinée du globe et d'un autre aimant, elle en fait* 60. *On demande :* 1° *Le rapport de l'action du globe à celle de l'aimant;* 2° *combien il faudrait d'aimants semblablement placés pour produire le même effet que le globe.* (Lyon, 1885.)

Solution. — D'après ce qui précède, en désignant par F et F' les actions respectives du globe et de l'aimant sur l'un des pôles de l'aiguille (supposée de masse négligeable), on peut écrire successivement :

$$F = \frac{50^2 \times \pi^2 l}{60^2},$$

$$F + F' = \frac{60^2 \times \pi^2 l}{60^2} = \pi^2 l.$$

On en tire

$$F' = \pi^2 l \left(1 - \frac{50^2}{60^2}\right)$$

et

$$\frac{F}{F'} = \frac{\dfrac{50^2 \times \pi^2 l}{60^2}}{\pi^2 l\left(1 - \dfrac{50^2}{60^2}\right)} = \frac{50^2}{60^2 - 50^2} = \frac{25}{11}.$$

Par conséquent, 25 barreaux identiques à celui de l'expérience exerceraient une action égale à 11 fois celle de la terre.

SECTION II

ÉLECTRICITÉ

I. — ACTION MUTUELLE DE DEUX ÉLÉMENTS ÉLECTRISÉS

LOI DE COULOMB. — *Deux éléments situés à la distance* r *et possédant des charges* q *et* q' *exercent l'un sur l'autre une action mutuelle qui a pour expression* $\frac{qq'}{r^2}$, *l'unité de force choisie étant la force qu'un élément de charge* 1 *exerce à l'unité de distance sur un autre élément possédant également une charge* 1.

Nous admettons que, si on met en contact deux sphères conductrices de même rayon et possédant des charges inégales, l'égalité des charges se trouve réalisée après le contact. Si aucune perte d'électrisation ne s'est produite pendant l'expérience, l'électrisation du système est nécessairement la somme des électrisations initiales, et la quantité d'électrisation perdue par l'une des sphères a été gagnée par l'autre.

PROBLÈMES RÉSOLUS

Problème 2. — *Deux sphères* A *et* B, *de dimensions très faibles et égales, sont placées sur un plateau isolant; la sphère* A *est électrisée, l'autre est à l'état neutre. On touche la sphère électrisée avec une sphère conductrice* C *de mêmes dimensions, puis on touche avec celle-ci la sphère* B. *En quel point de la ligne* AB *faut-il placer la sphère* C *pour qu'il y ait équilibre?*

(Lyon, 1882.)

Solution. — Désignons par q la charge initiale de A; après le contact avec C, cette charge q s'est répartie également entre A et C, et ces deux sphères contiennent l'une et l'autre une charge $\frac{q}{2}$. De même, après le contact de C avec B, il ne reste plus sur C qu'une charge $\frac{q}{4}$, et B a pris la même charge $\frac{q}{4}$.

Soient l la longueur AB, et x la distance de la sphère C à la sphère A, lorsque l'équilibre est établi. En choisissant l'unité de force comme il a été dit précédemment, on peut écrire successivement :

$$(1) \qquad \frac{q^2}{x^2} = \frac{q^2}{2(l-x)^2}$$

$$(2) \qquad \frac{1}{x} = \frac{1}{\sqrt{2}(l-x)};$$

on en tire

$$x = l(2-\sqrt{2}).$$

Remarque. L'équation (2) moins générale que (1) fournit néanmoins la seule solution qui convienne au problème. La solution supprimée, plus grande que l, ne peut, en effet, convenir à l'équilibre, bien qu'à cette distance, les deux sphères A et B exercent encore sur C la même répulsion.

Problème 3. — *Deux sphères identiques, chargées de la même électricité, et placées à une certaine distance l'une de l'autre, donnent une répulsion égale à* 1. *On les met en contact et on les éloigne ensuite à une distance moitié de la précédente. On constate alors une répulsion égale à* n. *On demande le rapport des charges primitives.* Application numérique : $n = 4,5$. (Lyon, 1876.)

Solution. — Soient q et q' les charges initiales; après le contact, les nouvelles charges sont égales à $\frac{q+q'}{2}$.

A la distance l, on avait

$$\frac{qq'}{l^2}=1;$$

à la distance $\frac{l}{2}$, on a

$$\frac{\frac{(q+q')^2}{4}}{\frac{l^2}{4}}=\frac{(q+q')^2}{l^2}=n.$$

Il en résulte les deux équations :

$$qq'=l^2,$$
$$q+q'=l\sqrt{n},$$

qui permettent de calculer q et q'. Ces quantités sont, en effet, racines de l'équation

$$Q^2-l\sqrt{n}\,Q+l^2=0,$$

de laquelle on tire

$$Q=\left\{\begin{matrix} q \\ q' \end{matrix}\right\}=\frac{l\sqrt{n}}{2}\pm\sqrt{\frac{nl^2}{4}-l^2}=\frac{l}{2}(\sqrt{n}\pm\sqrt{n-4}).$$

Le rapport demandé est donné par

$$\frac{q}{q'}=\frac{\frac{l}{2}(\sqrt{n}+\sqrt{n-4})}{\frac{l}{2}(\sqrt{n}-\sqrt{n-4})}=\frac{\sqrt{n}+\sqrt{n-4}}{\sqrt{n}-\sqrt{n-4}}=\frac{2}{n-2-\sqrt{n(n-4)}};$$

il est indépendant de l, ce qu'on pouvait prévoir.

Application numérique :

$$\frac{q'}{q}=\frac{2}{4,5-2-\sqrt{4,5\times 0,5}}=2.$$

Problème 4. — *Une sphère électrisée* A *est fixe et contient une charge* q ; *une deuxième sphère conductrice, de même rayon et à l'état neutre, suspendue à un fil isolant de longueur* l, *possède un poids* P. *Mise en contact avec la boule* A, *cette dernière sphère est ensuite repoussée. On demande de calculer l'angle d'écart* θ *correspondant à l'équilibre.*

Solution. — L'équilibre a lieu lorsque la résultante BE

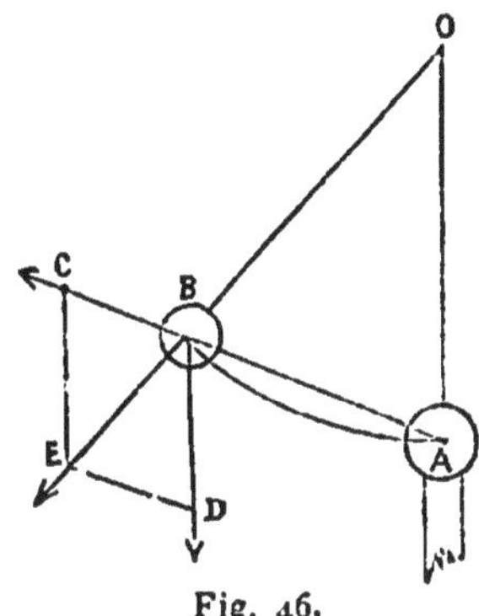

Fig. 46.

des forces qui agissent sur la boule B est dirigée suivant OB.

Or, la boule B est soumise à son poids P et à la répulsion électrique $\frac{q^2}{4.\overline{AB}^2}$; le triangle BDE donne

$$\frac{BD}{DE} = \frac{\cos\frac{\theta}{2}}{\sin\theta} = \frac{1}{2\sin\frac{\theta}{2}}.$$

ou,

$$\frac{4P.\overline{AB}^2}{q^2} = \frac{1}{2\sin\frac{\theta}{2}},$$

$$\sin^3\frac{\theta}{2} = \frac{q^2}{32\,Pl^2};$$

d'où l'on tire

$$\sin\frac{\theta}{2} = \frac{1}{2}\sqrt[3]{\frac{q^2}{4Pl^2}}.$$

II. — INTENSITÉ DES COURANTS

Electrolyse.

L'équivalent électro-chimique d'une substance est la quantité de cette substance qui est décomposée, dans l'unité de temps, par le passage de l'unité de courant, ou par l'unité d'électricité.

Les équivalents électro-chimiques des différents corps sont proportionnels à leurs équivalents chimiques; mais tandis que ces derniers ne sont que les rapports pondéraux suivant lesquels les corps se combinent, les premiers représentent des quantités de matière parfaitement définies, lorsque l'unité de courant l'est elle-même.

Loi de Faraday. — *Le nombre des équivalents électro-chimiques d'un électrolyte, mis en liberté dans un temps donné, est proportionnel au nombre des unités d'électricité transportées par le courant dans le même temps.*

Problème 5. — *L'intensité d'un courant est* 96 *quand il décompose* 9^mgr.^ *d'eau par seconde. Quelle est l'intensité d'un courant qui, en trois minutes, remplit la cloche d'un voltamètre recouvrant les deux électrodes et d'une capacite de* 423^cc.^*? Le gaz est mesuré à* 25° *et à* 750^mm^. *Poids normal du litre d'air*, 1^gr.^,293 ; *densités : hydrogène,* 0,069; *oxygène,* 1,1056; *coefficient de dilatation des gaz,* 0,00366. (Rennes, 1884.)

Solution. — Ramené à 0° et à 760^mm^, et supposé sec, le gaz recueilli occupe le volume

$$\frac{0{,}423 \times 75}{76\,(1 + 0{,}00366 \times 25)}.$$

L'oxygène et l'hydrogène sont, dans le mélange, en proportions telles que s'ils occupaient seuls le volume total, leurs pressions respectives seraient le $\frac{1}{3}$ et les $\frac{2}{3}$ de la pression totale; le litre du mélange pèse donc, à 0° et à 760^{mm},

$$1^{gr.},293\left(\frac{1,1056+2\times 0,069}{3}\right),$$

et le volume total,

$$1,293\times\left(\frac{1,1056+2\times 0,069}{3}\right)\times\frac{0,423\times 75}{76\times(0,00366\times 25)}=0^{gr.},205.$$

La quantité d'eau décomposée par seconde est par conséquent $\frac{0,205}{180}$; d'autre part, l'unité d'électricité décompose, dans l'unité de temps, un poids d'eau exprimé par $\frac{0^{gr.},009}{96}$. L'intensité demandée est donc

$$\frac{0,205}{180}:\frac{0,009}{96}=\frac{205\times 96}{180\times 9}=12.$$

Assemblage des éléments d'une pile.

Loi d'Ohm. — *Le produit de l'intensité d'un courant par la somme des résistances tant intérieures qu'extérieures du circuit qu'il traverse est constant.*

I désignant l'intensité d'un courant, R, la résistance intérieure de la pile, ρ, la résistance du circuit extérieur, on a

$$I(R+\rho)=E.$$

La quantité constante E caractérise la pile employée et s'appelle *force-électromotrice.*

Problème 6. — *On associe en une seule ligne, en les réunissant par leurs pôles de nom contraire,* N *éléments de pile, ayant chacun une résistance* R *et une force électromotrice* E ; *la partie extérieure du circuit possède une résistance* ρ. *On demande de calculer l'intensité du courant.*

Solution. — D'après la loi de Volta, les N éléments réunis par leurs pôles de nom contraire, développent une force électromotrice égale à NE ; la résistance intérieure totale est, d'ailleurs, NR. On a, dès lors,

$$I(NR+\rho)=NE$$

et, par suite,

$$I=\frac{NE}{NR+\rho}.$$

Remarque. — Cette formule peut se mettre sous la forme

$$I=\frac{E}{R+\frac{\rho}{N}}.$$

Si ρ est très petit, le second mombre se réduit sensiblement à R et l'on voit que N éléments ne produisent pas plus d'effet qu'un seul. Au contraire, si R est négligeable, on a

$$I=\frac{NE}{\rho},$$

et l'intensité du courant croît proportionnellement au nombre des éléments employés.

Problème 7. — *Les* N *éléments précédents ont leurs pôles de même nom réunis, et le courant qu'ils produisent, parcourt un circuit dont la résistance extérieure est* ρ. *On demande son intensité.*

Solution. — Ici la force électromotrice totale reste égale à celle d'un seul élément; mais d'après les lois de la résistance, celle de la pile est $\frac{R}{N}$; on a donc

$$I'\left(\frac{R}{N}+\rho\right)=E,$$

et, par suite,

$$I'=\frac{E}{\frac{R}{N}+\rho}.$$

Remarque. — Si ρ est négligeable, on peut écrire

$$I'=\frac{NE}{R},$$

et l'intensité du courant croît encore proportionnellement au nombre des éléments.

Problème 8. — *On dispose de* N *éléments de pile de résistance* R *et de force électromotrice* E. *La résistance extérieure* ρ *n'est ni infinie, ni négligeable par rapport à* R, *et l'on veut obtenir un courant d'intensité maximum avec un assemblage mixte, Quel est le nombre d'éléments à mettre en ligne, associés par leurs pôles de nom contraire?*

Solution. Soient x le nombre demandé et y le nombre de lignes que l'on associera ensuite par les pôles de même nom. On a d'abord

$$xy=N,$$

puis

$$I\left(\frac{xR}{y}+\rho\right)=xE;$$

de cette dernière équation, on tire

$$I=\frac{xE}{\frac{xR}{y}+\rho}=\frac{E}{\frac{R}{y}+\frac{\rho}{x}},$$

Le maximum de I correspond au minimum du dénominateur $\frac{R}{y}+\frac{\rho}{x}$.

Le produit $\frac{R}{y}\times\frac{\rho}{x}$ est constant et égal à $\frac{R\rho}{N}$; la somme $\frac{R}{y}+\frac{\rho}{x}$ est par conséquent minimum pour

$$\frac{R}{y}=\frac{\rho}{x}.$$

Cette condition peut s'écrire

$$\rho=\frac{Rx}{y};$$

on voit ainsi qu'une résistance intérieure égale à la résistance extérieure constitue la disposition la plus favorable.

L'équation

$$xy=N,$$

et l'équation de condition

$$\frac{\rho}{x}=\frac{R}{y}$$

permettent de calculer les valeurs de x et de y ; on trouve :

$$x=\sqrt{\frac{N\rho}{R}},$$
$$y=\sqrt{\frac{NR}{\rho}}.$$

Remarque. — Les nombres x et y doivent être entiers ; si les valeurs précédentes étaient fractionnaires, on prendrait pour x et y les nombres entiers les plus voisins.

PROBLÈMES PROPOSÉS

9. — Deux sphères conductrices de faibles dimensions, A et B, ont leurs centres aux points α et β de la droite indéfinie XY ; et la distance $\alpha\beta=\delta$. Ces sphères sont chargées

d'électricité de même nom, et la force qui s'exerce entre elles est égale à f.

On prend une troisième sphère de mêmes dimensions que les premières; on en place le centre en α', symétrique de α par rapport à β, et on lui donne une quantité d'électricité double de celle de la sphère A. La sphère B étant alors rendue mobile, on demande à quelle distance de α son centre vient se fixer. Les rayons des sphères sont négligeables, et on suppose nulle la déperdition de l'électricité pendant la durée de l'expérience.

(*Concours général, 1865*).

R. $x = 2\delta(2 - \sqrt{2})$.

10. — Un courant met en liberté 12gr. d'argent en passant pendant 10 minutes dans une solution d'un sel d'argent. Quel poids d'eau ce courant pourrait-il décomposer en une minute ?

R. 0gr.,1.

11. — Quelle disposition faut-il donner à 80 éléments Bunsen de force électromotrice 0,024, de résistance intérieure égale à 1, pour que, dans un circuit extérieur de résistance 5, l'intensité du courant soit la plus grande possible ?

R. $\begin{cases} x = 20, \\ y = 4, \end{cases}$

12. — Chaque élément d'une certaine pile possède une force électromotrice 0,024 et une résistance intérieure égale à 1 ; le circuit extérieur a pour résistance 0,77. On demande quel est le nombre minimum d'éléments qu'il faut employer pour produire dans ces conditions un courant d'intensité 0,09.

R. $\begin{cases} x = 8, \\ y = 6. \end{cases}$

13. — En décomposant une dissolution saline, on veut qu'il se dépose un poids p de métal dans l'unité de temps. La résistance extérieure est 5, et chacun des éléments employés possède une force électromotrice E et une résistance R. Combien faut-il employer d'éléments et quelle est la disposition à adopter? L'équivalent électrochimique du métal est K.

R. $\left\{ \begin{array}{l} x = \dfrac{2p\rho}{KE}. \\ y = \dfrac{2pR}{KE}. \end{array} \right.$

PROBLÈMES

DE CHIMIE

LOIS DES COMBINAISONS. — ÉQUIVALENTS

LOI DES POIDS. — *Le poids d'un composé est la somme des poids des composants.*

LOI DES PROPORTIONS DÉFINIES. — *Deux ou plusieurs corps, formant un même composé, s'unissent toujours dans les mêmes proportions.*

LOI DES PROPORTIONS MULTIPLES. — *Lorsque des corps se combinent en plusieurs proportions, les poids de l'un qui s'unissent à un même poids de l'autre sont entre eux dans des rapports simples.*

LOI DES NOMBRES PROPORTIONNELS. — *Les poids suivant lesquels les différents corps se combinent avec le même poids de l'un d'entre eux, sont aussi les rapports suivant lesquels ces poids s'unissent entre eux, ou des multiples simples de ces rapports.*

EQUIVALENTS EN POIDS. — Les rapports précédents seuls sont déterminés; les deux termes en sont arbitraires. Mais si l'on convient d'introduire systématiquement dans ces rapports le nombre proportionnel d'un corps choisi arbitrairement, et considéré comme unité de poids, chaque rapport devient alors un nombre bien déterminé.

Diverses considérations ont conduit les chimistes à fixer leur choix sur l'hydrogène, et les nombres proportionnels des divers corps simples, rapportés à l'*unité* d'hydrogène, s'appellent les *équivalents* de ces corps.

LOIS DE GAY-LUSSAC : 1° *Lorsque deux gaz se combinent, les volumes des composants sont entre eux dans un rapport simple.*

2° *Mesuré à l'état gazeux, le volume du composé est lui-même dans un rapport simple avec le volume des composants.*

ÉQUIVALENTS EN VOLUMES. — Les équivalents en volumes se définissent, en général, *les volumes occupés à* 0° *et à* 760^{mm} *par les équivalents pondéraux.*

Pratiquement, le volume de l'équivalent d'oxygène est pris pour unité, et l'*hydrogène*, le *chlore*, le *brome*, l'*iode*, le *fluor*, l'*azote*, ont pour équivalent volumétrique 2.

Problème 1. — *Connaissant l'équivalent en poids et l'équivalent en volume d'un corps, et sachant que l'hydrogène a pour densité* 0,069, *calculer la densité de ce corps.*

(S. C.)

Solution. — Soient e, l'équivalent en poids du corps; v, son équivalent volumétrique; d, sa densité; α, le poids normal de l'unité de volume d'air; on a évidemment

$$e = v\alpha d.$$

D'autre part, l'équivalent pondéral de l'hydrogène étant 1 et son équivalent volumétrique 2, on a

$$1 = 2 \times 0,069 \times \alpha,$$

on peut écrire

$$\frac{e}{1} = \frac{v\alpha d}{2 \times 0,069 \times \alpha},$$

et, par suite,

$$d = \frac{e \times 2 \times 0{,}069}{\nu}.$$

Applications : 1° Pour le chlore, $\nu = 2$, $e = 35{,}5$; on en déduit

$$d_1 = 35{,}5 \times 0{,}069 = 2{,}446.$$

2° Pour l'azote, $\nu = 2$, $e = 14$, et

$$d_2 = 14 \times 0{,}069 = 0{,}966.$$

Problème 2. — *Quel est le poids d'acide oxalique qu'il faut employer pour préparer* 100 *litres d'oxyde de carbone à* 0° *et à* 760mm ? *Quel est le volume et le poids d'acide carbonique produit en même temps? et combien devrait-on employer de soude caustique pour absorber ce dernier acide? On donne la densité de l'oxyde de carbone,* 0,968 *et celle de l'acide carbonique* 1,524. (Lille, 1885.)

Solution. — 100 litres d'oxyde de carbone pèsent à 0°, et à 760mm,

$$100 \times 1^{gr.}293 \times 0{,}968 = 125^{gr.},16.$$

On sait que, traité à chaud par l'acide sulfurique, l'acide oxalique dont la formule de composition est $C^4O^6, 2HO$, se décompose comme l'indique la formule

$$C^4O^6, 2HO = 2CO + 2CO^2 + 2HO.$$

En remplaçant chaque équivalent par sa valeur numérique, on voit que

$$\underbrace{C^4O^6, 2HO}_{24+48+18=90} \text{ donnent } \underbrace{2CO}_{2(6+8)=28};$$

dès lors, 1° pour avoir une partie en poids d'oxyde de carbone, il faut décomposer $\frac{90}{28}$ parties en poids d'acide oxalique, et pour obtenir $225^{gr.},16$ d'oxyde de carbone, on doit décomposer

$$\frac{90 \times 225,16}{28} = 402^{gr.},30.$$

2° On obtient pour poids de l'acide carbonique produit

$$\frac{44 \times 402^{gr.},30}{90} = 198^{gr.},5.$$

Ce poids d'acide carbonique occupe à 0° et à 760^{mm} un volume V donné par

$$V \times 1^{gr.}293 \times 1,524 = 198^{gr.},5$$
$$V = \frac{198,5}{1,293 \times 1,524} = 100^{l},76.$$

3° Absorbé par la soude caustique, l'acide carbonique donne du carbonate de soude, NaO, CO^2, qui renferme 31 parties de soude pour 22 parties d'acide carbonique; le poids de soude demandé est donc

$$\frac{31 \times 198,5}{22} = 279^{gr.},7.$$

Problème 3. — *On dissout une pièce neuve de 2 francs dans un excès d'acide azotique étendu de son volume d'eau; l'on recueille le gaz produit par la réaction dans une cloche cylindrique, renversée sur l'eau, contenant de l'oxgyène pur à 0° et à la pression 752^{mm}. La température et la pression étant demeurées invariables, on demande de combien l'eau s'élèvera dans la cloche. Le diamètre intérieur est de $12^{cent.}$, et la hauteur occupée par le gaz, au-dessus de l'eau, $40^{cent.}$ On donne : densité de l'oxygène,* 1,106 ; *équivalents : $Ag = 108$, $Cu = 32$.*

(Caen, 1884).

Solution. — La pièce de 2 francs, au titre de 0,835, contient

$$\textit{Argent} = 10^{gr.} \times 0,835 = 8^{gr.},35,$$
$$\textit{Cuivre} = 10 - 8,35 = 1,65.$$

Ces deux métaux, plongés dans l'acide azotique étendu, donnent du bioxyde d'azote, AzO^2, d'après les réactions,

$$(1)\quad \begin{array}{l} 3Ag + 4AzO^5,HO = AzO^2 + 3\,(CuO, AzO^5,) + 4HO, \\ 3Cu + 4AzO^5,HO = AzO^2 + 3\,(AgO, AzO^5) + 4HO\,; \end{array}$$

et ce bioxyde d'azote, au contact de l'oxygène, se convertit en acide hypoazotique, qui se dissout dans l'eau, en se décomposant.

Pour calculer le poids de bioxyde formé par $8^{gr.},35$ d'argent et par $1^{gr.},65$ de cuivre, il suffit de remarquer que les poids

$$\underset{324}{\underbrace{3\,Ag}} \text{ et } \underset{96}{\underbrace{3\,Cu}} \text{ donnent chacun } \underset{30}{\underbrace{AzO^2}}.$$

Dès lors, $8^{gr.},35$ d'argent donnent

$$\frac{30 \times 8^{gr.},35}{324} = 0^{gr.},773$$

et $1^{gr.},65$ de cuivre,

$$\frac{30 \times 1^{gr.},65}{96} = 0^{gr.},515.$$

La quantité totale de bioxyde est donc

$$0^{gr.},773 + 0^{gr.},515 = 1^{gr.},288\,;$$

ce bioxyde se convertit en acide hypoazotique suivant la formule

$$AzO^2 + O^2 = AzO^4\,;$$

par conséquent, $\underset{30}{\underbrace{AzO^2}}$ demandent $\underset{16}{\underbrace{O^2}}$ d'oxygène pour se convertir en acide hypoazotique; $1^{gr.},298$ de bioxyde absorbent un poids d'oxygène donné par

$$\frac{16 \times 1^{gr.},288}{30} = 0^{gr.},687.$$

Le volume de la cloche est

$$3,1416 \times 36 \times 40 = 4^{l},524,$$

renfermant un poids d'oxygène égal à

$$4^{l},524 \times 1^{gr.},293 \times 1,106 \times \frac{752}{760} = 6^{gr.},402.$$

Après la formation du bioxyde, il ne reste plus sous la cloche que

$$6^{gr.},402 - 0^{gr.},687 = 5^{gr.},715$$

d'oxygène.

Désignons par x la colonne d'eau soulevée; le volume occupé par le gaz n'est plus que

$$\pi \times 36 \times (40 - x),$$

sous la pression $752 - \frac{x}{13,6}$, 13,6 désignant la densité du mercure; on a dès lors

$$5^{gr.},715 = \pi \times 36 \times (40 - x) \times 1,293 \times 1,106 \times \frac{752 - \frac{x}{13,6}}{760},$$

ou

$$x^2 - 10267x + 408722 = 0.$$

La plus petite racine de cette équation est $x_1 = 4^c$; elle convient seule au problème.

PROBLÈMES PROPOSÉS

4. — Combien faut-il décomposer de chlorate de potasse par la chaleur, pour obtenir 100 litres d'oxygène à

25° et à 550^{mm} de pression ? Equivalents : K = 39 ; Cl = 35,5 ; O = 8. Densité de l'oxygène 1,106.

(Lyon, 1884.)

R. 244$^{gr.}$,6.

5. — Quel volume d'air mesuré à 25° et à 768^{mm} contient la quantité d'oxygène nécessaire pour brûler 100$^{gr.}$ de pyrite de fer (FeS^2), le fer se transformant en Fe^2O^3 et le soufre en SO^2. On donne : la densité de l'oxygène 1,1056; le poids normal du litre d'air 1$^{gr.}$293 ; le coefficient de dilatation des gaz, 0,00367. Equivalents : O = 8, S = 16, Fe = 28. *(Rennes, 1886.)*

R. 229^{l},666.

6. — On décompose par la chaleur 3$^{gr.}$ de chlorate de potasse, dont l'oxygène est recueilli, sur le mercure, à 15° et à 750^{mm}. On demande d'exprimer le volume du gaz en litres. Densité de l'oxygène 1,1056; coefficient de dilatation des gaz, 0,00367. *(Nancy, 1885.)*

R. 0^{l},903.

7. — On veut brûler 18$^{gr.}$ de charbon pur, 1° avec l'oxygène, 2° avec le protoxyde d'azote, 3° avec le bioxyde d'azote. Quels sont les volumes de ces gaz que l'on doit employer, et quel est le volume d'acide carbonique produit ? Ces volumes sont mesurés à 0° et à 760^{mm}. Densités : oxygène, 1,106 ; protoxyde, 1,527 ; bioxyde, 1,039 ; acide carbonique, 1,525. *(Bordeaux, 1885.)*

R. O = 33^{l},57,
AzO = 67^{l},01,
AzO^2 = 67^{l},15,
CO^2 = 33,50.

8. — Combien de grammes d'eau faudrait-il décomposer par le fer au rouge pour remplir d'hydrogène saturé d'humidité, à 10° et à 730^{mm}, un ballon sphérique de 2 mè-

tres de diamètre? Densité de l'hydrogène, 0,0692 ; tension maximum de la vapeur d'eau à 10°, $9^{mm},5$.

(Lille, 1885.)

R. 30682,8.

9. — On transforme $100^{gr.}$ de charbon pur en acide carbonique, et on recueille le gaz dans un récipient de 30 litres à 25°. On demande la pression du gaz. Que deviendra cette pression si on introduit dans le récipient $30^{gr.}$ de potasse caustique (KO, HO) dissoute dans une faible quantité d'eau dont on négligera la présence? Equivalents : K = 39 ; C = 6 ; O = 8. Densités de l'acide carbonique, 1,525 ; de l'air, 0,0013. Coefficient de dilatation des gaz, $\frac{1}{273}$.

(Lyon, 1878.)

R. { 1° 7063^{mm},
2° 6769^{mm}.

FIN

Lyon. — Imprimerie Vitte et Perrussel, rue Sala, 58.

www.ingramcontent.com/pod-product-compliance
Ingram Content Group UK Ltd.
Pitfield, Milton Keynes, MK11 3LW, UK
UKHW020306230726
13925UKWH00001B/252

9 782013 595766